"十三五"应用型本科院校系列教材

主 编 王 薇 崔海军
副主编 刘玉光 生国梁
主 审 徐和亮 裴建勋

工程制图

Engineering Drawing

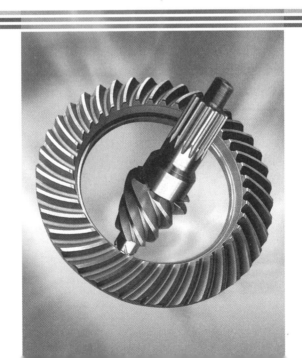

哈尔滨工业大学出版社

内 容 简 介

本书共11章,包括基本投影理论、工程制图基础和专业制图三部分。基本投影理论部分包括:几何元素及立体的投影、直线与平面的相对位置、投影变换和轴测投影;工程制图基础部分包括:制图的基本知识、国家标准《机械制图》的有关规定、组合体和机件的表达方法;专业制图部分包括:标准件、常用件、零件图及装配图的绘制和阅读、化工制图等。同时出版并与该书配套使用的还有王薇主编的《工程制图习题集》。

图书在版编目(CIP)数据

工程制图/王薇,崔海军主编. —哈尔滨:哈尔滨工业
大学出版社,2016.4(2022.8 重印)
 ISBN 978 - 7 - 5603 - 5935 - 9

Ⅰ.①工⋯ Ⅱ.①王⋯ ②崔⋯ Ⅲ.①工程制图-
高等学校-教材 Ⅳ.①TB23

中国版本图书馆 CIP 数据核字(2016)第 071705 号

策划编辑   杜 燕
责任编辑   范业婷
出版发行   哈尔滨工业大学出版社
社   址   哈尔滨市南岗区复华四道街 10 号   邮编150006
传   真   0451 - 86414749
网   址   http://hitpress.hit.edu.cn
印   刷   哈尔滨市石桥印务有限公司
开   本   787mm×1092mm 1/16 印张 20.75 插页 1 字数 474 千字
版   次   2016 年 4 月第 1 版 2022 年 8 月第 3 次印刷
书   号   ISBN 978 - 7 - 5603 - 5935 - 9
定   价   48.00 元

《"十三五"应用型本科院校系列教材》编委会

序

哈尔滨工业大学出版社策划的《"十三五"应用型本科院校系列教材》即将付梓,诚可贺也。

该系列教材卷帙浩繁,凡百余种,涉及众多学科门类,定位准确,内容新颖,体系完整,实用性强,突出实践能力培养。不仅便于教师教学和学生学习,而且满足就业市场对应用型人才的迫切需求。

应用型本科院校的人才培养目标是面对现代社会生产、建设、管理、服务等一线岗位,培养能直接从事实际工作、解决具体问题、维持工作有效运行的高等应用型人才。应用型本科与研究型本科和高职高专院校在人才培养上有着明显的区别,其培养的人才特征是:①就业导向与社会需求高度吻合;②扎实的理论基础和过硬的实践能力紧密结合;③具备良好的人文素质和科学技术素质;④富于面对职业应用的创新精神。因此,应用型本科院校只有着力培养"进入角色快、业务水平高、动手能力强、综合素质好"的人才,才能在激烈的就业市场竞争中站稳脚跟。

目前国内应用型本科院校所采用的教材往往只是对理论性较强的本科院校教材的简单删减,针对性、应用性不够突出,因材施教的目的难以达到。因此亟须既有一定的理论深度又注重实践能力培养的系列教材,以满足应用型本科院校教学目标、培养方向和办学特色的需要。

哈尔滨工业大学出版社出版的《"十三五"应用型本科院校系列教材》,在选题设计思路上认真贯彻教育部关于培养适应地方、区域经济和社会发展需要的"本科应用型高级专门人才"精神,根据黑龙江省委书记吉炳轩同志提出的关于加强应用型本科院校建设的意见,在应用型本科试点院校成功经验总结的基础上,特邀请黑龙江省9所知名的应用型本科院校的专家、学者联合编写。

本系列教材突出与办学定位、教学目标的一致性和适应性,既严格遵照学科体系的知识构成和教材编写的一般规律,又针对应用型本科人才培养目标及与之相适应的教学特点,精心设计写作体例,科学安排知识内容,围绕应用讲授理论,做到"基础知识够用、实践技能实用、专业理论管用"。同时注意适当融入新理论、新技术、新工艺、新成果,并且制作了与本书配套的PPT多媒体教学课件,形成立体化教材,供教师参考使用。

《"十三五"应用型本科院校系统教材》的编辑出版,是适应"科教兴国"战略对复合型、应用型人才的需求,是推动相对滞后的应用型本科院校教材建设的一种有益尝试,在应用型创新人才培养方面是一件具有开创意义的工作,为应用型人才的培养提供了及时、可靠、坚实的保证。

希望本系列教材在使用过程中,通过编者、作者和读者的共同努力,厚积薄发、推陈出新、细上加细、精益求精,不断丰富、不断完善、不断创新,力争成为同类教材中的精品。

前　言

　　本书是按照教育部高等教育司最新修订的"高等学校工科本科画法几何及机械制图课程教学基本要求"及"工程制图基础课程教学基本要求"的有关规定,根据应用性、职业型和复合型人才的培养目标,并结合多年教学实践编写而成。本书适合机械类、近机类各专业教学使用;也可供电机、电气、化工等专业学生选用。

　　本书具有如下特点:

　　1. 应用性强:以实际应用为目的,删减了画法几何中图解法的大部分内容。对图示法中的难点,如截交线、相贯线等只保留了最常用的基本类型。这就大大降低了理论部分的难度,使学生学起来更轻松,用起来更自如。

　　2. 本书是在使用多年的教材基础上,进一步改进、完善编写而成。语言简练,概念清楚,插图选择适当,与文字紧密结合;深入浅出,简捷易懂,便于学生理解和掌握。

　　3. 全书采用了最新颁布的《机械制图》、《技术制图》国家标准。

　　参加本书编写的有毕经毅(第1、3章)、王薇(绪论、第2、6章)、崔海军(第4、5章)、刘玉光(第7、8、10章)、生国梁(第9章、附录)、吕克非(第11章)。由王薇、崔海军任主编,刘玉光、生国梁任副主编。由徐和亮、裴建勋教授主审。

　　由于编者水平所限,书中疏漏之处在所难免,竭诚欢迎读者批评指正。

编　者

2015 年 12 月

目　　录

绪　　论

1. 指导思想

我国当前的经济发展需要大量的具有专业基础知识的第一线人才,那就是应用性职业型和复合型人才。为此在人才培养方面就必须在必要的理论基础上,加强实践能力、动手能力、工作能力和创新能力的培养。

2. 本课程的性质、研究对象和内容

在现代工业生产中,设计和制造机器都离不开图样。图样能够准确表达出机器的结构和性能,以及它们各自组成部分的形状、大小、材料及加工、检验、装配等有关要求,同时也是使用、维护、技术交流的重要技术文件。因此,图样被称为"工程界的语言"。

本课程主要包括投影基础理论和结合专业的制图两部分。前者是研究如何利用投影法在平面上图示空间几何形体;后者则是研究绘制和阅读工程图样。可见,前者为后者提供了理论基础,后者是实际应用。

综上所述,本课程是工程类专业的一门必修的技术基础课,它是研究绘制和阅读工程图样的一门学科,既有系统理论,又有很强的实践性和技术性。

3. 本课程的主要任务

(1)学习投影法,主要是正投影法的基本理论及其应用。

(2)培养对三维立体与相关位置的空间逻辑思维和形象思维。

(3)培养绘制和阅读工程图样的基本能力。

(4)学习贯彻《机械制图》国家标准,培养查阅有关设计资料和标准的能力。

(5)培养认真负责的工作态度和严谨细致的工作作风,使学习者的动手能力、工程意识、创新能力、设计理念等素质得到全面提高。

4. 本课程的特点及学习方法

(1)投影基础部分与初等几何(尤其是立体几何)有着密切联系。该部分就是在初等几何基础上,应用投影理论,解决空间几何元素相对位置的表达方法。

(2)鉴于图样在生产中的重要作用,不允许在图样上出现错误,否则会给生产带来巨大损失。因此,需要加强形象思维的训练,那就是不断地进行由体到图,再由图到体的反复的互为逆过程转化,最后落实到绘图和读图的训练。这就要求学生必须认真按时、优质地完成作业。

(3)学习本门课程要善于观察,勤于思考,反复实践,要多看、多想、多画,绘图要投影正确,视图合理,方案最佳,尺寸齐全,字体工整,图面整洁,从而养成严肃认真、耐心细致、一丝不苟的工作作风。

(4)严格遵守、认真贯彻国家标准。图样是工程界的语言,因此要求图与物要有唯一对应性。为了使语言表达的准确无误,就要认真贯彻机械制图国家标准,万万不可马虎懈怠。

　　总之,要明确全书是以投影法为理论基础,以组合体、零件图为重点,以表达方法为中心,并以形体分析、结构分析、尺寸分析为基本方法展开的。只有这样才能站得高,做到心中有数,学好本门课程。

第 1 章

制图的基本知识

本章主要介绍国家标准《机械制图》的一些基本规定及有关制图技能的基本知识。

1.1　国家标准《机械制图》的一般规定

1.1.1　图纸幅面和格式(GB/T 14689—2008)[①]

1. 图纸幅面

图纸幅面是指由一定图纸宽度与长度组成的图面。绘制图样时,优先采用表1.1规定的基本幅面 $B \times L$,必要时也允许选用规定的加长幅面。加长幅面的尺寸是由基本幅面的短边成整数倍增加后得出的,如图1.1所示。

表1.1　图纸幅面及图框格式尺寸

幅面代号 尺寸代号	A0	A1	A2	A3	A4
$B \times L$	841 × 1 189	594 × 841	420 × 594	297 × 420	210 × 297
a	25				
c			10		5
e		20		10	

图中粗实线为基本幅面(第一选择),细实线和虚线则为加长幅面(第二选择、第三选择)。

2. 图框格式

图纸上限定绘图区域的线框称为图框,图框线用粗实线绘制。其格式分为留有装订边(如图1.2(a)所示,周边尺寸见表1.1)和不留装订边(如图1.2(b)所示,周边尺寸 e 见表1.1)。一般采用A4幅面竖装或A3幅面横装。

---

①"GB"为"国家标准"拼音字母缩写,T表示推荐标准,其后的数字为该项标准编号。"2008"表示是2008年颁布的。

图 1.1　图纸幅面

图 1.2　图纸格式

为了复制或缩微摄影定位方便,可采用对中符号。对中符号是从周边画入图框内约 5 mm 的一段粗实线,如图 1.3 所示。

3. 标题栏的方位与格式

每张图纸上都必须画出标题栏。标题栏是由名称及代号区、签字区、更改区和其他区组成的表格,是图样中不可缺少的内容。标题栏的位置一般应放在图框的右下角。

图 1.3　对中符号

GB/T 10609.1—2008 对标题栏的内容、格式与尺寸作了详细规定,如图 1.4 所示。标题栏的外框线为粗实线,其右边和底边与图框线重合,内部分栏线一般用细实线绘制。填写的字除图样名称、单位名称及图样代号用 10 号字外,其余都用 5 号字。

图 1.4　标题栏格式

1.1.2　比例(GB/T 14690—1993)

图样中图形与其实物相应要素的线性尺寸之比称为比例。绘制图样时应采用表 1.2 中规定的比例。必要时,也可选取表 1.3 中的比例。每张图样,均应在标题栏的"比例"一栏中填写比例,如"1:1"或"1:2"等。

表 1.2　比例(一)

种　类	比　　例		
原值比例	1:1		
放大比例	5:1	2:1	
	$5 \times 10^n : 1$	$2 \times 10^n : 1$	$1 \times 10^n : 1$
缩小比例	1:2	1:5	1:10
	$1:2 \times 10^n$	$1:5 \times 10^n$	$1:1 \times 10^n$

注:n 为正整数。

表 1.3　比例(二)

种　　类	比　　例				
放大比例	4 : 1 $4 \times 10^{n} : 1$	2.5 : 1 $2.5 \times 10^{n} : 1$			
缩小比例	1 : 1.5 $1 : 1.5 \times 10^{n}$	1 : 2.5 $1 : 2.5 \times 10^{n}$	1 : 3 $1 : 3 \times 10^{n}$	1 : 4 $1 : 4 \times 10^{n}$	1 : 6 $1 : 6 \times 10^{n}$

注:n 为正整数。

比例分为原值比例、放大比例和缩小比例三种。原值比例:比值为 1,如 1 : 1。放大比例:比值大于 1,如 2 : 1 等。缩小比例:比值小于 1,如 1 : 2 等。绘制同一机件的各个视图时,应采用相同的比例。当某个视图需要采用不同的比例时,则必须另行标注,如图 1.5 所示。

图 1.5　比例的标注

1.1.3　字体(GB/T 14691—1993)

字体指在图中用的汉字、数字和字母的书写形式。国家标准规定了工程图中的字体,必须遵循国标规定。书写时必须做到:字体端正、笔画清楚、间隔均匀、排列整齐。字体高度(用 h 表示)的公称尺寸系列为 1.8 mm、2.5 mm、3.5 mm、5 mm、7 mm、10 mm、14 mm、20 mm。如需要书写更大的字,其字体高度应按 $\sqrt{2}$ 的比率递增。字体的高度代表字体的字号,如 5 mm 高的字体称 5 号字。汉字高度 h 不应小于 3.5 mm,其字宽一般为 $h/\sqrt{2}$。

1. 汉字

图样上的汉字应写成长仿宋体,并采用国家正式公布推行的简化字。长仿宋体的书写要领是:横平竖直、起落有锋、结构匀称、填满方格。

图 1.6 所示为长仿宋体汉字的示例。

字体端正笔画清楚排列整齐间隔均匀

横平竖直注意起落结构均匀填满方格

盖架齿轮键弹簧机床减速器螺纹端子汽车施工摩擦片阀泵体座轴承

图 1.6　长仿宋体汉字的示例

2. 数字和字母

数字和字母都有斜体和直体两种,斜体字字头向右倾斜,与水平线成 75° 角。字母和数字分为 A 型和 B 型。A 型字体的笔画宽度(d)为字高(h)的 1/14,B 型字体的笔画宽度(d)为字高(h)的 1/10。在同一张图样上只允许选用一种形式的字体。

用做指数、分数、极限偏差和注脚等的数字及字母,一般采用小一号字体。图 1.7 为数字和字母的示例。

图 1.7　数字和字母的示例

1.1.4　图线(GB/T 17450—1998、GB/T 4457.4—2002)

1. 基本线型及其应用

国家标准(GB/T 17450—1998)对图线作了如下定义:起点和终点间以任意方式连接的一种几何图形,图形可以是直线或曲线、连续或不连续线。同时对图线规定了 15 种基本线型,如实线、虚线、点画线等。图线应用举例如图 1.8 所示。表 1.4 给出了基本线型及其应用。

在机械工程图样上,图线一般只有两种宽度,分别为粗线和细线,其宽度之比为 2:1。图线的宽度(d)应根据图样的大小、类型和复杂程度,在下列数系中选择:0.13 mm,0.18 mm,0.25 mm,0.35 mm,0.5 mm,0.7 mm,1 mm,1.4 mm,2 mm。通常情况下,粗线的宽度不小于 0.25 mm,优先采用 0.5 mm 和 0.7 mm。同类图线的宽度应一致。

2. 图线画法

(1)同一图样中,同类图线的宽度应基本一致。虚线、点画线及双点画线的线段长短和间隔应各自大致相等。

（2）除另有规定，两条平行线之间的最小距离不得小于0.7 mm。

图1.8　图线应用

表1.4　图线及其应用

图线名称	线　型	图线宽度	一　般　应　用
粗实线	————————	d	可见轮廓线
细实线	————————	$0.5d$	尺寸线及尺寸界线 剖面线 重合断面的轮廓线 螺纹的牙底线 可见过渡线 引出线 分界线及范围线 弯折线 辅助线 不连续的同一表面的连线 成规律分布的相同要素的连线
波浪线	～～～～	$0.5d$	断裂处的边界线 视图和剖视图的分界线
双折线	—／\／\—	$0.5d$	断裂处的边界线 视图和剖视图的分界线

续表 1.4

图线名称	线　型	图线宽度	一　般　应　用
虚　线	12d　3d	0.5d	不可见轮廓线 不可见过渡线
细点画线	3d　24d　0.5d	0.5d	轴线 对称中心线 轨迹线 节圆及节线
粗点画线		d	有特殊要求的线或表面的表示线
双点画线		0.5d	相邻辅助零件的轮廓线 极限位置的轮廓线 坯料的轮廓线或毛坯图中制成品的轮廓线 假想投影轮廓线 实验或工艺用结构（成品上不存在）的轮廓线 中断线

（3）绘制圆的对称中心线时，圆心应为线段的交点。点画线和双点画线的首末两端应是"画"，而不应是"点"，且要超出图形 3 ~ 5 mm，如图 1.9（a）所示。

（4）在较小的图形上绘制点画线或双点画线有困难时，可用细实线代替，如图 1.9（b）所示。

（5）虚线、点画线或双点画线和实线相交或它们自身相交时，应以"画"相交，而不应以"点"或"间隔"。

（6）虚线、点画线或双点画线为实线的延长线时，不得与实线相连，如图 1.9（c）所示。

（7）图线不得与文字、数字或符号重叠，混淆。不可避免时，应首先保证文字、数字或符号的清晰。

(a)　　　　　　　　(b)　　　　　　　　(c)

图 1.9　点画线和虚线的画法

1.1.5 尺寸注法(GB/T 16675.2—1996、GB/T 4458.4—2003)

视图只能表达机件的形状,机件各部分的大小则通过标注尺寸来表达。尺寸也可以配合图形来说明物体的形状。国家标准对尺寸注法有详细规定,画图时必须遵守。

1. 基本规则

(1) 机件的真实大小应以图样上所注的尺寸数值为依据,与图形大小及绘图的准确程度无关。

(2) 图样中(包括技术要求和其他说明)的尺寸以毫米为单位时,不需标注计量单位的代号"mm"或名称"毫米"。如采用其他单位,则必须注明相应的计量单位的代号或名称。

(3) 图样中所标注的尺寸,为该图样所示机件的最后完工尺寸,否则应另加说明。

(4) 机件的每个尺寸,一般只标注一次,并应标注在反映该结构最清晰的图形上。

2. 尺寸的组成

一个完整的尺寸需由尺寸界线、尺寸线、尺寸线终端和尺寸数字组成。

(1) 尺寸界线:表明所注尺寸的范围,用细实线绘制,并由图形的轮廓线、轴线或对称中心线引出,也可以直接利用这些线作为尺寸界线,如图1.10所示。尺寸界线一般应与尺寸线垂直,并超出尺寸线箭头的末端2～3 mm,必要时才允许与尺寸线倾斜,如在光滑过渡处标注尺寸时,当尺寸界线不能清晰引出时可用细实线将轮廓线延长,在交点处引出倾斜的尺寸界线,如图1.11所示。

图 1.10 尺寸注法

(2) 尺寸线:表明尺寸度量的方向,必须用细实线单独绘制,不能用其他图线代替,也不得与其他图线重合或画在其延长线上。标注线性尺寸时,尺寸线必须与所标注的线段平行。

(a)　　　　　　　　　　　　　　　　　　(b)

图 1.11　尺寸界线倾斜注法

（3）尺寸线终端:有箭头或斜线两种形式。斜线用细实线绘制,如图 1.12 所示。机械工程图样上的尺寸线终端一般为箭头,同一张图样上的箭头大小要一致,并且只能采用一种尺寸线终端形式。

d 为粗实线的宽度　　　　　　　　　　h 为字体高度

(a)　　　　　　　　　　　　　　　　　(b)

图 1.12　尺寸线终端形式

（4）尺寸数字:表示尺寸的数值,应按 GB/T 14691—1993《技术制图》字体中对数字的规定形式书写,数字一般在尺寸线的上方且平行尺寸线或中断处书写,如图 1.13 所示标注示例。

线性尺寸数字方向应按图 1.14 所示的方向注写,并尽可能避免在图示 30° 范围内标注尺寸,当无法避免时可按图 1.15 所示的形式标注。

图 1.13　标注示例

图 1.14　线性尺寸数字方向

尺寸数字不允许被任何图线所穿过,否则必须将图线断开,如图 1.16 所示。

3. 几类常见的尺寸标注形式

(1) 圆及圆弧尺寸注法:标注圆或大于半圆的圆弧时,尺寸线通过圆心,以圆周为尺寸界线,其尺寸线终端采用箭头形式,尺寸数字前加注直径符号"φ";标注小于或等于半圆的圆弧时,尺寸线自圆心引向圆弧,其尺寸线终端只画一个箭头,数字前加注半径符号"R",如图 1.17 所示。当圆弧半径过大或在图纸范围内无法标出其圆心位置时,按图1.18(a) 标注。若圆心位置不需注明,按图 1.18(b) 标注。

(2) 小尺寸注法:在尺寸界线之间没有足够位置画箭头及注写数字时,可按图 1.19 形式标注。

图 1.15   图 1.16

图 1.17   圆和圆弧尺寸注法   图 1.18   大圆弧尺寸注法

图 1.19   小尺寸注法

（3）球面尺寸注法：标注球面的直径或半径尺寸时，应在符号"ϕ"或"R"前再加注符号"S"，如图 1.20 所示。

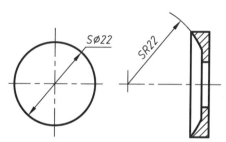

图 1.20   球面尺寸注法

（4）角度尺寸注法：角度数字一律按水平方向注在尺寸线中断处，必要时可写在尺寸线的上方或外边，也可引出标注，如图 1.21 所示。

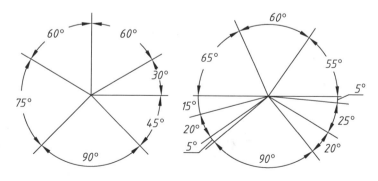

图 1.21   角度的尺寸注法

4.不需要标注的尺寸

（1）图示尺寸：由图形所表明的一些按理想状态绘制的几何关系，如表面的相互垂直和平行，轮廓的相切，几个圆柱的共轴线以及形状和位置的对称，相同要素的均匀分布等，若无特殊要求，均按图示几何关系处理，不必标注。如图1.22所示的半圆头板中，底边与两侧边的垂直，两侧边的平行，$\phi15$孔与$R15$圆弧的同心，两个$\phi6$小孔关于中轴线的对称都不必标注或说明。由于下部方形的两侧边与上部圆弧相切，下板宽度自然应为30 mm，也不必标注。

图1.22　图示尺寸和自明尺寸

（2）自明尺寸：如图1.22所示机件用$t\,0.8$标注方式表明其为0.8 mm厚的薄板，不再画第二视图。此时三个圆均理解为通孔。因为不通孔或凸台，必定有另一图形表示其深浅或高低，并标注尺寸。

5.利用符号标注尺寸

表1.5中列出GB/T 4458.4—2003中规定的常用符号和缩写词，在标注尺寸时尽可能使用，以使得标注更简便，节约工作时间。利用符号标注示例如图1.23所示。

表1.5　标注尺寸常用的符号和缩写词

名称	符号或缩写词	名称	符号或缩写词
直径	ϕ	45° 倒角	C
半径	R	深度	↓
球直径	$S\phi$	沉孔或锪平	⊔
球半径	SR	埋头孔	∨
厚度	t	均布	EQS
正方形	□	弧长	⌒
锥度	▷	斜度	∠

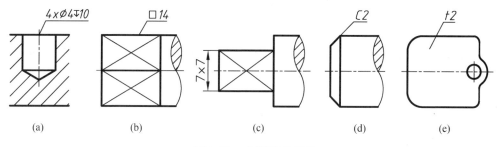

图 1.23　利用符号标注

1.2　尺规制图工具及其使用

正确地使用尺规制图工具(铅笔、丁字尺、三角板、圆规等),既能保证图样的质量,又能提高绘图速度。本节对常用尺规制图工具及其用法作一简单介绍。

1.2.1　图板和丁字尺

图板是用来固定图纸的,表面须平整。图板的左侧面是丁字尺上下移动的导边,须平直。在绘图前,用胶带将图纸固定在图板的适当位置上,并使图板与水平面倾斜 20° 左右,以便于画图,如图 1.24 所示。丁字尺是用来画水平线的,它由尺头与尺身两部分构成。尺头的内侧与尺身上边应保持垂直。使用时须将尺头紧靠图板左侧,然后利用尺身上边画水平线,切忌用下边画线,如图 1.25 所示。

图 1.24　图板和丁字尺　　　　　图 1.25　用丁字尺画垂直线

1.2.2　三　角　板

一副三角板包括两块,一块为 45° 的等腰直角三角形,另一块为 30° 和 60° 的直角三角形。绘图用三角板各角度必须准确,各边必须平直。用三角板与丁字尺配合可画垂直线及与水平线成 15° 角整倍数的倾斜线。两块三角板配合,还可以画已知直线的平行线和垂直线。

1.2.3 比例尺

比例尺一般做成三棱柱形,故又称三棱尺。尺上刻有 6 个不同的比例,供度量时选用,如图 1.26 所示。

(a) 三棱式　　　　　(b) 板式　　　　　(c) 用比例尺量尺寸

图 1.26　比例尺

在刻度为 1:1 000 的尺面上,每一小格表示 $\frac{1}{1\,000}$ m,即每一小格实长为 1 mm。如绘图比例采用 1:1,即可在 1:1 000 的尺面上直接量取;绘图比例采用 1:2、1:3、1:4,可在 1:2 000、1:3 000、1:4 000 的尺面上直接量取。

1.2.4 绘图仪器

成套的绘图仪器装在特制的盒内,有八件、十件或更多,其中常用的有分规、圆规、鸭嘴笔。

1.分规

分规用来量取线段和试分线段。分规两腿端带有钢针,如图 1.27(a) 所示。当两腿合拢时,两针尖应合成一点。分规用来截取等长线段及分割线段,如图 1.27(b) 所示。

2.圆规

圆规用来画圆或圆弧。换上针尖插腿,也可做分规用。圆规的一条腿上装有钢针,钢针一端有台阶。画圆时用带台阶的针尖。另一条

(a) 用分规量取长度　　　(b) 用分规等分线段

图 1.27　分规及其使用

腿上具有肘形关节,可装铅笔插腿或鸭嘴笔插腿,用来画铅笔图或墨线图,如图 1.28 所示。

图 1.28　圆规及其使用

1.2.5　曲线板

曲线板是用来画非圆曲线的,其轮廓线是由不同曲率的曲线组成。画图时先用铅笔徒手把曲线上各点轻轻地连接起来,然后选择曲线板上曲率合适的部分描绘,如图1.29所示。画每一分段时,应少描一部分,留待画后一段时与曲线板再次吻合后描绘,即每画一段应和前一段的末端有一段相重合,以保证曲线连接圆滑。

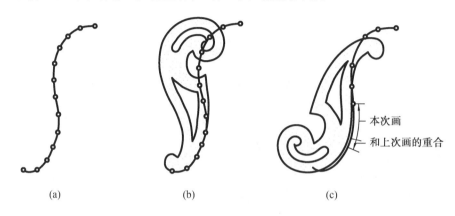

图 1.29　曲线板及其使用

1.2.6　铅　笔

绘图铅笔一般常用 H、HB 和 B,其代号分别表示铅芯的硬度。可根据绘制的线型选用不同硬度的铅笔。如画底稿时,选用硬度为 H、2H 的铅笔,加深时则用硬度为 B、2B 的铅笔。写字时,则用硬度为 HB 的铅笔。

铅笔可削成锥形或楔形,如图 1.30 所示。锥形适用于画底稿和写字以及画细实线;楔形则用于画粗实线。铅笔应从无字一端开始使用,以保留铅芯硬度标志。

(a) 磨成矩形　　　　(b) 磨成锥形　　　　(c) 铅笔的磨法

图 1.30　铅笔的削法

1.3 几何作图

图样上表达机件形状的各种图形,都是由线段、圆弧及其他曲线按一定的几何关系连接而成的。因此,在作图时首先要分析图形的几何关系,然后采用合理的作图步骤进行作图。

1.3.1 等分圆周及作圆内接正多边形

1.圆的六等分及作正六边形

圆内接正六边形的边长等于其外接圆半径,所以六等分圆及作正六边形的方法如图1.31(a)、(b)所示。也可利用丁字尺、三角板配合作图,如图1.31(c)所示。

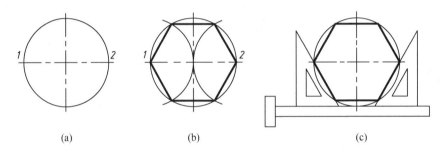

(a)   (b)   (c)

图1.31   圆内接正六边形画法

2.圆的五等分及作正五边形

圆的五等分及正五边形作图方法如图1.32所示。作出半径 OB 的中点 E ,以 E 为圆心, EC 为半径画圆弧交 OA 于 F 点, CF 即为圆内接正五边形的边长。

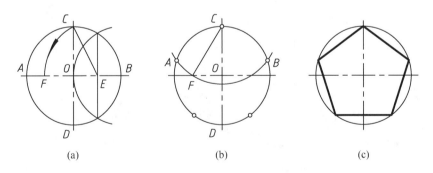

(a)   (b)   (c)

图1.32   圆内接正五边形画法

3.圆的 n 等分及作正 n 边形

以 $n=7$ 等分圆及作正七边形为例,说明其作图方法,如图1.33所示。

(1)将直径 AB 分为 $n=7$ 等分。

(2)以 B 为圆心, AB 为半径画圆,交水平直径延长线于 M 、N 点。

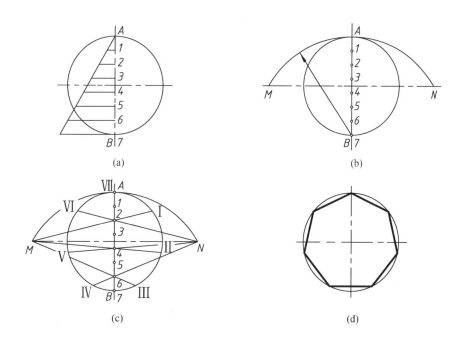

图 1.33　圆内接正 n 边形画法

（3）连 $N2$、$N4$、$N6$ 并延长，分别交圆周于 Ⅵ、Ⅴ 和 Ⅳ 点，作出其对应点 Ⅰ、Ⅱ、Ⅲ。

（4）顺次连接各点，即得圆内接正七边形。

1.3.2　斜度和锥度

1.斜度

一直线对另一直线、一平面对另一平面的倾斜程度称为斜度，如图 1.34 所示。直线 AC 对水平线 AB 的斜度，用 BC 与 AB 长度之比（即倾角 α 的正切）来度量。工程上常用 $1:n$ 的形式来表示，n 取正整数。

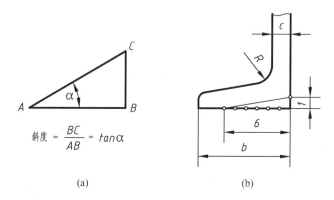

$$斜度 = \frac{BC}{AB} = \tan\alpha$$

图 1.34　斜度

根据已知斜度作图，其方法如图 1.35(a)、(b) 所示。这是槽钢的断面图，先作已知斜度(1∶10)的直线，然后过带斜度线段上的任一点作所作直线的平行线，再根据其他所给的尺寸完成槽钢断面图。

斜度的标注如图 1.35(c) 所示。用斜度符号标注在图形上有斜度的位置上。注意斜度符号的方向与所画斜度方向一致。

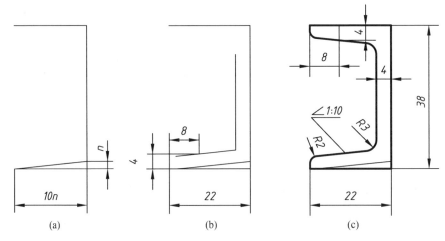

图 1.35　斜度画法及标注

2. 锥度

正圆锥底圆直径与其高度之比称为锥度。对于圆台,则为两底圆直径之差与其高度之比,如图 1.36 所示。工程上亦用 $1:n$ 的形式来表示。

(a) 锥度 $= \dfrac{D}{H}$　　　　(b) 锥度 $= \dfrac{D-d}{H}$　　　　(c)

图 1.36　锥度

根据已知锥度作图,其方法如图 1.37(a)、(b) 所示。首先画出已知锥度的辅助小圆锥,然后过已知点作小圆锥轮廓线的平行线,最后根据尺寸完成全图。

锥度的标注如图 1.36(c) 和图 1.37(c) 所示,用锥度符号标注在图形上有锥度的位

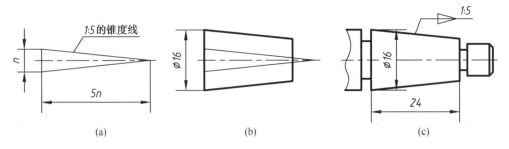

图 1.37　锥度画法及标注

置上。符号的方向应与所画锥度方向一致。

斜度和锥度符号的画法如图 1.38 所示。

h =字体高度

(a) 　　　　 (b)

图 1.38　斜度和锥度符号的画法

1.3.3　非圆平面曲线

1. 椭圆

下面介绍椭圆的两种画法。

（1）同心圆法：如图 1.39 所示，首先分别以长轴 AB 和短轴 CD 为直径作两个同心圆，然后过圆心作一系列直线，与两圆相交得一系列点，过与大圆的交点作短轴的平行线，过小圆上的交点作长轴的平行线，两组相应直线的交点即为椭圆上的点，最后用曲线板将所得交点连接成光滑曲线，即得椭圆。

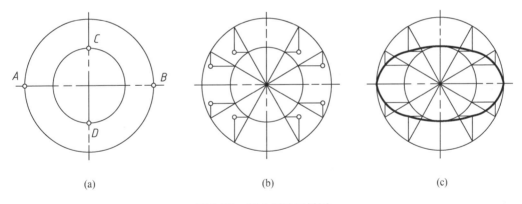

(a) 　　　　　　　 (b) 　　　　　　　 (c)

图 1.39　同心圆法画椭圆

（2）四心圆法：如图 1.40 所示，首先作出椭圆的长轴 AB 及短轴 CD，然后连接 AC，并取 $CE = OA - OC$，得 E 点，再作 AE 的中垂线，分别交长短轴于 1、2 两点，并作出其对称点 3、4，连 14、12、32 和 34 并延长，最后分别以 1、3 为圆心，1A 为半径画圆弧，再以 2、4 为圆心，2C 为半径画圆弧，即得椭圆。

2. 渐开线

圆的渐开线，是一直线沿圆周作无滑动的滚动时直线上任一点的轨迹，其作图方法如图 1.41 所示。

将已知圆周分为若干等份（图中为 12 等分），并将圆周的展开长度 πD 也分成相同的

图 1.40　四心圆法画椭圆

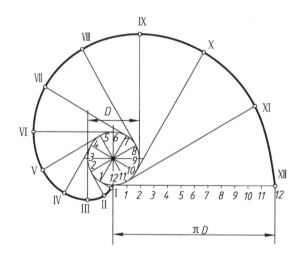

图 1.41　圆的渐开线

等份。然后过圆上各等分点作圆的切线,自切点在各切线上依次截取 $\pi D/12, 2\pi D/12,$ $3\pi D/12, \cdots,$ 得 Ⅰ,Ⅱ,Ⅲ,⋯ 点,将这些点依次连接成光滑曲线,即得圆的渐开线。

1.3.4　圆弧连接

画图时,常遇到从一条线(直线或圆弧)光滑地过渡到另一条线的情况。这种光滑过渡就是平面几何中的相切。在制图中称为连接,切点称为连接点。常见的是用圆弧连接各种已知线段,这时圆弧称为连接弧。作图时,连接弧的半径是给定的,而连接弧的圆心(连接中心)和连接点通过作图确定。

1.圆弧连接的作图原理

(1)半径为 R 的圆弧若与已知直线相切,其圆心轨迹是距已知直线为 R 的平行线,由圆心向已知直线作垂线,垂足为切点,如图 1.42(a)所示。

(2)半径为 R 的圆弧若与已知圆弧(圆心为 O_1,半径为 R_1)相切,其圆心轨迹是已知圆的同心圆。此同心圆的半径 R_2 根据相切情况而定:当圆弧外切时,$R_2 = R_1 + R$,如图

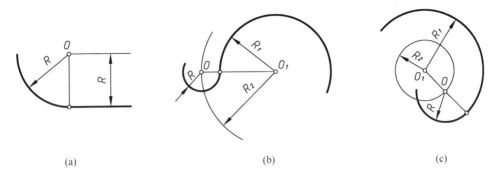

图 1.42   圆弧连接的作图原理

1.42(b) 所示；当两圆弧内切时，$R_2 = R_1 - R$，如图 1.42(c) 所示。连心线 OO_1 与圆弧的交点即为切点。

2.圆弧连接的几种情况

（1）用半径为 R 的圆弧连接两已知直线：Ⅰ 和 Ⅱ 为两已知直线，用半径为 R 的圆弧连接起来。首先要求连接弧的圆心，为此，作距直线 Ⅰ 和 Ⅱ 为 R 的平行线 Ⅲ 和 Ⅳ，其交点 O 即为所求连接弧的圆心。然后从圆心 O 分别向两直线作垂线，垂足 K_1 和 K_2 为连接点。

以 O 为圆心，以 R 为半径画圆弧 $\overset{\frown}{K_1K_2}$ 把二直线光滑连接起来，如图 1.43 所示。

（2）用半径为 R 的圆弧连接一直线和一圆弧：已知直线 Ⅰ，已知圆弧的圆心为 O_1，半径为 R_1，如图 1.44 所示。

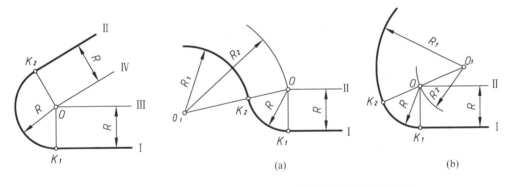

图 1.43   用圆弧连接
两已知直线

图 1.44   用圆弧连接直线和圆弧

与已知直线相切的连接弧圆心轨迹为直线 Ⅱ，与已知圆弧相切的连接弧圆心轨迹为同心圆，半径为 R_2。两轨迹线的交点即为连接弧的圆心。由此圆心向已知直线作垂线，垂足为一连接点；连心线与已知圆弧的交点为另一连接点。求得连接圆弧圆心和连接点后，即可用已知半径 R 作出连接弧。图 1.44 分别画出两种不同情况的作法。

（3）用半径为 R 的圆弧连接两已知圆弧：这种连接形式有三种情况：连接弧与已知两圆弧皆外切；连接弧与两已知圆弧皆内切；连接弧与一已知圆弧外切，与另一已知圆弧内切。两已知圆弧的圆心分别为 O_1、O_2，半径分别为 R_1、R_2。现以外切为例说明作法，如图 1.45(a) 所示。

分别以 O_1 和 O_2 为圆心,以 $R+R_1$ 和 $R+R_2$ 为半径画圆弧,其交点即为连接弧的圆心;连心线 OO_1 和 OO_2 与两已知弧的交点 K_1、K_2 即为连接点。以 O 为圆心,以 R 为半径画圆弧 $\overset{\frown}{K_1K_2}$ 即把两已知圆弧连接起来。

其他两种情况的画法如图 1.45(b)、(c)所示。

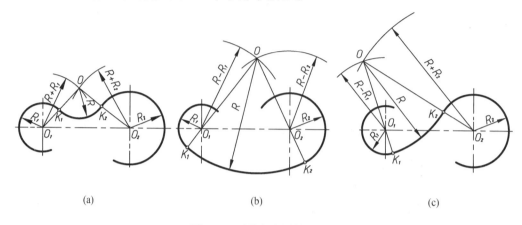

(a)   (b)   (c)

图 1.45　用圆弧连接两圆弧

1.4　平面图形的画法及尺寸标注

平面图形通常是由一些线段连接而成的一个或数个封闭线框构成。画图时,要根据平面图形中所标注的尺寸,分析其中各组成部分的形状、大小和它们的相对位置,从而确定正确的画图步骤。

1.4.1　平面图形的尺寸分析

平面图形中各组成部分的大小和相对位置是由其所标注的尺寸确定的。平面图形中所标注的尺寸,按其作用可分为以下两类。

1. 定形尺寸

用以确定平面图形各组成部分的形状和大小的尺寸,称为定形尺寸。例如线段长、圆的直径、圆弧的半径等。如图 1.46 中,尺寸 $\phi10$、$\phi5$、$R28$、$R3$,线段长度 10、6 等。

2. 定位尺寸

用以确定平面图形中各组成部分之间相对位置的尺寸,称为定位尺寸。因为平面图形具有两个向度,所以一般情况下平面图形中每一部分都有两个方向的定位尺寸。例如图 1.46 中尺寸 60 为圆弧 $R3$ 长度方向的定位尺寸,宽度方向的定位尺寸省略未注,这是因为圆心在轴线上。

标注定位尺寸起始位置的点或线,称为尺寸基准。在平面图形中一般要有长度和宽度两个方向的基准。

通常选取图形的对称线、较大圆的中心线、图形底线或端线作尺寸基准。如图 1.46 中,长度方向尺寸基准选取左端线,宽度方向则以对称中心线,即轴线作为尺寸基准。应当指出,有的尺寸既属于定形尺寸,又可视为定位尺寸。如图 1.46 中尺寸 10 既是左端图形的定形尺寸,又可看做与其相连图形的长度方向定位尺寸。

图 1.46　手柄

1.4.2　平面图形的线段分析

根据所给出的尺寸,组成平面图形的线段可以分为以下三种:

1. 已知线段

根据所给出尺寸能直接画出的圆弧或线段,称为已知线段,若给出圆弧半径和圆心位置的两个方向定位尺寸,则为已知圆弧,如图 1.46 中的 R3 圆弧。

2. 中间线段

给出圆弧半径大小和圆心位置的一个方向定位尺寸的圆弧,称为中间圆弧,如图1.46 中的 R28 即属于中间圆弧。中间圆弧不能直接作图,必须根据它与已知圆弧的连接关系,求出连接中心,才能作出。

若线段过一已知点且与已知圆弧相切,则为中间线段。

3. 连接线段

仅给出半径大小的圆弧,称为连接圆弧。如图1.46 中的 R20 即属于连接圆弧,连接圆弧的圆心,也需通过几何作图求出。

若线段两端与已知圆弧相切,则为连接线段。

1.4.3　平面图形的画图步骤

在对平面图形进行尺寸分析和线段分析之后,就可得出画图步骤:先画已知线段,再画中间线段,最后画连接线段。现以图 1.46 所示平面图形为例,说明画图的具体步骤,如图 1.47 所示。

(1) 画对称中心线,如图 1.47(a) 所示。

(2) 画已知线段,如图 1.47(b) 所示。

(3) 画中间圆弧 R28,如图 1.47(c) 所示。

(4) 画连接圆弧 R20,如图 1.47(d) 所示。

(a) 画对称中心线　　　　　　　　(b) 画已知线段

(c) 画中间线段　　　　　　　　(d) 画连接线段

图 1.47　平面图形的画图步骤

1.4.4　平面图形的尺寸标注

标注平面图形尺寸时,首先要对平面图形进行分析,弄清由哪些基本几何图形构成,并确定已知线段、中间线段和连接线段,从而弄清各部分之间的相互关系。然后选择合适的基准,依次注出各部分的定形尺寸和定位尺寸。

【例1.1】　注出图 1.48(a) 所示平面图形的尺寸。

(1) 分析图形,确定基准

选水平中心线为宽度方向基准。左边圆的竖直中心线为长度方向基准。

(2) 注定形尺寸

$R11,\phi12,R38,R60,R11,R4,R10,R20$,如图 1.48(b) 所示。

(3) 注定位尺寸

$R11$、$\phi12$ 与 $R11$ 及 $R20$ 的圆心定位尺寸为49。圆弧 $R10$ 为中间弧,需给出圆心的一个方向定位尺寸7,另一方向通过连接关系确定,如图 1.48(c) 所示。其他线段或圆弧均为连接线段或圆弧,不用注定位尺寸。

完成的尺寸标注如图 1.48(d) 所示。

图 1.48　平面图形的尺寸注法

1.5　徒手绘图的技巧

徒手绘图是指以目测估计图形与实物的比例,按一定画法要求徒手(或部分使用仪器)绘制图,它是工程技术人员的一项基本技能。徒手绘图的基本要求是快、准、好,即画图速度要快,目测比例要准,图面质量要好。由于徒手绘图迅速简便,因此,在创意设计、交流构思、现场测绘及技术交流中占有重要的地位。徒手绘图要求做到:图线清晰,粗细分明,字体端正,图面整洁。

下面介绍徒手绘图中线段和圆的画图技巧。

1.5.1　直线的画法

徒手画图时,图纸在图板上不用固定。画水平线时,可把纸转到约 45° 方向画,这样运笔顺畅。画直线时,要执笔自然,眼睛要看着线段的终点,小手指轻轻地与纸面接触,这样可保证图线平直,如图 1.49 所示。画较短的线时,可只运动手腕,画长线时可运动手臂。

图 1.49　徒手画直线的方法

1.5.2　画　圆

画小圆时,可在对称中心线上截取半径,得四个点作圆周。画大圆时,可在八个方向上取点,然后过 8 个点徒手画圆,如图 1.50 所示。

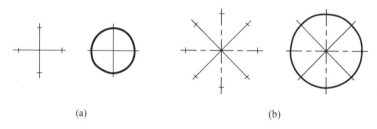

(a)　　　　　　　　　　　　　　　　　　(b)

图 1.50　徒手画圆的方法

画大圆时,也可用如图 1.51 所示的转动图纸的方法画圆。

图 1.51　徒手画大圆的方法

第 2 章

点、直线和平面的投影

2.1 投影法的基本知识

人们在长期实践中发现物体在某一光源照射下,会在地面或墙上产生影子,从这一自然现象得到启发,经过人们的科学抽象,找出了影子和物体之间的几何关系,从而获得投影法。投影法是指投射线通过物体,向选定的面投射,并在该面上得到图形的方法。根据投影法所得到的图形称为投影。

在图2.1中,设空间有一平面P及不属于该平面的一点S(相当于光源),在空间有一点A(相当于物体),连接点S、A的射线可视为由S发出的光线,此线与平面P的交点a,即为点A在平面P上的投影。S称为投射中心,即所有投射线的起源点;平面P称为投影面,即在投影法中得到投影的面;SA称为投射线,即发自投射中心且通过被表示物体上各点的直线。投射中心和投影面构成投影条件,投影条件及它们所在的空间称为投影体系。

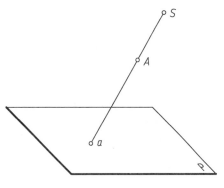

图 2.1　投影的基本概念

投影法一般分为两类:中心投影法和平行投影法。

2.1.1　中心投影法

在已知投影条件下,可以作出空间任意曲线ABC的投影abc和一平面图形$\triangle DEF$的投影$\triangle def$,如图2.2、图2.3所示。

在上述投影图中,投射中心S与投影面P的距离是有限的,并且所有的投射线都交于一点S,这种投影法称为中心投影法,所得到的投影称为中心投影。

中心投影一般不能反映物体的真实形状和大小,但符合人的视觉,因此比较直观。图2.4所示是用中心投影法画出的火车站站台的透视图。虽然它的立体感强,但在机械工程中很少采用。

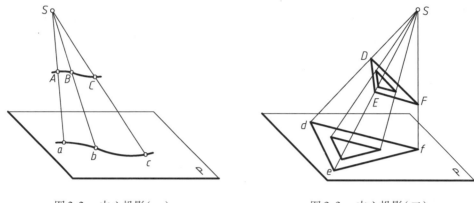

图 2.2　中心投影(一)　　　　　　　图 2.3　中心投影(二)

图 2.4　火车站站台的透视图

2.1.2　平行投影法

如果将投射中心 S 移到无穷远,则所有的投射线都可视为是互相平行的,如图 2.5 所示。这种投影法称为平行投影法,所得到的投影称为平行投影。

在平行投影中,必须给出投射方向 S 和投影面 P,根据投射方向和投影面是否垂直,平行投影法又分为斜投影法和正投影法。

1. 斜投影法

投射线与投影面相倾斜的平行投影法,称为斜投影法,如图 2.5(a) 所示。

2. 正投影法

投射线与投影面相垂直的平行投影法,称为正投影法,如图 2.5(b) 所示。

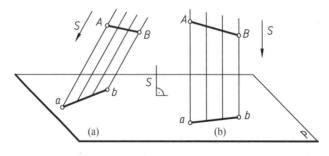

图 2.5　平行投影

由于平行投影法,尤其是正投影法在投影图上容易表达空间几何体的形状和大小,作图也比较简便,因此在工程制图中得到广泛应用,也是本课程学习的主要内容。

2.1.3　平行投影的基本性质

在运用投影法绘制物体的投影图时,事先就应该知道几何元素表示在投影图上,哪些几何性质发生了变化,哪些性质仍保持不变。尤其是要知道那些保持不变的性质,据此能够正确而迅速地作出其投影图;同时,也便于根据投影图确定几何元素及其相对位置。平行投影有以下一些基本性质:

(1) 直线的投影一般情况下仍为直线,特殊情况下为点;属于直线的点,其投影仍属于该直线的投影,如图 2.6 所示。

(2) 直线上两线段长度之比等于其投影长度之比,如图 2.6 所示,即 $\dfrac{EA}{AF} = \dfrac{ea}{af}$。

(3) 平行二直线,其投影仍平行;平行二线段长度之比等于其投影长度之比,如图2.7所示,即 $\dfrac{AB}{CD} = \dfrac{ab}{cd}$。

(4) 若线段或平面图形平行于投影面时,其投影反映实长或实形,如图 2.8 所示。

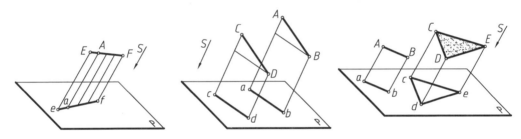

图 2.6　直线及属于直线的点　　图 2.7　平行二直线的投影　　图 2.8　平行投影面的直线和
　　　　的投影　　　　　　　　　　　　　　　　　　　　　　　平面

2.1.4　机械工程上常用的两种投影简介

1. 多面正投影

在给定的平行投影条件下,空间几何元素在投影面上具有唯一的投影,但是反过来,依靠一个投影不能确定它们在空间的位置和形状。

如图 2.9 所示,已知点的一个投影 a,在过 a 的投射方向上可以有点 $A_1,A_2,A_3,\cdots$,它们在平面 P 上的投影都是 a。所以,根据点的一个投影不能唯一确定空间点的位置。

同理,仅知道物体的一个投影,也不能唯一地确定空间几何体的形状和大小,如图 2.10 所示物体甲和乙在 P 面上的投影形状和大小都是一样的。为了解决这个问题,在工程上常采用多面正投影来唯一确切地表达物体。它是将物体置于二面或三面投影体系中,作出其几个正投影,共同来表达同一物体。如图 2.11 为三面投影的形成及投影图。图2.11(b) 就能确切表示出空间物体的形状。

图 2.9　一个投影不能确定空间点的位置

图 2.10　单面正投影

(a)

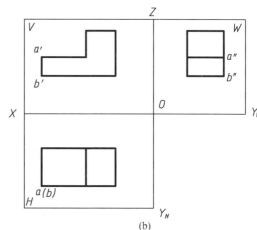

(b)

图 2.11　三面投影的形成及投影图

2. 轴测投影

轴测投影是采用平行投影法绘制的单面投影。

如图 2.12 所示,先将物体置于空间直角坐标体系中,物体的空间位置由其坐标来确

(a)

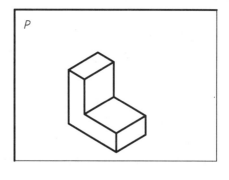

(b)

图 2.12　轴测投影图

定。将物体连同直角坐标体系,沿不平行于任一坐标平面的方向,用平行投影法将其投射在单一投影面上所得到的图形,即为轴测投影图,又称轴测图。

轴测图虽然作图复杂、度量性差,但由于它在一个投影面上同时反映出物体长、宽、高三个方向的形状,直观性强,所以常用来做某些复杂形体的辅助图样。

2.2　点的投影

任何物体(包括线、面、体)都可以看做点的集合,所以点是最基本的几何元素。研究空间物体的投影,可归结为作点的投影;确定物体的形状、大小可归结为确定属于它们的点的空间位置。

2.2.1　点在两投影面体系中的投影

1.两投影面体系的建立

为了根据点的投影确定点在空间的位置,我们引入了两个互相垂直的投影面 V 和 H,如图 2.13 所示。

通常把 V 面称为正立投影面,简称正面,把 H 面称为水平投影面,简称水平面。这两个投影面相交于投影轴 OX。并把整个空间划分为四个区域,我们把每个区域称为一个分角,它们的顺序如图 2.13 所示。

2.点在第一分角的投影

国家标准《机械制图》规定,机件的图形按正投影

图 2.13　两投影面体系

法绘制,并采用第一角投影法,因此,我们着重讨论点在第一分角中的投影画法。设在第一分角中有一点 A,由点 A 分别向 H 面和 V 面作垂线,其在 H 面的垂足 a 称为点 A 的水平投影;在 V 面上的垂足 a' 称为点 A 的正面投影。从图 2.14(a)不难看出,点 A 与其投影 a、a' 保持着一一对应关系。

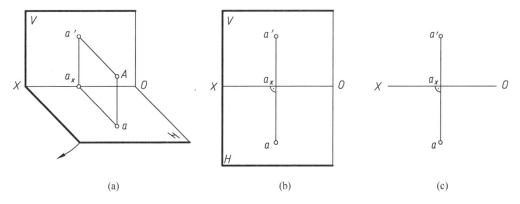

(a)　　　　　　　　　(b)　　　　　　　　　(c)

图 2.14　点的两面投影

V 面不动,将 H 面按箭头方向绕 OX 轴旋转,使其与 V 面重合,得到点的两面投影图,如图 2.14(b)所示。为作图方便,投影面的边框可省略不画,如图 2.14(c)所示。

在图 2.14(a) 中,因 $Aa \perp H, Aa' \perp V$,所以由 Aa 及 Aa' 所确定的平面必然垂直于 H 面和 V 面,同时也垂直于它们的交线 OX 轴。这样该平面与 H 面及 V 面的交线 aa_x 及 $a'a_x$ 必与 OX 轴垂直相交于点 a_x。所以在投影图上 a、a_x、a' 三点必须在垂直于 OX 轴的同一直线上,即 $aa' \perp OX$。因为 Aaa_xa' 为矩形,所以 $Aa' = aa_x$,$Aa = a'a_x$。

综上所述,可知点在两投影面体系中投影规律是:

(1) 点的正面投影和水平投影连线垂直于 OX 轴,即 $aa' \perp OX$。

(2) 点的水平投影到 OX 轴的距离等于空间点到 V 面的距离,即 $aa_x = Aa'$。

(3) 点的正面投影到 OX 轴的距离等于空间点到 H 面的距离,即 $a'a_x = Aa$。

3. 特殊位置点的投影

前面谈到的是处于一般位置的点,即空间点在两投影面体系中到 V 面、H 面的距离都不等于零,也不相等。下面将要讨论的是:空间点在投影面上(点到某一投影面的距离为零)、空间点在投影轴上(点到两投影面的距离均为零)、空间点在分角的等分面上(点到两投影面的距离相等)的投影特性。这三种位置的点称之为特殊位置点。

(1) 在投影面上的点:如图 2.15 所示,空间点 A 在 V 面上,其到 V 面的距离为零。所以点 A 的正面投影与它本身重合,即 $A \equiv a'$;另一个投影 a 在 OX 轴上,与 a_x 重合,即 $a \equiv a_x$。空间点 B 在 H 面上,其到 H 面的距离为零,所以点 B 的水平投影与它本身重合,即 $B \equiv b$;另一个投影在 OX 轴上,与 b_x 重合,即 $b' \equiv b_x$。可见它们的投影规律是:点的一个投影与空间点重合;点的另一个投影在 OX 轴上。

图 2.15　在投影面上及轴上的点

(2) 在投影轴上的点:如图 2.15 所示,空间点 C 在投影轴上,其到 V 面、H 面的距离均为零,因此点 C 的正面投影、水平投影都与它本身重合在 OX 轴上,即 $C \equiv c \equiv c' \equiv c_x$。

(3) 在分角等分面上的点:如图 2.16 所示,空间点 D 是在两投影面体系第一分角的等

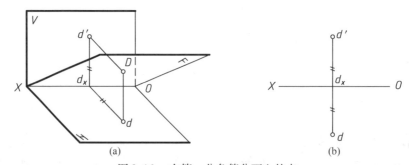

图 2.16　在第一分角等分面上的点

分面 F 上,其到 H 面、V 面的距离相等。因此点 D 的正面投影 d' 到 OX 轴的距离等于点 D 的水平投影 d 到 OX 轴的距离,即 $d'd_X = dd_X$。

2.2.2　点在三投影面体系中的投影

1. 三投影面体系的建立

图 2.17 所示为三投影面体系,是在两投影面体系的基础上,再加一个侧立投影面 W(简称侧面)而构成的。三个投影面互相垂直相交,其交线称为投影轴,分别用 OX、OY、OZ 表示,三个投影轴垂直相交于点 O,称为原点。三个投影面将空间分为八个分角,其顺序如图 2.17 所示。同样根据国家标准规定,本书主要介绍第一分角的投影法。

如把三投影面体系看做直角坐标体系,这时投影面 V、H、W 相当于坐标面,投影轴 OX、OY、OZ 相当于坐标轴,投影原点 O 相当于坐标原点,这样点到 W、V、H 三个投影面的距离可以用直角坐标 x、y、z 表示。

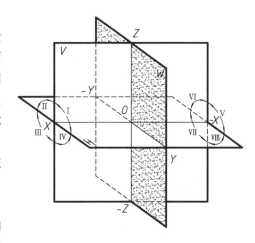

图 2.17　三投影面体系

2. 点在三投影面体系中的三面投影图

如图 2.18(a) 所示,点 A 位于第一分角内,由点 A 分别向 H 面、V 面、W 面作垂线,所得垂足 a、a' 及 a'' 就是点 A 的水平投影、正面投影和侧面投影。为了获得投影图,必须使三投影面摊平在同一平面内,因此,我们仍规定 V 面不动,使 H 面绕 OX 轴按箭头方向向下旋转到与 V 面重合,使 W 面绕 OZ 轴按箭头方向向右旋转到与 V 面重合。在两次旋转中,V 面都不动,所以在该面内的 OX 轴和 OZ 轴位置都不变,OY 轴在旋转过程中分为两处,随 H 面旋转的为 OY_H,随 W 面旋转的为 OY_W,旋转重合后的投影图如图 2.18(b) 所示。

(a)

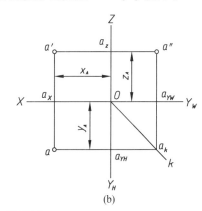

(b)

图 2.18　点的三面投影图

3. 点的三面投影与直角坐标的关系

由图 2.18(a) 可见,投射线 Aa、Aa' 和 Aa'' 中的每两条线可决定一个平面,共构成三个平面,并分别与相应的投影面及投影轴垂直相交。这三个平面与投影面围成一个长方体,因此有下列关系成立。

$Aa'' = aa_Y = a'a_Z = Oa_X = x_A$,即点 A 到 W 面的距离;

$Aa' = aa_X = a''a_Z = Oa_Y = y_A$,即点 A 到 V 面的距离;

$Aa = a'a_X = a''a_Y = Oa_Z = z_A$,即点 A 到 H 面的距离。

从上述分析可知,点的每个投影由两个坐标确定,点的任何两个投影都反映点的三个坐标值。因此,可以得出点的投影与其直角坐标之间的关系:有了一点 A 的坐标值(x、y、z),就有唯一确定的投影图(a、a'、a'');反之,如果已知点 A 的投影图(a、a'、a''),也就唯一确定该点的坐标值。

4. 点的三面投影规律

综上所述,可以得出点的三面投影规律:

(1)点的正面投影和水平投影的连线垂直于 OX 轴,共同反映空间点的 x 坐标。

(2)点的正面投影和侧面投影的连线垂直于 OZ 轴,共同反映空间点的 z 坐标。

(3)点的水平投影到 OX 轴的距离等于其侧面投影到 OZ 轴的距离,共同反映空间点的 y 坐标。

如图 2.18(b)所示,由于 $Oa_{YH} = Oa_{YW}$,作图时可过点 O 作直角 Y_HOY_W 的角平分线(k 线),从 a 引 OX 轴的平行线与角平分线相交于 a_k,再从 a_k 引 OY_W 的垂线与从 a' 引出的 OZ 轴的垂线相交,其交点即为 a''。

根据点的投影规律,可由点的三个坐标值画出其三面投影,也可以根据点的两个投影作出第三投影。

【例 2.1】 已知点 B 的坐标为(20,15,25),作出点 B 的三面投影图。

作图步骤如图 2.19(a)所示。

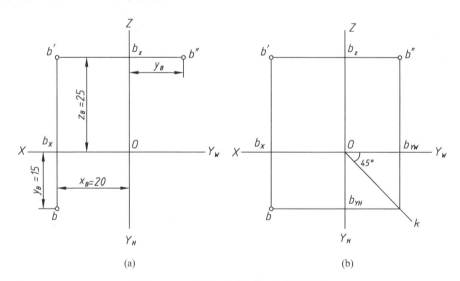

(a)　　　　　　　　　　　(b)

图 2.19　已知点的坐标作点的投影图

(1)作出相互垂直的投影轴,标上 O、X、Z 及 Y_H、Y_W。

（2）在 OX 上量取 $Ob_X = 20$，得点 b_X。

（3）过点 b_X 作 OX 轴的垂线，向上量取 $b'b_X = 25$，得点 b'；向下量取 $bb_X = 15$，得点 b。

（4）过点 b' 作 OX 轴的平行线，与 OZ 轴相交于 b_Z，延长后量取 $b''b_Z = 15$，得点 b''。至此点 B 的三面投影图完成。

作出点 B 的正面投影和水平投影后，也可用图 2.19(b) 所示的方法作出其侧面投影。

2.2.3　两点的相对位置、重影点

1. 两点的相对位置

空间两点的相对位置，可用它们相对于各投影面的距离远近来确定。距 H 面较远（z 坐标值大）的点在上；距 V 面较远（y 坐标值大）的点在前；距 W 面较远（x 坐标值大）的点在左。如图 2.20 所示，由于 $z_A > z_B$（$a'a_X > b'b_X$），所以点 A 在点 B 的上方；$y_A < y_B$（$aa_X < bb_X$），所以点 A 在点 B 的后方；$x_A < x_B$（$a'a_Z < b'b_Z$），所以点 A 在点 B 的右方。

图 2.20　两点的相对位置

【例 2.2】　已知点 A、B 的正面投影和水平投影，试作出它们的侧面投影，并判别它们在空间的相对位置。

如图 2.21 所示，具体画法可按图 2.19(b) 所示的作图方法作出点 A 及点 B 的侧面投影 a'' 及 b''。从图中可以看出，由于 $a'a_X > b'b_X$，$a'a_Z > b'b_Z$，$aa_X < bb_X$，所以，空间点 A 在点 B 的上方、左方和后方。

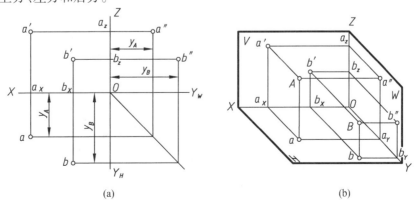

图 2.21　判别两点的相对位置

2. 重影点

若空间两点位于对某一投影面的同一条投射线上,则两点在该投影面上的投影重合,此两点称为对该投影面的重影点,如图 2.22 所示,点 A、点 B 位于对 H 面的同一条投射线上,它们的水平投影重合,称为水平重影点。而点 C、点 D 称为正面重影点。每对重影点在其他投影面上的投影不重合,并反映重影点的上、下、左、右,前、后的位置。例如 $z_A > z_B (a'a_x > b'b_x)$,点 A 距 H 面较远,点 A 在点 B 的上方;$y_C > y_D (cc_x > dd_x)$,点 C 距 V 面较远,点 C 在点 D 的前方。

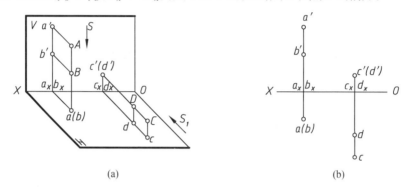

图 2.22　重影点的投影

两点重影必有一点被"遮挡",所以应判别可见性。如图 2.22 所示,点 A 在点 B 的上方,所以沿 S 观察,点 A 为可见,点 B 则不可见。点 C 在点 D 的正前方,所以沿 S_1 观察,点 C 可见,点 D 则不可见。在投影图上,将不可见点的投影加圆括号表示,如 $a(b)$、$c'(d')$。

2.3　直线的投影

2.3.1　直线的投影

由平行投影的性质可知,直线的投影一般情况下仍然是直线。所以在绘制直线的投影图时,只要作出属于直线的两点的投影,然后将两点的同面投影连接起来,便得到直线的投影图。图 2.23(a) 为直线 AB 的空间情况及其投影过程,图 2.23(b) 为其两面投影

(a)　　　　　　　　(b)　　　　　　　　(c)

图 2.23　直线的投影

图,图 2.23(c)则为其三面投影图。

这样,若给出直线的三面投影图,直线在空间的位置即可完全确定。但是,若确定直线的空间位置时,第三投影并不是必要的。

2.3.2　各种位置直线

空间直线相对于投影面的位置,可分为三种情况。其中平行于一个投影面而与其他两投影面倾斜的直线,称为投影面平行线;垂直于一个投影面而平行于另外两个投影面的直线,称为投影面垂直线;不平行于任何投影面的直线,称为一般位置直线。平行线、垂直线又称为特殊位置直线。并且规定,直线与 H、V、W 面的倾角分别用 α、β、γ 来表示。

由于直线对投影面的位置不同,其投影特性也不同,下面分别分析各种位置直线的投影特性。

1. 投影面平行线

投影面平行线分为三种:平行于水平投影面的直线,称为水平线;平行于正立投影面的直线,称为正平线;平行于侧立投影面的直线,称为侧平线,见表 2.1。

表 2.1　投影面平行线

平行线	水平线 (//H、倾斜于 V 和 W)	正平线 (//V、倾斜于 H 和 W)	侧平线 (//W、倾斜于 H 和 V)
立体图			
投影图			
投影 特征	(1)$ab = AB$。 (2)$a'b$ // OX,$a''b''$ // OY_W。 (3) ab 与 OX 夹角为 β,ab 与 OY_H 的夹角为 γ。	(1)$a'b' = AB$。 (2)ab // OX,$a''b''$ // OZ。 (3) $a'b'$ 与 OX 夹角为 α,$a'b'$ 与 OZ 的夹角为 γ。	(1)$a''b'' = AB$。 (2)ab // OY_H,$a'b'$ // OZ。 (3) $a''b''$ 与 OY_W 的夹角为 α,$a''b''$ 与 OZ 的夹角为 β。

下面以水平线为例,分析其投影特性。

直线 AB 平行于水平投影面,所以直线 AB 上任何一点到 H 面的距离都相等。因此,直线的正面投影平行于 OX 轴;侧面投影平行于 OY 轴,即 $a'b' \parallel OX$,$a''b'' \parallel OY_W$。直线的水平投影反映空间线段 AB 的实长,即 $ab = AB$。且 ab 与 OX 轴的交角反映直线 AB 与 V 面的倾角 β,ab 与 OY_H 轴的交角反映直线 AB 与 W 面的倾角 γ。正平线和侧平线也有类似的投影特性,见表 2.1。

归纳平行线的投影特性为:

(1) 平行线在它所平行的投影面上的投影反映线段实长,且反映该线段与另外两个投影面的倾角。

(2) 线段的另外两个投影分别平行于相应的投影轴,且小于实长。

2. 投影面垂直线

投影面垂直线也分为三种:垂直于水平投影面的直线,称为铅垂线;垂直于正立投影面的直线,称为正垂线;垂直于侧立投影面的直线,称为侧垂线,见表 2.2。

现以铅垂线为例,分析其投影特性。

铅垂线 AB 垂直于 H 面,所以 AB 在 H 面上的投影积聚为一点,即 $a(b)$。因铅垂线 AB 平行于 V、W 面,所以 AB 的正面投影 $a'b'$ 和侧面投影 $a''b''$ 都反映线段实长,且 $a'b' \perp OX$ 轴,$a''b'' \perp OY_W$ 轴。正垂线和侧垂线也有类似的投影特性,见表 2.2。

表 2.2 投影面垂直线

垂直线	铅垂线 ($\perp H$ 面)	正垂线 ($\perp V$ 面)	侧垂线 ($\perp W$ 面)
立体面			
投影图			
投影特征	(1) ab 积聚为一点。 (2) $a'b' \perp OX$,$a''b'' \perp OY_W$。 (3) $a'b' = a''b'' = AB$。	(1) $a'b'$ 积聚为一点。 (2) $ab \perp OX$,$a''b'' \perp OZ$。 (3) $ab = a''b'' = AB$。	(1) $a''b''$ 积聚为一点。 (2) $ab \perp OY_H$,$a'b' \perp OZ$。 (3) $ab = a'b' = AB$。

归纳垂直线的投影特性为：

（1）垂直线在它所垂直的投影面上的投影积聚为一点。

（2）垂直线的另外两个投影分别垂直于相应的投影轴，且反映线段实长。

3.一般位置直线

图 2.24 所示为一般位置直线 AB。AB 与三个投影面都倾斜，它与 H 面、V 面、W 面的倾角分别为 α、β、γ。

从投影图中可以看出，一般位置线段的各投影都小于其真实长度，即 $ab = AB\cos\alpha$；$a'b' = AB\cos\beta$；$a''b'' = AB\cos\gamma$。另外，属于一般位置直线的各点到每一个投影面的距离都不相等，所以直线的各投影都与轴倾斜，且不反映直线与投影面的真实倾角。

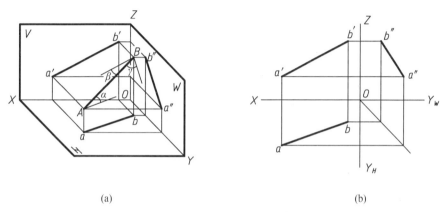

(a)　　　　　　　　(b)

图 2.24　一般位置直线

2.3.3　属于直线的点

空间点与直线的相对位置有两种，即点属于直线和点不属于直线。若点属于直线，根据平行投影性质可有如下投影特性：

（1）若点属于某一直线，点的各投影必属于直线的同面投影；反之，如果点的各投影均属于直线的同面投影，则点属于该直线。

如图 2.25 所示，点 C 属于直线 AB，而 D、E 两点因为不具备上述条件，所以都不属于直线 AB。

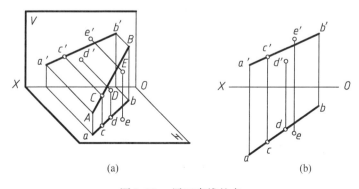

(a)　　　　　　　　(b)

图 2.25　属于直线的点

（2）若空间属于线段的点将线段分成某一比值,则点的各投影也将线段的同面投影分成相同的比值。如图 2.25 所示,点 C 将线段 AB 分为 AC、CB 两部分,则 $AC:CB=ac:cb=a'c':c'b'$。

对于一般位置直线,根据点和直线的任何两个投影就可确定空间点是否属于直线,但对于投影面平行线,则应看直线所平行的那个投影面上的投影,或用点分线段成定比的投影性质验证。

【例 2.3】 作属于直线 AB 的点 K,使 $AK:KB=3:2$。

分析:根据上述性质 2,存在 $AK:KB=ak:kb=a'k':k'b'=3:2$ 关系。按几何作图方法可在水平投影(或正面投影)上完成分割线段为定比作图,求得 k 后,再按点的投影规律求出点 K 的正面投影 k',如图 2.26 所示。

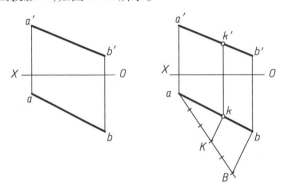

图 2.26 按定比原理作属于直线的点

【例 2.4】 判断点 C 是否属于直线,如图 2.27(a) 所示。

分析:由于 AB 是侧平线,就需要通过作图看其侧面投影,可见 c'' 不属于 $a''b''$,所以点 C 不属于直线 AB,如图 2.27(b) 所示。也可以根据属于线段的点分线段为一定比例的方法来判断,如图 2.27(c) 所示。

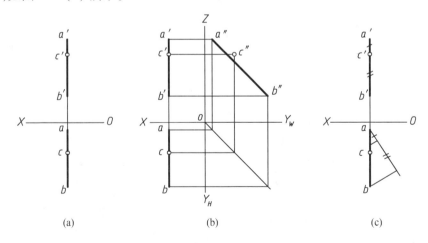

| (a) | (b) | (c) |

图 2.27 判断点是否属于直线

2.4　二直线的相对位置

二直线在空间的相对位置有三种,即平行、相交和交叉。由于交叉二直线不在同一平面上,故又称异面直线。下面分别介绍它们的投影特性。

2.4.1　平行二直线

由平行投影的性质可知,若空间二直线互相平行,则它们的同面投影也必平行;反之,若二直线的各同面投影都相互平行,则二直线在空间一定平行。如图 2.28 所示,由于空间直线 $AB /\!/ CD$,所以它们的正面投影 $a'b' /\!/ c'd'$,水平投影 $ab /\!/ cd$,侧面投影 $a''b'' /\!/ c''d''$。

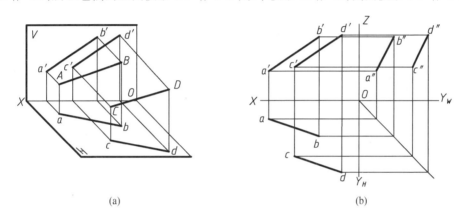

图 2.28　平行二直线

对一般位置二直线,根据其两面投影即可判别二直线是否平行。但若二直线同是某投影面的平行线时,还要看它们在所平行的那个投影面上的投影,才能确定是否平行。图 2.29(a) 中示出二直线 AB、CD 的三面投影,因为 $ab /\!/ cd$,$a'b' /\!/ c'd'$,而 $a''b''$ 不平行 $c''d''$,所以空间直线 AB 与 CD 不平行。图 2.29(b) 所示为二直线 AB、CD 的两面投影,因为

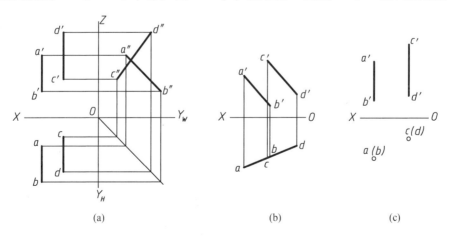

(a)　　　　　　　　　　　(b)　　　　　　　　　　　(c)

图 2.29　判断二直线是否平行

$a'b' // c'd'$,$ab // cd$(两平行线所确定的平面垂直于 H 面),所以空间直线 $AB // CD$。图 2.29(c)所示直线 AB、CD 垂直 H 面,$a'b' // c'd'$,空间直线 $AB // CD$,这时两重影点之间的距离即是二直线间的距离。

2.4.2　相交二直线

如图 2.30 所示,MN 与 EF 为相交二直线,它们相交于点 K,K 是二直线的共有点。将 MN 与 EF 投射到 H 面上,其投影 mn 与 ef 必经过点 K 的投影 k,即 mn 与 ef 相交于 k。同理,若将两直线投射到 V 面和 W 面上,则其正面投影 $m'n'$、$e'f'$ 必相交于点 K 的正面投影 k',侧面投影 $m''n''$、$e''f''$ 必相交于点 K 的侧面投影 k''。

(a)

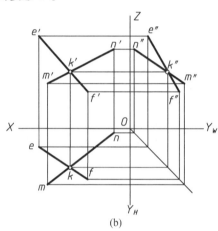

(b)

图 2.30　相交二直线的投影

由此可见,相交二直线的投影特征为:空间相交二直线,其同面投影必相交,且投影交点符合点的投影规律;反之,若二直线同面投影都相交,且交点符合点的投影规律,则此二直线在空间必相交。

对于一般位置直线,根据其两面投影即可判断它们在空间是否相交。但当两直线之一是投影面平行线时,还要看直线在所平行的投影面上的投影才能确定是否相交。如图 2.31 所示,虽然 $ab \cap cd$,$a'b' \cap c'd'$,且 $kk' \perp OX$ 轴,但因 CD 是侧平线,还要看它们的侧面投影。图中 $a''b''$ 与 $c''d''$ 相交,但交点不是 k'',即交点不符合点的投影规律,所以空间二直线不相交。用点分线段成定比的性质,不作侧面投影也可判别这类直线是否相交。如果 $K \in AB$,再看点 K 是否属于 CD,若 $K \in CD$,则两直线相交。

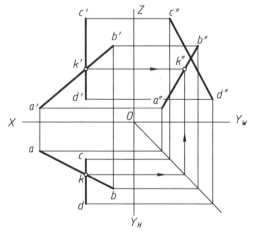

图 2.31　判别直线 AB 与 CD 是否相交

2.4.3　交叉二直线

二直线在空间既不平行也不相交,称为交叉二直线。

图2.32示出二交叉直线*AB*、*CD*在两投影面体系中的投影情况,*AB*和*CD*的两面投影都相交,但其交点是分别属于两交叉直线的重影点 Ⅰ、Ⅲ 和 Ⅱ、Ⅳ 的投影,由于投影的交点并不是空间同一点的投影,所以不符合点的投影规律,即投影交点的连线不垂直于*OX*轴。对于重影点,须判别可见性,交叉二直线重影点可见性的判别方法,是以后判别重影的各类图形可见性的基础。

综上所述,可得到交叉二直线的投影特征:其同面投影可能有一组(见图2.29(a))、两组(见图2.33)或三组(见图2.31)都相交,但各组投影的交点不符合点的投影规律;其同面投影可能有一组(见图2.33)、两组(见图2.29(a))互相平行,但不可能三组都互相平行。

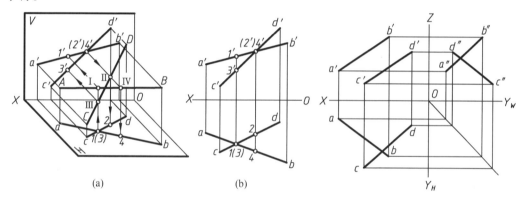

图2.32　交叉二直线的投影(一)　　　　图2.33　交叉二直线的投影(二)

2.5　平面的投影

2.5.1　平面的投影表示

1.几何元素表示法

由初等几何可知,下列各组几何元素都可以决定平面在空间的位置:

(1)不在一直线上的三个点。

(2)一直线和直线外的一个点。

(3)相交二直线。

(4)平行二直线。

(5)任意平面图形,如三角形、平行四边形、圆等。

图2.34 是用各组元素所表示的同一平面的投影图。显然各组几何元素是可以互相转换的,如连接*AB*,即可由图2.34(a)变成图2.34(b),连接*AB*、*BC*、*CA*,又可变成图2.34(e)等。这样转换的结果,新的几何元素虽然在形式上有所变更,但依旧代表着原来一组几何元素所表示的平面。

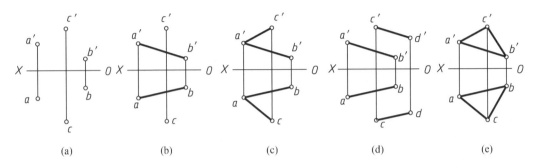

图 2.34 平面的几何元素表示法

2. 迹线表示法

在投影图上还可以用迹线表示平面。所谓迹线即平面与投影面的交线。平面 P 与 H、V、W 面的交线分别称为水平迹线、正面迹线和侧面迹线，以 P_H、P_V、P_W 表示，P_H、P_V、P_W 两两相交于 OX、OY、OZ 轴上的一点称为迹线集合点，分别以 P_X、P_Y、P_Z 表示。用迹线表示的平面称为迹线平面，如图 2.35 所示。

由于迹线在投影面上，因此在其所属投影面上的投影必定与迹线本身重合，另两个投影与相应的投影轴重合，规定这两个投影不画出，也不作标记。

因为迹线又是属于平面的直线，因此只要画出两条迹线，平面的空间位置即可确定。

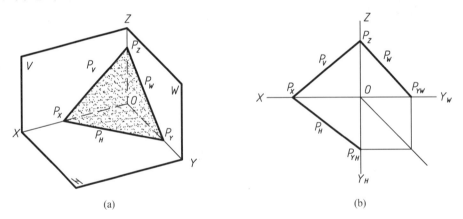

图 2.35 迹线平面

2.5.2 各种位置平面

平面在空间相对于投影面的位置，可以有三种情况：与一个投影面垂直而与另外两投影面倾斜的平面，称为投影面垂直面；与一个投影面平行而与另外两投影面垂直的平面称为投影面平行面；与三个投影面都倾斜的平面称为一般位置平面。前两种平面又称为特殊位置平面。规定平面与 H、V、W 面的倾角分别用 α、β、γ 表示。下面分别讨论各种位置平面的投影特性。

1. 投影面垂直面

投影面垂直面可分为三种：垂直于 H 面的称为铅垂面，垂直于 V 面的称为正垂面，垂直于 W 面的称为侧垂面，见表2.3。

表 2.3　投影面垂直面

垂直面	铅垂面 （⊥ H 面）	正垂面 （⊥ V 面）	侧垂面 （⊥ W 面）
立体图			
投影图			
投影特性	(1) 水平投影积聚成一直线。 (2) 正面投影和侧面投影的形状和原形类似。 (3) 水平投影与 OX 轴及 OY_H 轴的夹角为 β，与 OY_H 夹角为 γ，$\alpha = 90°$。	(1) 正面投影积聚成一直线。 (2) 水平投影和侧面投影的形状和原形类似。 (3) 下面投影与 OX 轴的夹角为 α，与 OZ 夹角为 γ，$\beta = 90°$。	(1) 侧面投影积聚成一直线。 (2) 水平投影和正面投影的形状和原形类似。 (3) 侧面投影与 OY_W 轴的夹角为 α，与 OZ 夹角为 β，$\gamma = 90°$。

现以铅垂面为例，分析垂直面的投影特性。铅垂面由矩形给出，由于该平面垂直于 H 面，所以其水平投影积聚成一直线，称为成线影。成线影与 OX 轴及 OY_H 轴的夹角反映平面与 V 面及 W 面的倾角 β 和 γ。平面在 V 面及 W 面的投影仍为矩形，但此时已成为比实形要小的类似形。

正垂面和侧垂面也有类似的性质，见表 2.3。

投影面垂直面的投影特性归纳如下：

垂直面在其垂直的投影面上的投影积聚成一条直线，该直线与投影轴的夹角等于平面在空间与其他两个投影面的倾角，余两面投影为小于平面图形实形的类似形。

2. 投影面平行面

投影面平行面可分为三种：平行于 H 面的称为水平面，平行于 V 面的称为正平面，平行于 W 面的称为侧平面，见表 2.4。

现以水平面为例，分析平行面的投影特性。水平面由四边形 $ABCD$ 给出，它垂直于 V 面和 W 面，因而其 V 面和 W 面投影积聚成一直线，分别平行于 OX 轴和 OY_W 轴。在 H 面上的投影则反映平面的实形。正平面和侧平面也有类似的性质，见表 2.4。

表 2.4　投影面平行面

平行面	水平面 （ // H 面）	正平面 （ // V 面）	侧平面 （ // W 面）
立体图			
投影图			
投影特性	（1）水平投影 $abcd$ 反映实形。 （2）正面投影和侧面投影均积聚为直线。 （3）正面投影 // OX；侧面投影 // OY_W。	（1）正面投影 $a'b'c'd'$ 反映实形。 （2）水平投影和侧面投影均积聚为直线。 （3）水平投影 // OX；侧面投影 // OZ。	（1）侧面投影 $a''b''c''d''$ 反映实形。 （2）水平投影和正面投影均积聚为直线。 （3）水平投影 // OY_B；正面投影 // OZ。

投影面平行面的投影特性归纳如下：

平行面在其平行的投影面上的投影反映平面图形的实形，其余两投影积聚成直线，且平行于相应的投影轴。

3. 一般位置平面

图 2.36 所示 $\triangle ABC$ 为与三个投影面都处于倾斜位置的平面。它的各个投影既不积

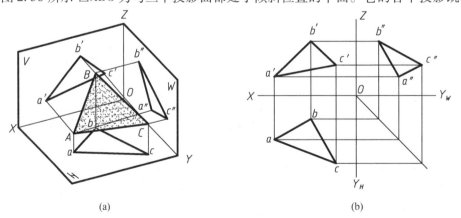

　　　　　　（a）　　　　　　　　　　　　　　　　　（b）

图 2.36　一般位置平面

聚成直线,也不反映该平面图形的实形,而是小于实形的类似形,也不反映该平面对投影面的倾角 α、β、γ。这就是一般位置平面的投影特性。

2.5.3　属于平面的点和直线

1.属于平面的点和直线的几何原理

作属于某平面的点和直线是投影作图中常见的重要作图问题,其作图依据是下面的几何原理。

（1）若一点属于某平面的一条直线,则此点属于该平面。

（2）若一直线经过属于某平面的两点,则此直线属于该平面。

（3）若一直线经过属于某平面的一点,且平行于属于该平面的任意一条直线,则此直线属于该平面。

下面举例说明如何运用上述几何原理求解相关的作图问题。

【例2.5】　已知点 K、L 属于平面 $\triangle ABC$,k' 及 l 已给出,求所缺投影 k 及 l'。如图2.37(a)所示。

分析:因点 K、L 属于平面 $\triangle ABC$,过 K、L 可以作属于平面 $\triangle ABC$ 的直线,则点 K、L 的投影必属于该直线的同面投影。

作图步骤如图2.37(b)所示。

（1）在正面投影图上作辅助线 $k'b'$,与 $a'c'$ 交于 d',求出点 D 的水平投影 d,连 bd 并延长之,则点 K 的水平投影 k 必属于 bd。

（2）在水平投影图上,过 l 作 $le \parallel ac$,与 ab 交于 e,由 e 求得 e',再过 e' 作 $a'c'$ 的平行线,则点 L 的正面投影 l' 必属于该平行线。

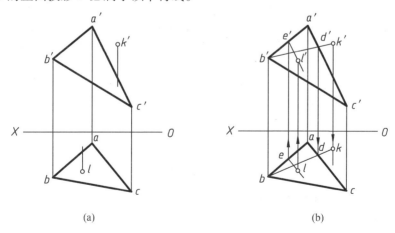

(a)　　　　　　　　　　　　(b)

图 2.37　补属于平面的点所缺投影

【例2.6】　试判别点 K 是否属于已知平面($AB \cap BC$),如图2.38(a)所示。

分析:判别点是否属于平面,可归为判别点是否属于该平面的直线。

作图步骤:

（1）过 k 作属于平面的直线 DE 的水平投影 $de(de \parallel bc)$,如图2.38(b)所示。

（2）作出 DE 的正面投影 $d'e'(d'e' \parallel b'c')$,如图2.38(c)所示。$k$ 不属于 $d'e'$,因此

点 K 不属于已知平面 $AB \cap BC$。

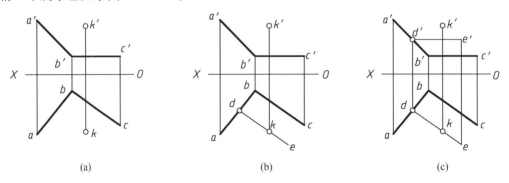

图 2.38   判别点是否属于平面

【例 2.7】   完成平面图形 $ABCDEF$ 的水平投影,如图 2.39(a) 所示。

分析:运用点、直线及平面从属关系的几何原理和平行二直线的投影性质,即可补出平面图形的水平投影。

作图步骤如图 2.39(b)、(c) 所示。

(1) 在正面投影图上,过 d' 作 $d'g' \parallel a'b'$,与 $b'c'$ 相交于 g',由 g' 求得 g,过 g 作 ab 的平行线,则 d 必属于该直线。

(2) 得到 d 后,即可根据"平行两直线的同面投影必平行"这一性质,过 d 作 $de \parallel bc$,得 e,再过 e 作 $ef \parallel ab$,得 f,连 af,得到 $abcdef$,即为所求。

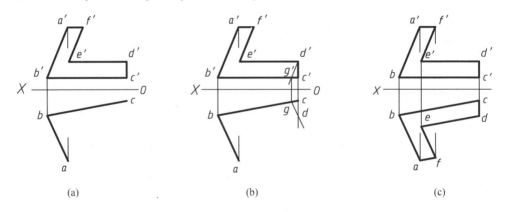

图 2.39   补平面图形的水平投影

通过上述作图步骤得出答案后,还可根据检验 af 是否平行于 bc 来判断作图的准确性。此题也可根据平行关系,先求 f,再求 e、d,这样作图更简捷。

2. 属于平面的投影面平行线

属于平面的投影面平行线有属于平面的水平线、正平线和侧平线三种。平行于同一投影面的直线彼此平行,且平行于平面的同面迹线。它们既符合属于平面的几何性质,又具有投影面平行线的投影特征。如图 2.40(a) 所示。

在作属于平面的投影面平行线时,应先作平行投影轴的那个投影,再按补作属于平面的直线所缺投影的作图方法作出其他投影,如图 2.40(b)、(c) 所示。

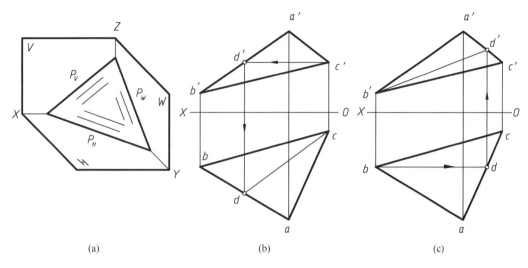

(a)　　　　　　　　　(b)　　　　　　　　　(c)

图 2.40　属于平面的投影面平行线

【例 2.8】　求作属于已知平面(如图 2.41(a))的点 K,使点 K 到 H 面、V 面的距离均为15 mm。

分析:属于已知平面,并且到 H、V 面为定距离的点的轨迹分别为属于已知平面的水平线和正平线,两条轨迹直线的交点即为所求的定点。

作图过程如图 2.41(b)、(c)、(d) 所示。图 2.41(d) 中 k'、k 的投影连线可以检验作图的准确性。

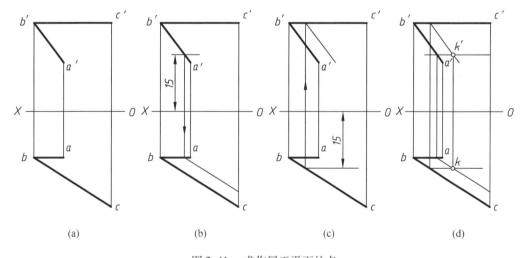

(a)　　　　　　(b)　　　　　　(c)　　　　　　(d)

图 2.41　求作属于平面的点

2.6　直线与平面、平面与平面的相对位置

直线与平面、平面与平面在空间的相对位置有平行和相交两种情况。垂直是相交的特殊情况。研究直线、平面间各种相对位置的投影特征以及如何根据投影图判断其空间

相对位置,是画法几何解决空间几何元素之间定位和度量问题的基础。

2.6.1　平行问题

1. 直线与平面平行

若一直线平行于属于某平面的一条直线,则此直线平行于该平面。反之,若过某平面内的任一点能作出属于该平面的一条直线与空间已知直线平行,则该平面与已知直线平行。如图2.42(a)所示,$CD \in P, MN /\!/ CD$,故 $MN /\!/ P$。图2.42(b)是它们的投影图。

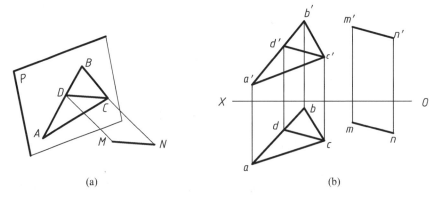

(a)　　　　　　　　　　　(b)

图 2.42　直线与平面平行

【例2.9】　过已知点 M 作一水平线 MN 平行已知平面 △ABC,如图2.43(a)所示。

分析:过空间一点作已知平面的平行线可以作无数条,但本题要求所作直线为水平线,因此,所作直线应平行于属于 △ABC 的水平线。

作图步骤如图2.43(b)所示。

(1) 在平面 △ABC 内任作一水平线,设为 $CD(c'd' /\!/ OX)$,并作出其水平投影 cd。

(2) 根据直线、平面的平行条件,作 $m'n' /\!/ OX$,亦即 $m'n' /\!/ c'd'$,再作 $mn /\!/ cd$。MN 即为所求。

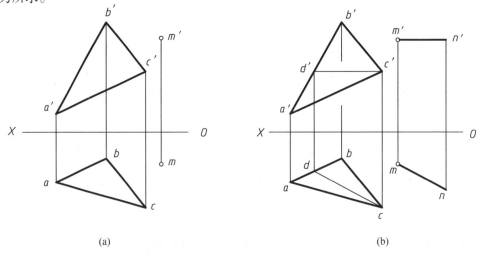

(a)　　　　　　　　　　　(b)

图 2.43　过已知点作水平线平行于已知平面

对于判别直线与特殊位置平面是否平行,只要判别在平面积聚为成线影的投影图上其同面投影是否平行即可。如图 2.44(a) 所示,直线 MN 与铅垂面 P 平行,其水平投影 $mn \parallel P_H$。图 2.44(b) 所示直线 LK 与水平面 $ABCD$ 平行。

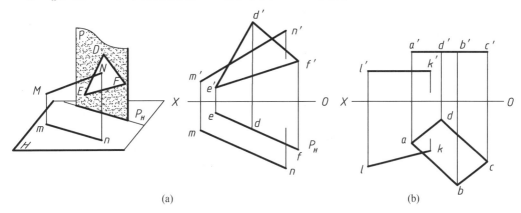

图 2.44　直线与特殊位置平面平行

2. 平面与平面平行

若属于一平面的两条相交直线对应平行于属于另一平面的两条相交直线,则此二平面互相平行。

如图 2.45 所示,由于 $AB \parallel EF$,$CD \parallel GH$,则由相交两直线所确定的平面 P 与 Q 是平行的。

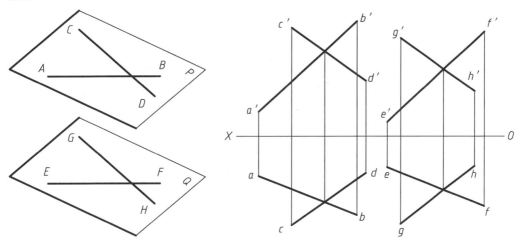

图 2.45　两平面互相平行

【例 2.10】　已知平面 $\triangle ABC$ 与面外一点 S,试过点 S 作一平面与平面 $\triangle ABC$ 平行。如图 2.46 所示。

分析:过面外一点可作一个平面平行已知平面,过点 S 作一对相交直线对应平行于 $\triangle ABC$ 内一对相交直线,则所作两相交直线所确定的平面即为所求。

作图步骤:

(1) 过点 S 作直线 $SD \parallel AB$,即 $sd \parallel ab$、$s'd' \parallel a'b'$。

（2）过点 S 作直线 SE // BC，即 se // bc、$s'e'$ // $b'c'$。

（3）相交直线 SD 和 SE 所确定的平面即为所求。

若垂直于某投影面的两平面互相平行，则它们在该投影面上的投影 —— 成线影必互相平行，如图 2.47 所示。因此，根据具有积聚性的同面投影是否平行，就可以直接判别特殊位置的两平面在空间是否平行。

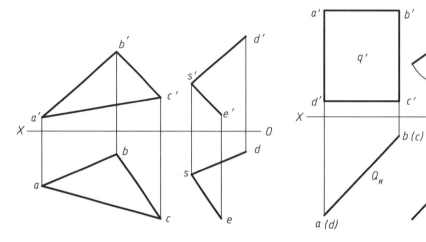

图 2.46　过点作平面与已知平面平行　　　图 2.47　两垂直面互相平行

2.6.2　相交问题

直线与平面、平面与平面如果不平行则必相交。直线与平面相交于一点，是直线与平面的共有点。两平面相交成一条直线，是相交两平面的共有线。求交线时，只要求出属于两平面的两个共有点或一个共有点及交线的方向，两平面的交线即可求出。

当直线或平面垂直于投影面时，它们在所垂直的投影面上的投影有积聚性，利用投影积聚性，可以使求解过程大为简化。

1. 一般位置直线与特殊位置平面相交

如图 2.48（a）所示，一般位置直线 MN 与铅垂面 △ABC 相交，交点 K 为直线 MN 与平面 △ABC 的共有点。由于铅垂面的水平投影有积聚性，因此，交点 K 的水平投影即是直线 MN 的水平投影 mn 与平面成线影的交点 k。根据点属于直线的作图方法，可求得交点 K 的正面投影 k'，如图 2.48（b）所示。

求出交点的投影后，还要对直线与平面重影部分的可见性进行判别。交点是直线投影可见与不可见部分的分界点。根据直线与平面的位置关系，MK 一段在铅垂面之前，KN 在其后。因此，正面投影 $m'k'$ 为可见的，画成实线，$k'n'$ 与 △$a'b'c'$ 重影的一段为不可见的，画成虚线。

图 2.48（c）表示了一般位置直线与水平面相交求交点的作图过程。由积聚性可确定 k'，由 k' 得到 k，bk 为可见，因为 BK 在水平面上方。

2. 垂直线与一般位置平面相交

图 2.49 所示为一正垂线 MN 与一般位置平面 △ABC 相交。直线 MN 的正面投影有积

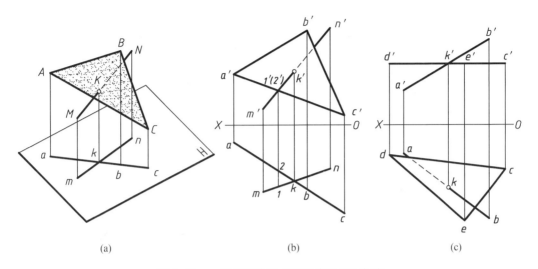

(a)	(b)	(c)

图 2.48　一般位置直线与特殊位置平面相交

聚性,即交点 K 的正面投影 k' 与直线 MN 的正面投影 $m'n'$ 均重影为一点。根据共有性,交点 K 又属于平面 $\triangle ABC$,故可在 $\triangle ABC$ 内过点 K 作一辅助线 AD,即可确定交点 K 的水平投影 k。

判别重影部分的可见性,正面投影无可见性问题,其水平投影的可见性判别如下:直线 MN 与 $\triangle ABC$ 的边 AC 为交叉二直线,由它们水平投影的重影点 $1 \equiv 2 = ac \cap mn$($\text{I} \in AC$、$\text{II} \in MN$)可判定 AC 在上,因而,直线 MN 的水平投影 $2k$ 一段在 $\triangle abc$ 之下,为虚线。

3. 特殊位置平面与一般位置平面相交

图 2.50(a)所示为一铅垂面 $ABCD$ 与一般位置平面 $\triangle EFG$ 相交,求其交线 MN。由于铅垂

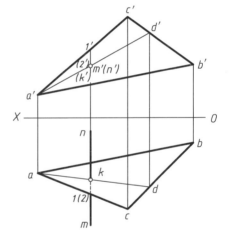

图 2.49　垂直线与一般位置平面相交

面 $ABCD$ 的水平投影积聚为直线,根据共有性,交线 MN 的水平投影 mn 必与 $a(b)(c)d$ 重合,由 mn 可以作出其正面投影 $m'n'$,如图 2.50(b)所示。

可见性的判别:两平面的交线是两平面重影部分可见与不可见的分界线。同一平面交线两侧重影部分的可见性总是相反。因此,只要在每个投影面上任找一对重影点进行比较,就可判定整个投影的可见性。

现对两平面重影部分的可见性进行判别,水平投影无可见性问题。正面投影中选择一对重影点 $1' \equiv 2' = a'b' \cap e'f'$,$\text{I} \in AB$、$\text{II} \in EF$,由水平投影可判定 I 在前、II 在后,即正面投影 $a'b'$ 挡住 $e'f'$,由此可得 $m'n'$ 左侧图形 $m'n'f'e'$ 与 $a'b'c'd'$ 重合部分为不可见的,画成虚线。按照"同面的异侧,异面的同侧可见性相反"的原则,即可确定全部投影的可见性。

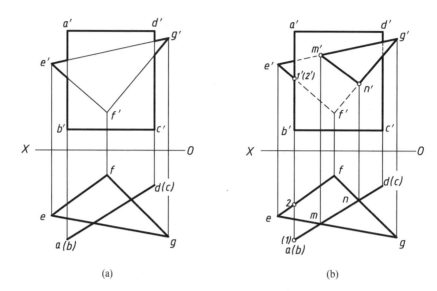

(a)   (b)

图 2.50　垂直面与一般位置平面相交

第 **3** 章

立 体

立体是由若干表面围成的实体。按其表面性质,分为平面立体和曲面立体。本章讨论立体的投影作图问题。

3.1 平面立体

平面立体是平面多边形围成的封闭几何体。常见的简单平面立体有棱柱、棱锥及正多面体,如图3.1所示。

(a) 直五棱柱　　　　　(b) 斜四棱柱　　　　　(c) 正六棱柱

(d) 五棱锥　　　　　(e) 正三棱锥　　　　　(f) 正八面体

图 3.1　平面立体

围成平面立体的每个平面多边形称为棱面;多边形的边即相邻两棱面的交线称为棱

线;各棱线的交点称为平面立体的顶点。作平面立体的投影时,首先应根据所设定的平面立体的位置,分析其各棱面、棱线相对于投影面的位置,再按合理的作图顺序,画出各棱线及顶点的投影。各棱线的投影应按其可见性画成实线或虚线。

3.1.1 棱 柱

棱柱的上下底面为互相平行且全等的多边形,除属于上下底面的棱线外,其侧棱线都互相平行。若上下底面的多边形的边数为 n,则称 n 棱柱。当 n 棱柱的侧棱垂直底面时,称为直 n 棱柱;其侧棱与底面斜交时,称为斜 n 棱柱;上、下底面均为正 n 边形的直棱柱又称正 n 棱柱,如图 3.1(a)、(b)、(c)所示。

1. 棱柱的投影

图 3.2(a)所示为一正六棱柱,图 3.2(b)是它的投影图。它由六个侧棱面和上、下底面围成。上底面和下底面为水平面,它们的水平投影反映实形且重合,为正六边形。正面投影和侧面投影分别积聚为直线;正六棱柱的六个侧棱面中,其前后棱面为正平面。它们的正面投影反映实形,水平投影和侧面投影都积聚成平行相应投影轴的直线;其余四个侧棱面都为铅垂面。水平投影分别积聚成倾斜直线,正面投影和侧面投影均为类似形(矩形);由于六个侧棱面的水平投影均有积聚性,故与上、下底面的水平投影正六边形的边重合。正六棱柱的六条侧棱线均为铅垂线,它们投影图的特点及作法前面章节已经讲过,这里不再赘述。

2. 在棱柱表面上取点

在平面立体表面上取点的方法与在平面上取点的方法相同。如图 3.2(b)所示,正六棱柱的表面上有一点 M,已知它的正面投影 m',求其水平投影 m 和侧面投影 m''。因点 M 的正面投影可见,故可判断点 M 在棱面 $ABCD$ 上,而该棱面为铅垂面,其水平投影积聚成直线,点 M 的水平投影 m 必在此直线上,再根据投影关系由 m' 和 m 求得 m''。又如已知点 N 的水平投影 n,由于 n 可见,可判断该点在上底面上,因上底面为水平面,其正面投影和

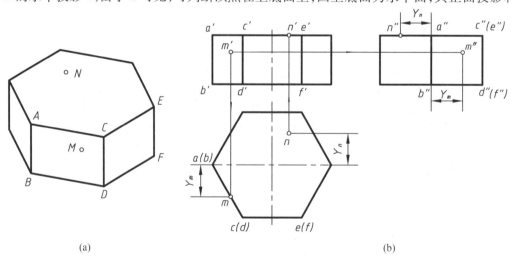

(a)   (b)

图 3.2 棱柱的投影及表面上取点

侧面投影都具有积聚性,因此 n'、n'' 分别在上底面的正面投影和侧面投影所积聚的直线上,n' 可由水平投影直接求得,n'' 由投影关系求得。作图过程如图 3.2(b) 所示。

3.1.2 棱 锥

棱锥的底面为多边形,其余的棱面都是三角形,且交于一点 —— 锥顶。除底边外各棱线也都汇交于锥顶。棱锥底面多边形若为 n 边形,则称为 n 棱锥;底面若为正 n 边形,且锥顶对底面的正投影是正 n 边形的中心,则称为正 n 棱锥。图 3.1(d) 是五棱锥,图 3.1(e) 是正三棱锥。

1. 棱锥的投影

图 3.3 所示为一正三棱锥,锥顶点为 S,棱锥底面为正三角形 ABC,且平行于 H 面,其水平投影 $\triangle abc$ 反映实形,正面投影和侧面投影分别积聚为直线段。棱面 SAC 为侧垂面,其侧面投影积聚为一直线段,水平投影和正面投影仍为三角形。棱面 SAB 和 SBC 均为一般位置平面,它们的三面投影均为三角形。棱线 SB 为侧平线,SA、SC 为一般位置直线;底棱 AC 为侧垂线,AB、BC 为水平线。它们的投影可根据不同位置直线的投影性质进行分析。正三棱锥的投影如图 3.3(b) 所示。

三棱锥的三面投影中,除棱线 $s''(c'')$ 与棱线 $s''a''$ 重合之外,其余各棱线的投影都可见,故无虚线。

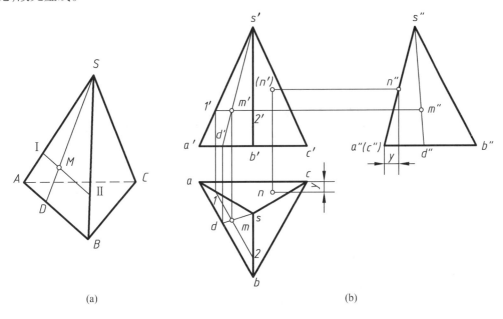

(a)　　　　　　　　　　　　(b)

图 3.3　正三棱锥的投影及表面上取点

2. 在棱锥表面上取点

如图 3.3 所示,正三棱锥表面上有一点 M,已知它的正面投影 m',求作另外两个投影。由于 m' 是可见的,得知点 M 属于棱面 SAB,可过点 M 在 $\triangle SAB$ 内作一直线 SD,即过 m' 作 $s'd'$,再作出 sd 和 $s''d''$,也可以过点 M 在 $\triangle SAB$ 内作平行于底棱 AB 的直线 Ⅰ Ⅱ,同样可以求得点 M 的另外两个投影。

又已知棱锥表面上点 N 的水平投影 n,点 N 属于棱面 SAC,因此,可以由水平投影直接求得侧面投影 n'',再由 n 和 n'' 求得点 N 的正面投影 (n')。

3.2　曲面立体

表面由曲面或由平面与曲面组成的立体称为曲面立体。工程上常见的曲面立体是回转体,主要有圆柱、圆锥、圆球、圆环等。现对它们的投影及在其表面上取点进行研究。

3.2.1　圆　柱

圆柱是由圆柱面和顶、底面所围成的实体。圆柱面是一直母线绕与之平行的轴线旋转而成。在圆柱面上平行于轴线的任一位置的母线称为圆柱的素线。如图 3.4(a) 所示。

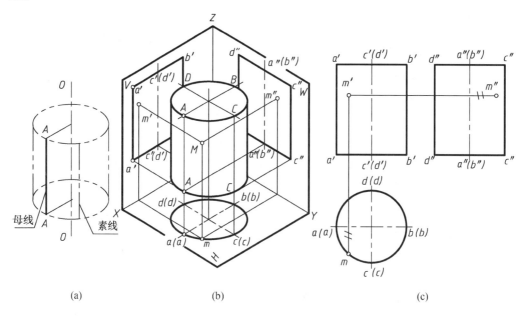

(a)　　　　　　　　(b)　　　　　　　　(c)

图 3.4　圆柱的投影及表面上取点

1. 圆柱的投影

如图 3.4(b) 所示,圆柱的轴线垂直水平投影面,圆柱面上所有素线也都垂直于 H 面,故圆柱的水平投影积聚成一个圆,圆所包围的面积是圆柱上、下底面的投影,这两个底面的正面投影和侧面投影各积聚为一段直线。圆柱的正面投影和侧面投影是形状相同的矩形。矩形的上、下两边是圆柱上、下底圆的投影,另两边是对投影面的转向轮廓线的投影。在正面投影上是圆柱最左、最右的两条素线 AA 和 BB 的投影 $a'a'$ 和 $b'b'$;在侧面投影上是最前、最后两条素线 CC 和 DD 的投影 $c''c''$ 和 $d''d''$,如图 3.4(c) 所示。

对某一投影面的转向轮廓线把圆柱面分成两部分,为可见与不可见部分的分界线。如 AA、BB 把圆柱面分成前后两部分,在正面投影中,前半个圆柱面是可见的,后半个圆柱面是不可见的。同理,圆柱的最前、最后素线 CC 和 DD 是它在侧面投影中可见与不可见部分的分界线。

2. 在圆柱表面上取点

如图 3.4(c) 所示,已知圆柱表面上点 M 的正面投影 m',求 m 和 m''。由于 m' 是可见的,因此点 M 必定在前半个圆柱面上。其水平投影 m 在圆柱具有积聚性的水平投影圆的前半个圆周上。由 m' 和 m 可求出 m''。因点 M 在圆柱的左半部,故 m'' 可见。

3.2.2　圆　锥

圆锥是由圆锥面和底面所围成。圆锥面是一直母线绕与之相交的轴线回转而成。在圆锥面上通过锥顶的任一直线称为圆锥的素线。如图 3.5(a) 所示。

1. 圆锥的投影

如图 3.5(b) 所示,圆锥的轴线垂直于水平投影面,其水平投影为一圆,此圆域既是整个圆锥面的水平投影,同时也是圆锥底面的投影。圆锥的正面投影和侧面投影是形状相同的等腰三角形。等腰三角形的底是圆锥底圆的投影,三角形的两个腰是对投影面的转向轮廓线的投影。在正面投影上是圆锥面最左、最右两条素线 SA 和 SB 的投影 $s'a'$ 和 $s'b'$,在侧面投影上是最前、最后两条素线 SC 和 SD 的投影 $s''c''$ 和 $s''d''$,如图 3.5(c) 所示。

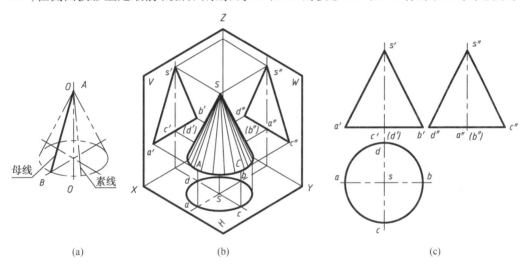

图 3.5　圆锥的投影

对某一投影面的转向轮廓线把圆锥面分成两部分,是投影可见与不可见部分的分界线。在正面投影中,SA、SB 把圆锥面分成前、后两部分,前半部分是可见的,后半部分是不可见的。同理,侧面投影中 SC 和 SD 把圆锥面分成左、右两部分,左半部分是可见的,右半部分是不可见的。

需强调的是,在水平投影中,圆锥面都是可见的。

2. 在圆锥表面上取点

如图 3.6 所示,已知圆锥表面上点 M 的正面投影 m',求 m 和 m''。因圆锥面的三个投影均无积聚性,故不能像圆柱面上那样利用积聚性求其表面上点的投影。可用在圆锥面上作辅助线的方法作图。作辅助线的方法有两种,即辅助素线法和辅助圆法。

辅助素线法:过锥顶 S 和点 M 作一辅助线 $S1$。在投影图上分别作出 $S1$ 的各个投影后,即可按线上取点的方法由 m' 求出 m 和 m'',如图 3.6(a) 所示。

辅助圆法:过点 M 在圆锥面上作一与轴线垂直的水平辅助圆。该圆的正面投影为过 m' 且垂直于轴线的直线段,它的水平投影为与底圆同心的圆,m 必在此圆周上,由 m' 可求出 m,再由 m' 和 m 求得 m'',如图 3.6(b) 所示。

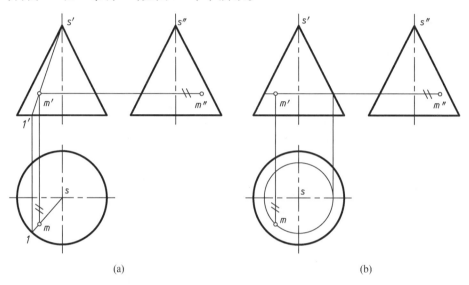

(a)　　　　　　　　　　(b)

图 3.6　在圆锥表面上取点

3.2.3　圆　球

一圆母线以自身的直径为轴线回转而形成圆球面,球面围成球体,如图 3.7(a) 所示。

1.圆球的投影

如图 3.7(b) 所示,圆球的三个投影都是与球的直径相等的圆,它们分别是球面对三个投影面的转向轮廓线。球的正面投影圆是球面上平行于 V 面的最大圆 A 的投影,它的水平投影积聚成一直线并与水平中心线重合;侧面投影与侧面圆的竖直中心线重合。正面投影圆把球面分成前、后两部分,前半球正面投影为可见,后半球正面投影为不可见,它是正面投影可见与不可见面的分界线。

球的水平投影圆是球面上平行于 H 面最大圆 B 的投影,它的正面投影积聚成一直线并重合在正面圆的水平中心线上;它的侧面投影重合在侧面圆的水平中心线上。水平投影圆把球面分成上、下两部分,上半球水平投影为可见,下半球水平投影为不可见,它是水平投影可见与不可见面的分界线。

球的侧面投影圆是球面平行于 W 面的最大圆 C 的投影,它的正面投影和水平投影分别重合于相应的投影圆的竖直中心线上。侧面投影圆把球面分成左、右两部分,左半球侧面投影为可见,右半球侧面投影为不可见,它是侧面投影可见与不可见面的分界线。

2. 在圆球表面上取点

如图 3.7(c) 所示,已知圆球表面上点 M 的水平投影 m,求 m' 和 m''。因球面的投影均无积聚性,故采用在球面上作平行于投影面的圆为辅助线的方法作图。可过点 M 作一平行于正面的辅助圆,它的水平投影为过 m 且平行于 X 轴的线段 12,正面投影是以 $1'2'$ 为直径的圆,m' 必在该圆上,由 m 可求得 m',再由 m' 和 m 可求得 m''。由于点 M 位于上、前、左半球,故正面投影 m' 和侧面投影 m'' 均是可见的。

当然,也可以过点 M 作平行于水平面或平行于侧面的辅助圆来作图,请自行分析。

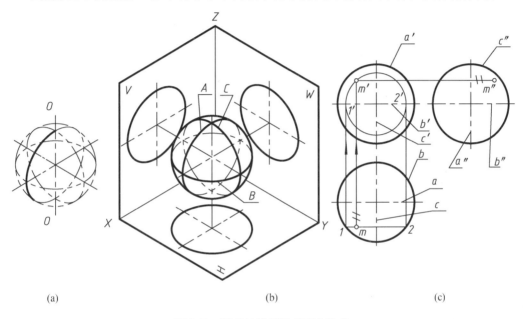

(a)   (b)   (c)

图 3.7 圆球的投影及表面上取点

3.2.4 圆 环

圆环的表面是圆环面,圆环面是一圆母线绕与圆共面又不通过圆心的轴线回转而成的,如图 3.8(a) 所示。

1. 圆环的投影

如图 3.8(b) 所示,圆环轴线垂直于水平投影面。正面投影上的左、右两圆是圆环上平行于正投影面的 A、B 两素线圆的投影;侧面投影上的两圆是圆环上平行于侧投影面的 C、D 两素线圆的投影;正面和侧面投影上顶、底两直线是环面最高、最低圆的投影;水平投影上最大和最小圆,是上、下表面外形轮廓线的投影。

2. 在圆环表面上取点

如图 3.8(b) 所示,已知圆环面上点 M 的正面投影 m',求 m 和 m''。可过点 M 作平行于水平面的辅助圆来求得,该圆的正面投影为过 m' 且平行于 X 轴的水平线段 $1'2'$,水平投影为直径等于 12 的圆,m 必在此圆上,由 m' 可求得 m,再由 m'、m 求得 m''。

(a)   (b)

图 3.8   圆环的投影及表面上取点

3.3   平面与曲面立体相交

3.3.1   概   述

平面与曲面立体相交,如图 3.9 所示,平面称为截平面,截平面与曲面立体表面交线称为截交线,截交线围成的图形称为截断面。

平面与曲面立体表面相交的截交线有如下性质:

(1)截交线一般是封闭的平面曲线;

(2)截交线是截平面与曲面立体表面的公有线,截交线上的点是截平面与曲面立体表面的公有点。

由上述性质可知,求曲面立体截交线的投影,可归结为作出平面和曲面的一系列公有点的投影。

求截交线上公有点的基本方法是辅助平面法,辅助平面法的实质是"三面共点"。如图 3.10 所示,已知圆锥与平面 P 相交,作辅助水平面 Q,Q 与圆锥面的交线为一圆;与平面 P 的交线为一直线 AB,圆与直线同属平面 Q,则相交于两点 C、D,此两点为圆锥面、平面 P 和平面 Q 三面共有点,即是截交线上点。若作一系列辅助平面,便可以得到一系列截交线上的点。

用辅助平面法求截交线时,选择辅助平面的原则是:辅助平面与曲面立体表面相交时,得到的交线及其投影都应是最简单的图形,如直线或圆,这样可使作图简便、准确。但是辅助平面的选取必须在截交线范围内才是可行的。

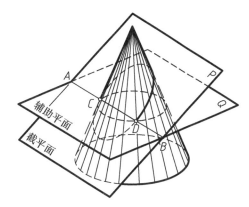

图 3.9　平面与曲面立体相交　　　图 3.10　辅助平面法求截交线上点

截交线的空间形状取决于曲面立体的表面性质和截平面与曲面立体的相对位置。例如,平面截圆柱有三种情况,见表 3.1。

(1)当截平面 P 平行于圆柱轴线时,截交线为矩形。

(2)当截平面 P 垂直于圆柱轴线时,截交线为圆。

(3)当截平面 P 倾斜于圆柱轴线且与所有素线都相交时,截交线为椭圆。

平面与圆锥相交时,其截交线是圆锥曲线,有五种情况,见表 3.2。

(1)平面 P 垂直于圆锥轴线时,截交线为圆。

(2)截平面 P 倾斜于圆锥轴线,且与圆锥所有的素线都相交时,截交线为椭圆。

(3)当 P 倾斜于圆锥轴线,且平行于圆锥的一条素线时,截交线为抛物线。

(4)当 P 平行于圆锥轴线,或倾斜于圆锥轴线且平行于圆锥的两条素线时,截交线为双曲线。

(5)当 P 通过圆锥锥顶时,截交线为一对相交于锥顶的直线。

平面与圆球相交时,无论截平面处于何种位置,其截交线都是圆。但由于截平面对投影面所处的位置不同,截交线圆的投影可能是圆、椭圆或直线。见表 3.1。

在求平面与曲面立体表面的截交线时,为使其投影作得准确,首先要根据曲面立体的表面性质和截平面相对于曲面立体的位置,判断截交线的空间形状及投影特点。然后求出截交线上某些特殊位置点投影,如最高、最低点,最左、最右点,最前、最后点,曲面立体投影轮廓线上点(可见性分界点)等。为使截交线连接光滑,还应求出截交线上一系列一般位置点的投影。最后判别可见性,依次光滑连接各点的同面投影,即得截交线的投影。

表3.1 平面与圆柱、圆球的截交线

截平面的位置	截平面与圆柱轴线平行	截平面与圆柱轴线垂直	截平面与圆柱轴线倾斜	截平面平行于投影面截圆球	截平面倾斜于投影面截圆球
立体图					
投影图					
截交线	矩形	圆	椭圆	圆	圆（投影为椭圆）

表 3.2 平面与圆锥的截交线

截平面的位置	截平面与圆锥轴线垂直	截平面与圆锥轴线相交 ($\theta > \alpha$)	截平面与圆锥轴线相交 ($\theta = \alpha$)	截平面与圆锥轴线平行或相交 ($\theta = 0$ 或 $\theta < \alpha$)	截平面通过圆锥顶
立体图					
投影图					
截交线	圆	椭圆	抛物线	双曲线	两相交直线

3.3.2 特殊位置平面与曲面立体相交

当截平面对投影面处于特殊位置(平行或垂直)时,求截交线的投影将得到简化。此时,截交线的一个投影必重影在截平面的成线影上,可以直接确定。

【例3.1】 圆柱被正垂面 P 所截,求截交线的投影,如图 3.11 所示。

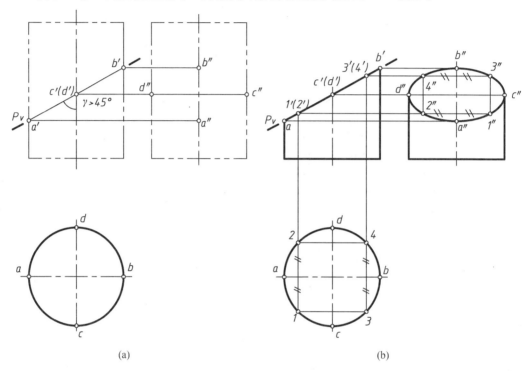

图 3.11　正垂面截圆柱的截交线

分析:圆柱的轴线为铅垂线,截平面 P 为正垂面,与圆柱轴线斜交,截交线为一椭圆。其正面投影与截平面 P 的正面投影 P_V 重合;水平投影与圆柱的水平投影——圆重合;它的侧面投影为不反映截交线实形的椭圆,需作图求出。

作图步骤:

(1)求特殊位置点:根据上述分析,A、B 两点是椭圆的最低和最高点,位于圆柱最左、最右两条素线上,也是最左、最右点。C、D 是椭圆的最前和最后点,位于圆柱的最前、最后两条素线上。同时,A、B、C、D 又是椭圆长、短轴的四个端点。这些点的正面投影是 a'、b'、c'、(d'),水平投影为 a、b、c、d。根据投影规律可求出它们的侧面投影 a''、b''、c''、d'',如图 3.11(a)所示。

(2)求一般位置点:首先在正面投影和水平投影中取若干一般位置点的投影,如 Ⅰ、Ⅱ、Ⅲ、Ⅳ 点的投影 $1'$、($2'$)、$3'$、($4'$)和 1、2、3、4,然后,求出它们的侧面投影 $1''$、$2''$、$3''$、$4''$,如图 3.11(b)所示。

(3)依次光滑连接:光滑连接所求各点的侧面投影,即得截交线的侧面投影椭圆。

讨论:当用正垂面斜截轴线为铅垂位置的圆柱时,其截交线椭圆的侧面投影形状与截

平面对 W 面的倾角 γ 有关:若设圆柱的直径为 D,则当 $\gamma > 45°$ 时,其侧面投影椭圆长轴为 $c''d''$,且 $c''d'' = D$,短轴为 $a''b''$,且 $a''b'' < D$,如图 3.11 所示;当 $\gamma < 45°$ 时,其侧面投影椭圆的长轴为 $a''b''$,且 $a''b'' > D$,短轴为 $c''d''$,且 $c''d'' = D$,如图 3.12(a) 所示;当 $\gamma = 45°$ 时, $a''b'' = c''d''$,此时截交线的侧面投影为圆,如图 3.12(b) 所示。

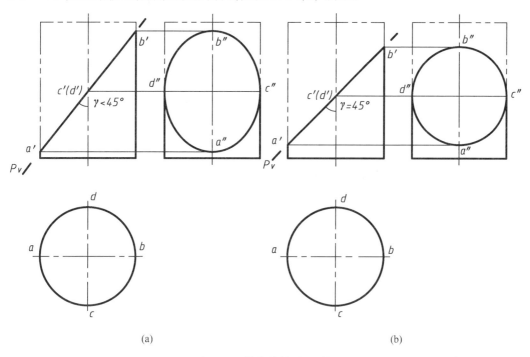

(a) (b)

图 3.12 截交线椭圆的趋势

【例 3.2】 求带槽圆柱筒的侧面投影,如图 3.13 所示。

分析:圆柱筒轴线垂直于水平投影面。可将圆柱筒看做两个同轴而直径不同的圆柱表面,即圆柱筒外表面和内表面。圆柱筒上端所开通槽可以认为是被两个侧平面和一个水平面所截而成。三个截平面与圆柱筒的内、外表面均产生截交线。两个侧平面截圆柱筒的内、外表面及上端面均为直线,水平面截圆柱筒内、外表面为圆弧。截交线的正面投影重影为三段直线,水平投影重影为四段直线和四段圆弧,这四段圆弧都重影在圆柱筒的内、外表面的水平投影圆上。可以根据截交线的正面投影和水平投影,求得其侧面投影。

作图步骤:

根据圆柱筒外表面截交线上点的正面投影 a'、(b')、(c')、d'、e'、(f')、(g')、h' 和水平投影 a、b、(c)、(d)、e、f、(g)、(h),利用投影规律求出侧面投影 a''、b''、c''、d''、(e'')、(f'')、(g'')、(h'')。

用相同的方法可以求得圆柱筒内表面截交线上各点的侧面投影。

依次连接截交线上各点的侧面投影。因圆柱筒内表面的侧面投影是不可见的,故截交线为虚线。另外,槽底的侧面投影大部分是不可见的,故有两段虚线。

由于开通槽缘故,圆柱筒内、外表面的最前、最后两条素线在开槽部分被截去一段,因此,在侧面投影中,槽口部分的轮廓不再是圆柱面的转向轮廓线。

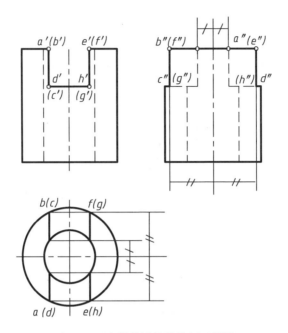

图 3.13　求带槽圆柱筒的侧面投影

【例 3.3】　求铅垂面 P 与圆锥的截交线,如图 3.14 所示。

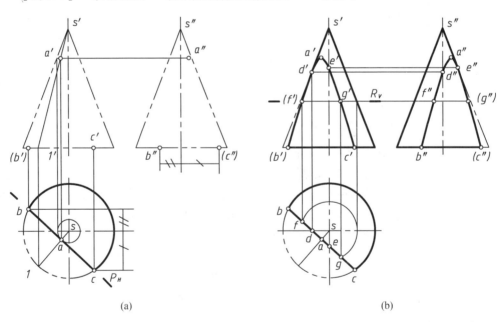

(a)　　　　　　　　　　　　　(b)

图 3.14　铅垂面截圆锥的截交线

分析:圆锥轴线为铅垂线,截平面 P 与圆锥轴线平行,截交线为双曲线。其水平投影与 P_H 重合,正面投影和侧面投影仍为双曲线,待求。

作图步骤:

(1)求特殊位置点:截交线的最低点是截平面 P 与圆锥底圆的交点 B、C,它们的水平

投影为圆锥底圆与 P_H 的交点 b、c，由此可作出其正面投影 b'、c' 和侧面投影 b''、c''。

截交线的最高点 A(即双曲线的顶点)是截交线上距锥顶最近的点。若过点 A 在圆锥面上作辅助纬线圆必是与截平面相切的圆。因此先在水平投影中，以锥顶 S 为圆心，以 $sa(sa \perp P_H)$ 为半径作一圆与 P_H 相切。求出此圆的正面投影，即可作出 A 点的正面投影 a'，由 a'、a 求出 a''。作法如图 3.14(a)所示(图中还示出了用素线法求 a')。

(2)求转向轮廓线上的点：由图 3.14(b)中水平投影可见，P_H 与圆锥的最左、最前两条素线的投影分别交于 d、e 两点，由此可求得 d'、e'、d''、e''。

(3)求一般位置点：在最高点 A 和最低点 B、C 之间作一辅助水平面 R，求得 F、G 两点的投影。根据需要，可用同样的方法求得足够的一般位置点，如图 3.14(b)所示。

(4)判别可见性：截交线的水平投影为可见的；正面投影中，$d'f'b'$ 一段在圆锥的后半部，如果圆锥未被截去一部分，是不可见的，但在此题中是可见的；侧面投影中 $e''g''c''$ 也是可见的。

(5)依次光滑连接：将所求截交线上各点的同面投影依次光滑连接。

【例 3.4】　求带缺口圆锥的水平投影和侧面投影，如图 3.15 所示。

图 3.15　带缺口圆锥的截交线

分析：图 3.15 所示圆锥轴线为铅垂线，圆锥缺口部分可以看做被 P、Q、R 三个平面截切而成。P 面是正垂面，且通过锥顶，截交线为相交于锥顶的两段直线；Q 面是正垂面，与圆锥轴线倾斜，且与圆锥所有的素线能相交，截交线为椭圆的一部分；R 面为水平面，与圆锥轴线垂直，截交线为圆的一部分。即圆锥缺口部分的截交线由直线部分、椭圆和圆的一部分组成。而截平面 P、Q 及 Q、R 又各相交为一直线。

作图步骤：

（1）求特殊位置点：在正面投影中，确定各段截交线的结合点及投影轮廓线上点的投影 1′、2′、(3′)、4′、(5′)、6′、(7′)、8′、(9′)、10′。然后，求出这些点的水平投影和侧面投影，如图 3.15 所示。

（2）求一般位置点：为使截交线椭圆一段连接准确，在点 Ⅳ、Ⅵ 之间作辅助水平面 T，可求得一般位置点 Ⅺ、Ⅻ。还可以用同样方法求得足够的一般位置点。

（3）判别可见性：截交线的正面投影和侧面投影均为可见。水平投影中 Q、R 两平面的交线 67 不可见，为虚线。

（4）依次光滑连接：将所求各点的同面投影依次用直线、椭圆和圆弧连接，即得带缺口圆锥的水平投影和侧面投影。

因圆锥侧面投影轮廓线 4″8″、5″9″ 一段被截去，故其侧面投影不存在。

【例 3.5】　求带凹槽半球的水平投影和侧面投影，如图 3.16(a) 所示。

分析：由给定的正面投影可知，凹槽由两个侧平面和一个水平面截切半球而成，截交线均为圆的一部分。凹槽的底面，其水平投影反映实形：由两段圆弧和两段直线（凹槽两侧面的投影）围成。侧面投影反映凹槽两侧面的实形：由一段圆弧和一段直线（凹槽底面的投影）围成。

作图方法如图 3.16(b) ~ (d) 所示。

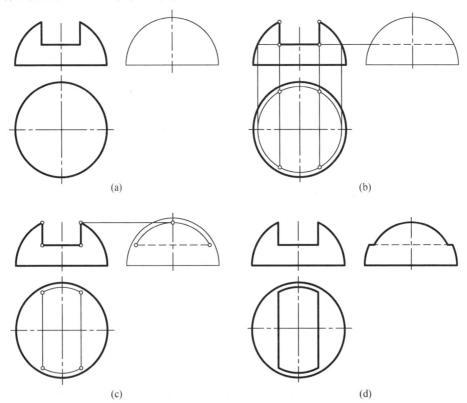

图 3.16　带凹槽半球的截交线

【例 3.6】　求平面与组合回转体的截交线，如图 3.17 所示。

分析:图 3.17 所示组合回转体由同轴的圆柱、圆环和圆球组合而成。其轴线为侧垂线。m′ 和 n′ 为正面投影各段轮廓线的切点。过点 M 的侧平面 R 是圆柱与环面的分界面;过点 N 的侧平面 Q 是环面与圆球的分界面。该组合回转体被对称于轴线的两个正平面截切。从水平投影可以看出,截平面只与环面和圆球相交,与环面交线为平面曲线,与球面交线为圆的一部分。这两条交线组成封闭的平面曲线。其水平投影和侧面投影均重影为一段直线,正面投影反映实形且前、后重合。

作图步骤:

(1) 求特殊位置点:Ⅰ、Ⅳ 两点为截交线的最左、最右点,在水平投影中可以直接确定 1、4,再由 1、4 求得 1′、4′;Ⅱ、Ⅲ 两点为截交线上平面曲线与圆的分界点,属于 Q 面。在正面投影中以 o′ 为圆心,o′4′ 为半径作圆弧交 Q_v 于 2′、3′ 点。即 2′、3′ 右侧为圆,2′、3′ 左侧为平面曲线。

(2) 求一般位置点:在 Ⅰ、Ⅱ 之间作一辅助侧平面 T,可以求得一般位置点 Ⅴ、Ⅵ。

(3) 依次光滑连接:将所求各点光滑连接,即得截交线的正面投影。因截交线前后对称,故无虚线。

图 3.17　组合回转体的截交线

3.4　两曲面立体相交

3.4.1　概　述

在机械零件中,经常会遇到两曲面立体相交的情况,如图 3.18 所示。通常把相交的两曲面立体称做相贯体,两相贯体表面的交线称做相贯线。在绘制这些零件时,需要准确地画出这些相贯线的投影。

图 3.18　零件上的相贯线

一般情况下,相贯线是封闭的空间曲线,在某些情况下,空间曲线可能分解为平面曲线。

相贯线是两曲面立体表面的公有线,也是两曲面立体表面的分界线,如图 3.18 所示。显然,相贯线上的点是两曲面立体表面的公有点。所以,求相贯线的投影可归结为求相交两曲面立体表面一系列公有点的投影。然后,将这些公有点的同面投影依次光滑连接即可。

求相贯线的基本方法是:

(1)利用形体投影的积聚性。

(2)利用辅助平面。

求相贯线的一般步骤是:

(1)分析两相贯形体的形状,尺寸大小及对投影面的相对位置和两形体之间的相对位置。

(2)确定适当的作图方法。利用积聚性或采用辅助平面法来求相贯线上的点。

(3)求特殊位置点。相贯线上特殊位置的点包括最高、最低点,最前、最后点,最左、最右点和投影轮廓线上点。这些特殊位置点确定了相贯线的范围和变化趋势。

(4)求一般位置点,以便使相贯线的投影连接得光滑、准确。

(5)判别相贯线投影的可见性。判别可见性的原则是:同时位于两相贯体可见表面的相贯线的投影为可见的。

(6)依次光滑连接各点的同面投影,可见的连成实线,不可见的连成虚线。

(7)整理两相贯体投影轮廓线。要对两相贯体投影重叠部分的轮廓线进行分析,有的因形体相贯而消失,有的被遮挡而成为虚线。

3.4.2　利用形体投影积聚性求相贯线

当相贯体为垂直相交的两圆柱,且两圆柱的轴线分别垂直于投影面时,圆柱表面在轴线所垂直的投影面上的投影有积聚性,相贯线的投影必重影在有积聚性的圆周上。此时,可根据相贯线已知的两投影作出第三投影。

【例 3.7】　两圆柱体相贯,求它们相贯线的投影,如图 3.19 所示。

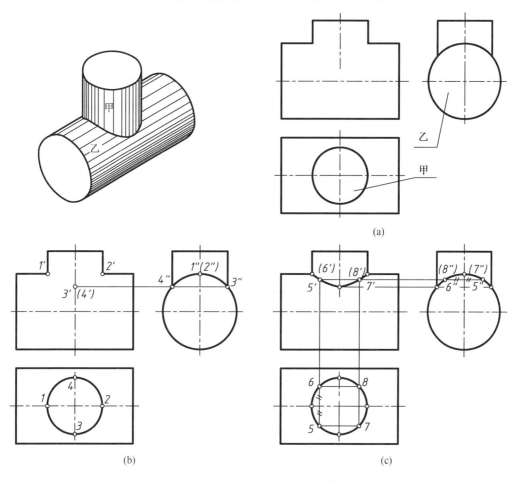

图 3.19　正交两圆柱的相贯线

分析:如图 3.19(a) 所示,圆柱甲轴线垂直于水平投影面,其水平投影有积聚性;圆柱乙轴线垂直于侧立投影面,其侧面投影有积聚性。两圆柱轴线垂直相交,亦称正交。圆柱甲的直径小于圆柱乙的直径,圆柱甲贯入圆柱乙之中。所以,相贯线的水平投影重影在圆柱甲的水平投影上,相贯线的侧面投影重影在圆柱乙与圆柱甲侧面投影相交部分的圆周上。故相贯线的两个投影是已知的。可根据点的投影规律,作出相贯线上一系列点的正面投影,连之即得。

作图步骤:

(1) 求特殊位置点:如图 3.19(b) 所示,从水平投影和侧面投影可知,Ⅰ、Ⅱ 是最左、最右点,也是最高点;Ⅲ、Ⅳ 是最前、最后点,也是最低点。

(2) 求一般位置点:如图 3.19(c) 所示,在相贯线的水平投影上任取一点 5,作出 5″,再由 5 和 5″ 求得 5′。同样,可求得一系列一般位置点。

（3）依次光滑连接：由于相贯线对称于过两圆柱轴线的正平面,故其正面投影前后重合,依次光滑连接各点即可。

如果在圆柱乙上钻孔,就产生了圆柱表面与圆柱孔表面的相贯线,如图3.20(a)所示。这时,相贯线可以看成是图3.19中甲、乙两圆柱相贯后,抽去圆柱甲而形成的。因此,相贯线的形状和画法与图3.19所示的完全相同。由于钻孔是在圆柱的内部,故其正面投影和侧面投影的轮廓线是不可见的,画成虚线。

图3.20(b)所示是在圆柱筒上钻孔,于是产生了圆柱筒内、外表面与圆柱孔的相贯线。其相贯线的作法也与图3.19所示的方法相同。此时,内表面上的相贯线为虚线。

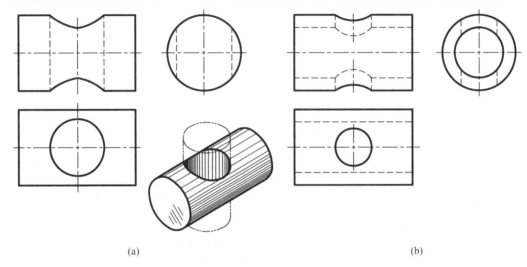

(a)　　　　　　　　　　　　　　　　(b)

图3.20　圆柱体钻孔的相贯线

【例3.8】　两圆柱偏交,求相贯线,如图3.21所示。

分析:如图3.21所示甲、乙两圆柱轴线垂直交叉,轴线分别垂直于 H 面和 W 面,两圆柱体部分相交,相贯线是一条封闭的空间曲线,左右、上下对称。相贯线的水平投影重影在圆柱甲的水平投影上;相贯线的侧面投影重影在圆柱乙的侧面投影上,只要求出相贯线的正面投影即可。

作图步骤:

（1）求特殊位置点:在侧面投影图上,可以确定相贯线上的最高点 $1''$、$(2'')$ 和最低点 $3''$、$(4'')$,它们位于圆柱乙的正面投影轮廓线上,其水平投影 1、(3)、2、(4) 可以直接确定。再由水平投影可以求得最高点和最低点的正面投影 $(1')$、$(2')$、$(3')$、$(4')$。

在水平投影图上可以确定相贯线上的最左点 5、(6) 和最右点 7、(8),它们位于圆柱甲的正面投影轮廓线上。然后,可作出 $5''$、$6''$、$(7'')$、$(8'')$,再求得 $5'$、$6'$、$7'$、$8'$。在水平投影和侧面投影上确定相贯线上的最前点 9、$9''$、10、$(10'')$ 和最后点 11、$11''$、(12)、$12''$,再求得 $9'$、$10'$、$(11')$、$(12')$。

（2）求一般位置点:在适当位置,如在水平投影和侧面投影上距圆柱甲轴线为 y 处取 13、(14)、15、(16) 和 $13''$、$14''$、$(15'')$、$(16'')$,再求得 $13'$、$14'$、$15'$、$16'$。同理,可根据需要求作足够的一般位置点。

图 3.21 两圆柱偏交的相贯线

（3）判别可见性：根据可见性判别原则，圆柱甲前半部分相贯线的正面投影为可见，圆柱甲后半部分相贯线的正面投影为不可见。因此，点 5′、6′、7′、8′ 是相贯线正面投影可见性的分界点。

（4）依次光滑连接：用曲线依次光滑连接各点，可见的连实线，不可见的连虚线。

（5）整理轮廓线：由于圆柱甲在圆柱乙之前，所以，圆柱甲正面投影轮廓线在圆柱乙正面投影轮廓之前。圆柱乙正面投影轮廓线被遮挡部分为不可见的，画成虚线。

除上述利用两相贯体表面投影积聚性求相贯线外，在很多情况下则需要利用辅助平面法来求相贯线上的点。

为清晰地表示相贯线和轮廓线的连接关系，特采用局部放大图画出，如图 3.21 中所示的(2′)至 7′点。

3.4.3 利用辅助平面法求相贯线

辅助平面法是在两相贯体的适当位置，作一辅助平面 P，使其与相贯体相交，分别作出 P 与两相贯体的截交线，再求得两截交线的交点 C、D，便是相贯线上点（即三面共点）。如图 3.22 所示，作一系列辅助平面，可求得一系列相贯线上的点。

图 3.22 用辅助平面求相贯线上的点

为使作图简便、准确,辅助平面的选择原则是:应使辅助平面与相贯体表面截交线的投影是简单易画的直线或圆。

【例 3.9】 求轴线垂直相交的圆锥和圆柱的相贯线,如图 3.23 所示。

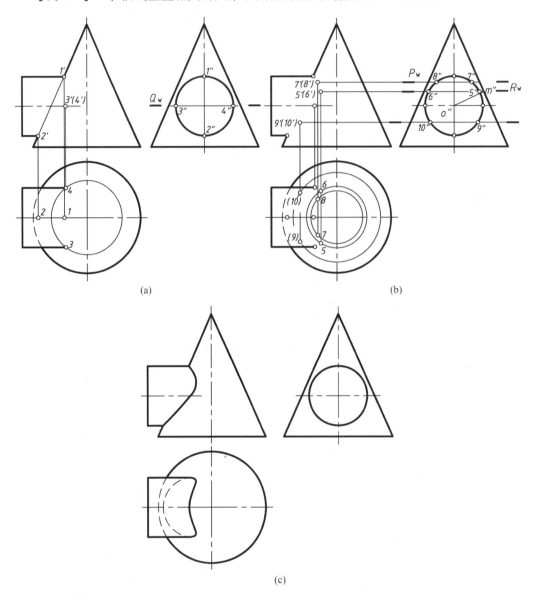

(a)

(b)

(c)

图 3.23 圆锥和圆柱垂直相交的相贯线

分析:圆柱完全与圆锥相贯,相贯线是一条封闭的、前后对称的空间曲线。圆柱的轴线垂直侧面,其侧面投影积聚为圆,故相贯线的侧面投影重影在圆柱的投影圆上。可利用辅助平面法来求相贯线的水平投影和正面投影。根据辅助平面的选择原则,选定水平面作为辅助平面。

作图步骤:

（1）求特殊位置点：如图3.23（a）所示，由侧面投影可知，1″、2″是最高点和最低点，在正面投影中，两形体轮廓线的交点1′、2′是其正面投影。根据1′、2′和1″、2″可求得其水平投影1、2。同时，Ⅱ点也是相贯线的最左点。

侧面投影3″、4″是相贯线的最前、最后点的侧面投影。过3″、4″作辅助平面Q，平面Q截圆锥为圆，截圆柱为两直线，即水平投影两轮廓线，可求得水平投影3、4和正面投影3′、4′。Ⅲ、Ⅳ两点位于圆柱水平投影轮廓线上，因此，3、4两点是相贯线水平投影可见性的分界点。

侧面投影5″、6″是相贯线的最右点的侧面投影。求作方法是：过圆柱侧面投影圆圆心O″向圆锥侧面投影轮廓线作垂线，与圆锥轮廓线相交于点m″，过点m″作辅助水平面R，则最右点Ⅴ Ⅵ属于R平面，利用辅助平面R可求得其水平投影5、6和正面投影5′、6′。

（2）求一般位置点：如图3.23（b）所示，在适当位置任作一水平辅助面P，P与圆柱相交为两条素线，P与圆锥相交为圆，两者相交于Ⅶ、Ⅷ点，即为相贯线上的点。同理，还可求得一般位置点Ⅸ、Ⅹ。

（3）判别可见性：由于相贯线前后对称，故相贯线正面投影前后重合，在水平投影中，相贯线在圆柱上半部的3、5、7、1、8、6、4点是可见的，连成实线，其余各点在圆柱下半部是不可见的，连成虚线。

（4）依次光滑连接：用曲线依次光滑连接各点的同面投影，即得相贯线的正面投影和水平投影。圆柱水平投影轮廓线应画到3、4两点为止，如图3.23（c）所示。

【例3.10】 求圆锥台和半球的相贯线，如图3.24所示。

图3.24 圆锥台与半球的相贯线

分析：圆锥台轴线为铅垂线，与半球的公共对称面是正平面，故相贯线为前后对称的封闭空间曲线。因圆锥台和半球的投影均无积聚性，故相贯线的三个投影均需求出。

作图选用辅助平面法,可采用水平面及过锥顶的正平面和侧平面作为辅助平面。

作图步骤:

(1)求特殊位置点:因两相贯形体的公共对称面为正平面,所以它们正面投影轮廓线的交点 $1'$、$2'$ 是相贯线上最高点和最低点,也是最右点和最左点。1、2 和 $1''$、$2''$ 可以直接求得。

过圆锥台轴线作侧平面 P,可求得圆锥台侧面投影轮廓线上点 Ⅲ(3、$3'$、$3''$)和 Ⅳ(4、$4'$、$4''$)。

(2)求一般位置点:在适当位置作水平辅助面 Q,求得点 Ⅴ、Ⅵ 的各投影。根据需要,可以求得足够的一般位置点。

(3)判别可见性:相贯线的正面投影前后重合为可见的。水平投影也全都可见。侧面投影中,$3''5''2''6''4''$ 在圆锥台的左半部,是可见的,连成实线。其余在圆锥台的右半部,是不可见的,连成虚线。

(4)整理轮廓线:圆锥台侧面投影轮廓线画到 $3''$、$4''$ 点为止。半球侧面投影被圆锥台遮挡部分的轮廓线为虚线。

3.4.4　相贯线的特殊情况

相贯线在一般情况下是封闭的空间曲线,特殊情况下可能分解为平面曲线或直线。下面讨论几种特殊情况。

(1)同轴回转体相交,其相贯线为垂直于回转体轴线的圆。当轴线平行于某投影面时,相贯线在该投影面上的投影为垂直于轴线的直线段,如图 3.25 所示。

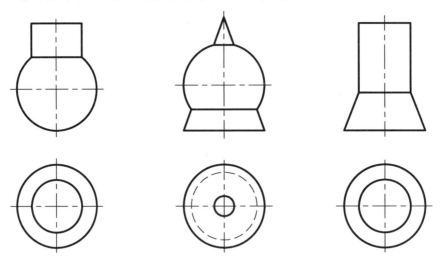

图 3.25　相贯线为垂直于轴线的圆

(2)两圆柱轴线平行或两锥体共锥顶时,其相贯线为直线,如图 3.26 所示。

(3)两个二次曲面(如圆柱、圆锥面)公切于第三个二次曲面(球面),其相贯线为平面曲线,且通过两曲面的公切点,如图 3.27 所示。

掌握这些相贯线的特殊情况,可以使某些求相贯线的作图大大简化,因此在工程实际中有许多应用。

图 3.26 相贯线为直线

图 3.27 两二次曲面公切于球面

3.4.5 复合相贯线

三个或三个以上的形体相交时,所形成的相贯线称复合相贯线。复合相贯线由若干相贯线组合而成,每两条相贯线的交点称为结合点。结合点是三个相贯体的公有点,也是各条相贯线的分界点。复合相贯线的情况比较复杂多样,欲求复合相贯线,首先要对相贯的各形体进行分析,弄清各形体的表面性质,然后判断哪些地方有相贯线,初步分析各段相贯的范围和趋势,最后求出相贯线的结合点及各条相贯线,连成复合相贯线。

【例3.11】 求图 3.28 所示形体的相贯线。

图 3.28　复合相贯线

分析:该形体直立部分是由直径相同的半球与圆柱相接而成的,它与轴线为正垂线的圆柱 A 相贯(三体相贯)。

圆柱 A 的轴线过球心,上半部与半球相交,相贯线为垂直于圆柱 A 轴线的半圆,其正面投影重影在圆柱 A 正面投影的上半圆周上,水平投影和侧面投影都积聚为一直线段。

圆柱 A 的下半部分与直立圆柱垂直相交,相贯线为一空间曲线,其正面投影重影在圆柱 A 正面投影的下半圆周上,水平投影重影在直立圆柱水平投影的一段圆弧上(虚线)。可利用积聚性求得其侧面投影(如 Ⅲ 点的侧面投影 3″)。Ⅰ、Ⅱ 两点为相贯线的结合点。

【例3.12】 求图 3.29 所示形体的相贯线。

分析:如图 3.29 所示形体是由 A、B、C 三个圆柱相交而成的。A、C 二圆柱同轴且垂直于水平投影面,与轴线为侧垂线的圆柱 B 相交。圆柱 A 与圆柱 B 直径相等(同切一球面),其相贯线为平面曲线,它的正面投影为两段直线,水平投影和侧面投影重影在 A、B 二圆柱相应的投影圆周上。

圆柱 B 与圆柱 C 的交线为两部分:圆柱 B 的表面与圆柱 C 的上端面相交为两条直线段 ⅠⅢ、ⅡⅣ,其正面投影 1′3′、(2′)(4′)重影在圆柱 C 上端面的正面投影上,水平投影为两段虚线,侧面投影积聚成两个点;圆柱 B 的表面与圆柱 C 的表面相交为一段空间曲线,其正面投影为一段曲线,水平投影和侧面投影重影在 C、B 二圆柱相应的投影圆周上。Ⅰ、Ⅱ、Ⅲ、Ⅳ 点为复合相贯线的结合点。

图 3.29　复合相贯线

第 4 章

轴测投影

4.1 概 述

多面正投影图能完整、确切地表达出物体各部分的形状、大小,而且绘图方便,所以它是工程上常用的图样,如图4.1(a)所示。但是正投影图缺乏立体感,只有具备一定读图能力的人才能看懂,为了帮助读图,工程上常采用轴测投影图。它能在一个投影面上同时显示出物体长、宽、高三个方向的形状,因而富有立体感,易为人们接受,如图4.1(b)所示。但由于这种图存在绘制复杂、度量性差等缺点,所以在工程上仅作为辅助图样,用来表达零件、机器设备外观,空间机构和管路布局,科技图书及产品说明书的插图等。

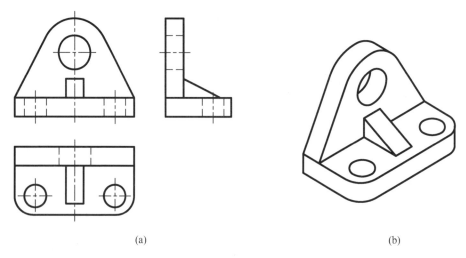

(a)   (b)

图4.1 正投影图与轴测投影图

4.1.1 轴测投影的形成

如图4.2所示,将物体连同确定其位置的空间直角坐标系一起,用平行投影法(投射方向不平行于任何坐标面)投射到某一选定的投影面上,得到的单面投影图,称为轴测投影图,简称轴测图。该投影面 P 称为轴测投影面;S 为投射方向。

图 4.2(a) 所示为投射方向 S 与轴测投影面 P 垂直,此时三个坐标轴都与 P 倾斜,这样用正投影法得到的轴测投影图称为正轴测投影图。

图 4.2(b) 所示为投射方向 S 与 P 倾斜。为便于作图,常取物体的某个坐标面如 (XOZ) 与 P 平行,这样用斜投影法得到的轴测投影图称为斜轴测投影图。

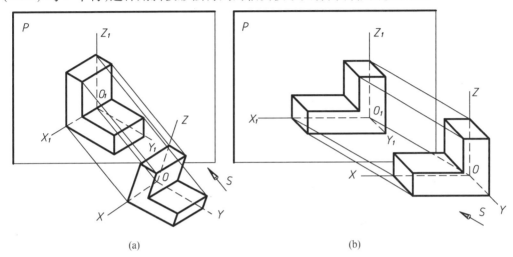

(a)　　　　　　　　　　　　　　　　　　(b)

图 4.2　轴测投影的形成

4.1.2　轴间角及轴向伸缩系数

图 4.2 中直角坐标轴 OX、OY、OZ 在轴测投影面 P 上的投影 O_1X_1、O_1Y_1、O_1Z_1 称为轴测投影轴(O_1X_1、O_1Y_1、O_1Z_1 也可简称 OX、OY、OZ),简称轴测轴;轴测轴之间的夹角 $\angle X_1O_1Y_1$、$\angle X_1O_1Z_1$、$\angle Y_1O_1Z_1$ 称为轴间角。

如图 4.3 所示,在直角坐标轴 OX、OY、OZ 上各取相等的单位长度 u,投射到 P 平面上,在轴测轴 O_1X_1、O_1Y_1、O_1Z_1 上相应的投影长度为 i、j、k。投影长度与原坐标轴上单位长度 u 之比,称为轴向伸缩系数。

设 $i/u = p$;$j/u = q$;$k/u = r$,则 p、q、r 分别称为沿 OX、OY、OZ 轴的轴向伸缩系数。

由于轴间角和轴向伸缩系数确定着轴测投影图的形状与大小,因此它们是轴测投影图的两个基本要素。

图 4.3　轴向伸缩系数

4.1.3　轴测投影的性质

轴测投影图是用平行投影法获得的单面投影图,因此,轴测投影具有平行投影的一切性质,还应特别指出:

（1）物体上互相平行的线段，其轴测投影仍互相平行；且线段长度之比等于其轴测投影长度之比。

（2）物体上与某坐标轴平行的线段，其轴测投影必平行于相应的轴测轴，且与该轴有相同的伸缩系数。

4.1.4　轴测投影的分类

根据投射方向 S 相对于轴测投影面 P 的位置，轴测投影可分为两类：

正轴测投影 —— 投射方向 S 垂直于投影面 P 时所得的轴测投影。

斜轴测投影 —— 投射方向 S 倾斜于投影面 P 时所得的轴测投影。

这两类轴测投影根据轴向伸缩系数不同又各分为三种：

（1）$p = q = r$，称为正（斜）等轴测投影，简称正（斜）等测。

（2）$p = q \neq r$ 或 $p = r \neq q$ 或 $q = r \neq p$，称为正（斜）二等轴测投影，简称正（斜）二测。

（3）$p \neq q \neq r$ 称正（斜）三测轴测投影，简称正（斜）三测。

从立体感强和作图方便出发，国家标准《机械制图》中推荐采用三种轴测图：正等测、正二测和斜二测。本书只介绍正等测和斜二测两种。

4.2　正等轴测图

4.2.1　轴间角和轴向伸缩系数

当投射方向 S 垂直于轴测投影面 P 时，使三个坐标轴对轴测投影面的倾角保持相等，则空间三个坐标轴的轴向伸缩系数相等，这样得到的轴测图称为正等轴测图，简称正等测。由理论计算可得，正等测的轴间角均为 $120°$，轴向伸缩系数 $p = q = r = 0.82$，如图 4.4（a）所示。

(a)   (b)

图 4.4　正等测的轴间角及轴向伸缩系数

作图时,一般使 O_1Z_1 轴处于铅垂位置,O_1X_1、O_1Y_1 分别与 O_1Z_1 成 120°,可以利用 30° 三角板方便地作出。

采用 $p = q = r = 0.82$ 绘制正等测图时,沿轴向量取的每一线段长度应乘以 0.82。为简化作图,常取 $p = q = r = 1$,称为简化伸缩系数。这时画出的正等轴测图沿各轴向都放大了 $1/0.82 \approx 1.22$ 倍,但形状并不改变,故不影响立体感。采用这两种伸缩系数绘图产生的差异如图 4.4(b) 所示。

4.2.2 正等轴测图的画法

根据物体与坐标系的相对位置,按坐标关系作出物体各顶点或线段端点的轴测投影,再将这些点的投影按原有关系连接起来,即可作出物体的轴测图。这种方法称为坐标法,它是绘制轴测图的基本方法。

1. 点的正等测

点是最基本的几何元素,因此必须首先掌握点的正等测的画法。

【例 4.1】 图 4.5(a) 给出了点 A 的正投影图,试作出其正等轴测图。

作图步骤:

(1) 按轴间角互为 120° 画出轴测轴 O_1X_1、O_1Y_1、O_1Z_1,O_1Z_1 取铅垂位置。

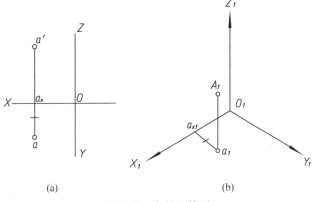

(a)   (b)

图 4.5　点的正等测

(2) 在 O_1X_1 轴上取 $O_1a_{X_1} = Oa_X = x_A$。

(3) 过 a_{X1} 作 $a_{X1}a_1 /\!/ O_1Y_1$,使 $a_{X1}a_1 = aa_X = y_A$。

(4) 过 a_1 作 $a_1A_1 /\!/ O_1Z_1$,使 $a_1A_1 = a'a_x = z_A$。

A_1 点即为空间点 A 的正等轴测图;a_1 称为点 A 在 $X_1O_1Y_1$ 面上的次投影,如图 4.5(b) 所示。

仅有点的轴测投影并不能确定点的空间位置,必须同时给出它的某个次投影。

2. 平面立体的正等测

虽然画轴测图的基本方法是坐标法,但是实际作图时,应根据立体的形状特点灵活运用。

【例 4.2】 已知截头三棱锥的投影图(见图 4.6),试画出其正等轴测图。

分析:三棱锥由各种位置平面围成,作图时可先画出顶点和底面,然后连接各棱线即得三棱锥的轴测图;再根据截头三棱锥截面各端点的位置作出其轴测图。

作图步骤:

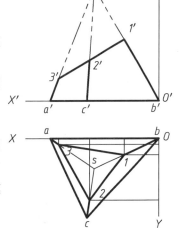

图 4.6　截头三棱锥的视图

（1）在给定的投影图上选取坐标系,确定三棱锥各顶点 S、A、B、C 和截交线 Ⅰ、Ⅱ、Ⅲ 点的坐标,如图4.6所示。

（2）画轴测轴,并根据各点的坐标作出 S_1、A_1、B_1、C_1,如图4.7(a)所示。

（3）完成三棱锥的正等测,并在底面按 x、y 坐标作出截面的次投影 1_1、2_1、3_1,如图 4.7(b)所示。

（4）过 1_1、2_1、3_1 向上作 O_1Z_1 的平行线,与相应的棱线交于 Ⅰ$_1$、Ⅱ$_1$、Ⅲ$_1$,连接各点即为截断面的轴测投影图,如图4.7(c)所示。

（5）擦去作图线、描深,完成全图,如图4.7(d)所示。

对于不可见轮廓线,在轴测投影中不画。

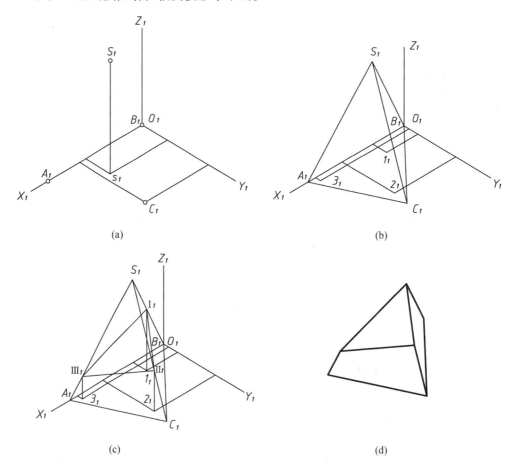

图4.7　截头三棱锥正等测的画法

【例4.3】　作出图4.8所示正六棱柱的正等轴测图。

分析:为减少不必要的作图线,先从正六棱柱顶面开始作图比较方便。故把坐标面 XOY 重合于顶面,且 Z 轴过顶面中心。

作图步骤:

（1）在给定的视图中选定直角坐标系,并在俯视图中确定坐标轴上的点 1、2、3、4;六棱柱顶面正六边形的顶点 5、6、7、8;如图4.8所示。

（2）画轴测轴,并根据俯视图作出坐标轴上 1、2、3、4 点的轴测投影 1_1、2_1、3_1、4_1,如图 4.9（a）所示。

（3）过 3_1、4_1 分别作直线平行于 O_1X_1 轴并量取 $3_15_1 = 35$；$3_16_1 = 36$；$4_17_1 = 47$；$4_18_1 = 48$,得 5_1、6_1、7_1、8_1 点。用直线连接各点完成顶面轴测图,如图 4.9（b）所示。

（4）过 7_1、1_1、5_1、6_1 各点作棱线平行于 O_1Z_1 轴,长度等于正六棱柱的高度 h,得底面上各点,如图 4.9（c）所示。

（5）作出正六棱柱底面的可见棱线,擦去多余作图线,描深全图,如图 4.9（d）所示。

【例 4.4】　作出图 4.10（a）所示垫块的正等轴测图。

分析:图 4.10（a）所示垫块是一个简单组合体,画其轴测图时可采用形体分析法,想象它是由基本几何体切割而成的,因而在作图时可以采用切割法,作图步骤如下:

（1）在投影图上确定坐标系,如图 4.10（a）所示。

（2）画长方体外形,如图 4.10（b）所示。

图 4.8　正六棱柱的视图

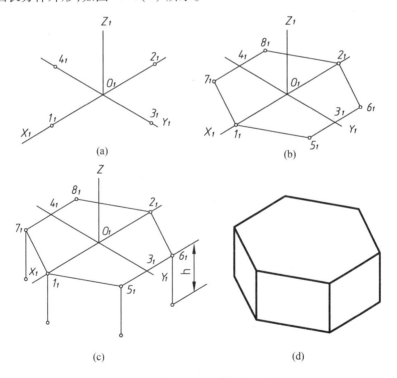

图 4.9　正六棱柱正等测的画法

（3）切去左前方一长方体,再切去左后方一三棱柱,如图 4.10（c）所示。

（4）擦去多余线、描深,如图 4.10（d）所示。

3. 圆及圆角的正等测

（1）圆的正等测的一般画法:在一般情况下,圆的轴测投影均为椭圆。作图时可以用

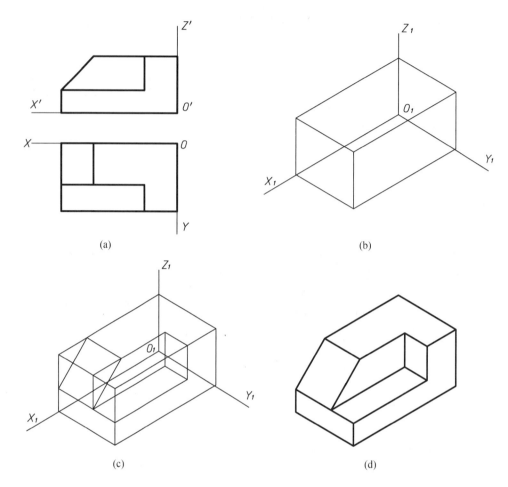

(a)

(b)

(c)

(d)

图 4.10   垫块正等测的画法

坐标法(也称平行弦法)作出一系列点的轴测投影,然后依次光滑连接起来,即得圆的轴测投影图。用此法作图比较准确。

图 4.11(a)为一水平面上的圆,其正等测的作法如下:

① 画出轴测轴 O_1X_1、O_1Y_1,并在其上按圆的直径大小定出 A_1、B_1、C_1、D_1 各点,如图 4.11(b)所示。

② 为作出不在轴测轴上的其余各点,可过 OY 轴上的 $1,2,\cdots$ 等点作一系列平行于 OX 轴的平行弦,如图 4.11(a)所示。按坐标相应地作出这些弦长的正等测图,得各弦的端点 $E_1,F_1,G_1,H_1,\cdots$,如图 4.11(c)所示。

③ 依次光滑连接各点即为该圆的正等测图,如图 4.11(d)所示。

平行于坐标面的圆可以采用坐标法来画椭圆;同样,对于一般位置平面上的圆或曲线也可以采用坐标法来画其轴测投影。

(2)坐标面(或平行于坐标面)上圆的正等测的近似画法:在正等测图中,由于各坐标面对轴测投影面的倾角均相等,所以,位于各坐标面上直径相等的圆,其轴测投影都是大小完全相同的椭圆,只是长、短轴方向各不相同。

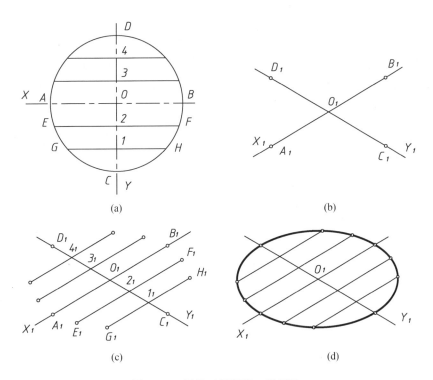

图 4.11 圆的正等测的一般画法

经理论分析,位于 XOY 坐标面上的圆的正等测椭圆,长轴垂直于轴测轴 O_1Z_1;位于 XOZ 坐标面上的圆的正等测椭圆,长轴垂直于轴测轴 O_1Y_1;位于 YOZ 坐标面上的圆的正等测椭圆,长轴垂直于轴测轴 O_1X_1。各椭圆的短轴垂直于长轴。椭圆长轴的长度等于圆的直径 d,短轴长度等于 $0.58d$,如图 4.12(a) 所示。

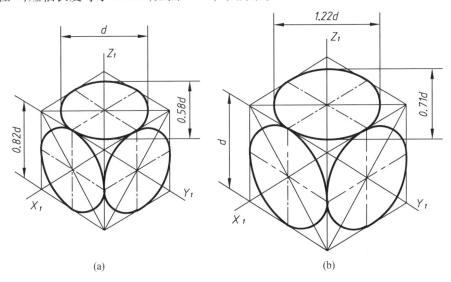

图 4.12 平行于坐标面的圆的正等测

如果采用简化伸缩系数时,其长、短轴均放大 1.22 倍,即长轴等于 $1.22d$,短轴等于

$0.71d$,如图 4.12(b) 所示。

与坐标面平行的圆,其正等测与上述相同。在绘制圆的正等测时,常采用菱形法近似画椭圆。图 4.13 为 XOY 坐标面内的圆,其直径为 d,它内切于正方形,切点为 A、B、C、D。用菱形法画其正等测椭圆的步骤如图 4.14 所示。

① 过圆心 O_1 作轴测轴 O_1X_1、O_1Y_1 及椭圆长、短轴方向线。由直径 d 确定 A_1、B_1、C_1、D_1 四点,如图 4.14(a) 所示。

② 作出圆外切正方形的正等测 —— 菱形,12、56 为菱形的对角线,如图 4.14(b) 所示。

③ 连接 $1A_1$、$1C_1$ 交 56 于 3、4 两点,则 1、2、3、4 分别为四段圆弧的圆心。以 1 为圆心、$1A_1$ 为半径作弧 $\overset{\frown}{A_1C_1}$;同样,以 2 为圆心作弧 $\overset{\frown}{D_1B_1}$,如图 4.14(c) 所示。

④ 以 3 为圆心、$3A_1$ 为半径作弧 $\overset{\frown}{A_1D_1}$;同样,以 4

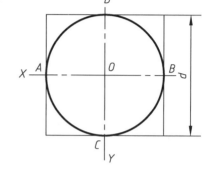

图 4.13　XOY 坐标面内的圆

为圆心作弧 $\overset{\frown}{C_1B_1}$,并以 A_1、C_1、B_1、D_1 为切点描深四段圆弧,如图 4.14(d) 所示。

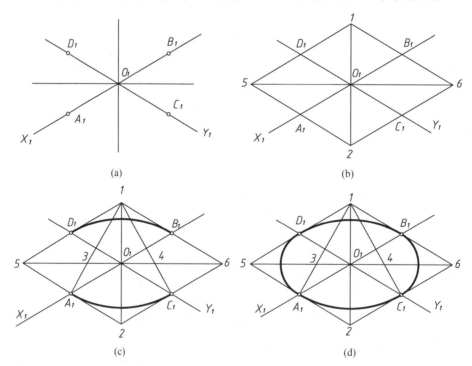

(a)　　　　　　　　　　　　(b)

(c)　　　　　　　　　　　　(d)

图 4.14　正等测椭圆的近似画法(菱形法)

用菱形法画椭圆,就是用四段不同心的圆弧近似代替椭圆,所以也称四心圆弧法。实际画图时为简化作图,一般不作出菱形,只定出四段圆弧的圆心及四个切点即可。故上例可简化为图 4.15 的形式,具体作法是:

过 O_1 作轴测轴及长、短轴方向线,并截 $O_1A_1 = O_1D_1 = O_11 = O_1B_1 = O_1C_1 = O_12 = d/2$,连 $2D_1$、$2B_1$ 定出 3、4。分别以 1、2、3、4 为圆心,A_1、B_1、C_1、D_1 为切点作出四段圆弧,如图 4.15(a)、(b) 所示。

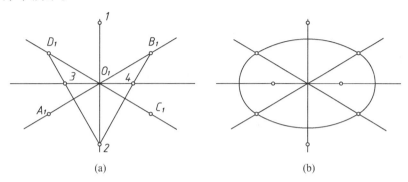

图 4.15　正等测椭圆的近似画法

(3) 圆角正等测的画法:图 4.16(a) 是一块有圆角的底板,厚度为 h;圆角各占圆周的 1/4,半径为 R。这些圆角的正等测应为椭圆的一部分,作图过程如下:

① 画底板轴测图。从角顶沿两边分别量取长度为 R 的点(切点),过切点作相应边的

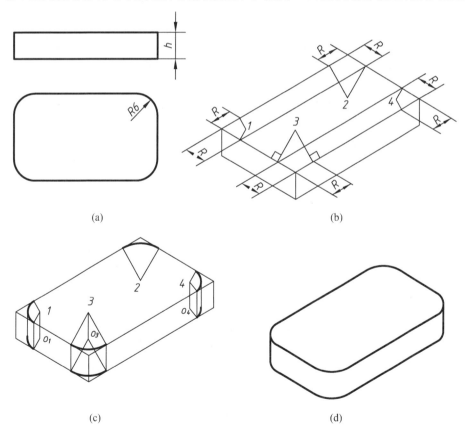

图 4.16　圆角正等测的画法

垂线,分别交于1、2、3、4点,如图4.16(b)所示。

②以1、2、3、4为圆心,相应长度为半径作圆弧。将1、3、4沿 Z_1 轴方向向下平移距离 h,得 O_1、O_3、O_4。分别以 O_1、O_3、O_4 为圆心、以相应的半径为半径作圆弧,并作两个小圆弧的公切线,如图4.16(c)所示。

③擦去作图线、描深,完成全图,如图4.16(d)所示。

4. 曲面立体的正等测

【例4.5】 画出图4.17(a)所示圆柱的正等轴测图。

分析:圆柱的轴线是铅垂线,因此两端面是平行于 XOY 坐标面且直径相等的圆,具体作图步骤如下:

(1)在正投影图中选定坐标系,如图4.17(a)所示。

(2)画轴测轴,定出上、下端面中心的位置,如图4.17(b)所示。

(3)画上、下端面的正等测椭圆及两侧轮廓线,如图4.17(c)所示。

(4)擦去作图线,描深,如图4.17(d)所示。

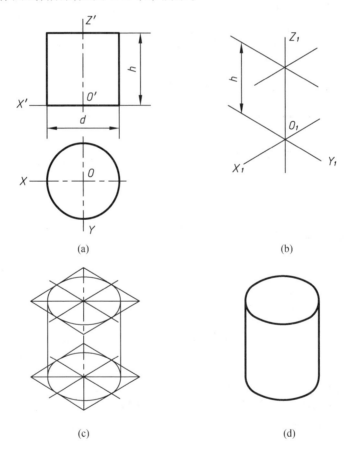

图4.17 圆柱正等测的画法

图4.18表示轴线分别为 OX、OY、OZ 三个方向的圆柱的正等测。

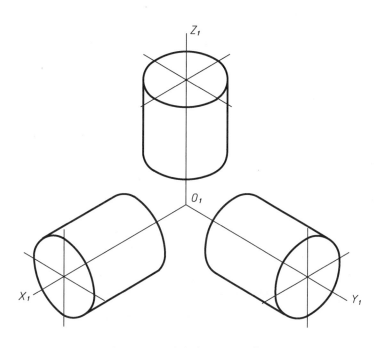

图 4.18　三个方向圆柱的正等测

【**例 4.6**】　作出如图 4.19(a) 所示圆台的正等轴测图。

分析:圆台的轴线是水平放置的,它的两端面是平行于 *YOZ* 坐标面的圆,可按平行于该坐标面的圆的正等测画出,具体作图步骤如下:

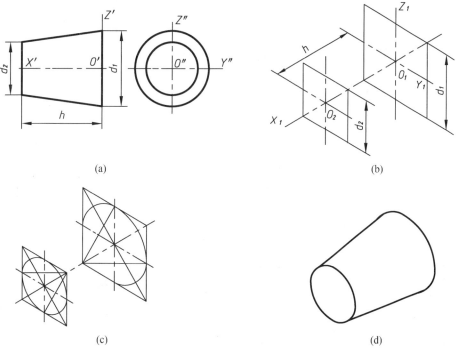

图 4.19　圆台正等测的画法

（1）在正投影图中确定坐标系，如图 4.19（a）所示。

（2）画轴测轴，定出两端面中心位置 O_1、O_2，画出两端圆的外切正方形正等测，如图 4.19（b）所示。

（3）画左端面小椭圆、右端面大椭圆可见部分，如图 4.19（c）所示。

（4）作两椭圆的公切线，擦去作图线、描深，如图 4.19（d）所示。

【例 4.7】 作图 4.20（a）所示圆球的正等轴测图。

圆球的正等测为与球直径相等的圆。采用简化伸缩系数，则圆的直径放大了 1.22 倍。为使图形富有立体感，一般将过球心且与三个坐标面平行的圆的正等测椭圆画出，如图 4.20（b）所示。

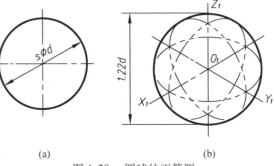

(a)　　　　　　(b)

图 4.20　圆球的正等测

【例 4.8】 被截切后圆柱的两面投影如图 4.21（a）所示，试画出其正等轴测图。

分析：圆柱轴线垂直于 H 面，被一个侧平面、一个水平面、一个正垂面所截。画图时可

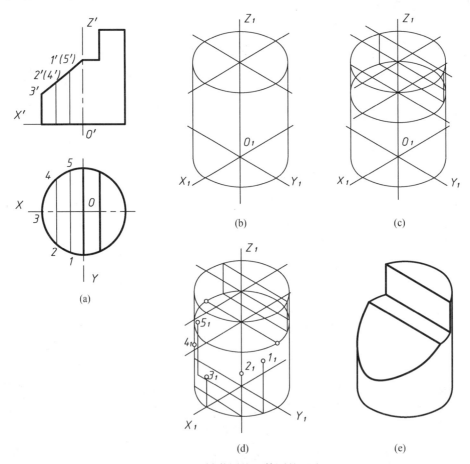

图 4.21　被截圆柱正等测的画法

先画出完整圆柱,再按顺序截切,作图步骤如下:

（1）在正投影图中确定坐标系及截交线上一系列点的坐标,如图 4.21（a）所示。

（2）画出圆柱的正等测;切去上端部分圆柱,其水平切口的轴测投影为部分椭圆,与上底面垂直的切口为平行四边形,如图 4.21（b）、（c）所示。

（3）画左侧斜截部分的交线——椭圆。用坐标法作出截交线上一系列点的轴测投影,如图 4.21（d）所示。

（4）依次光滑连接各点,擦去作图线、描深,如图 4.21（e）所示。

5. 组合体的正等测

画组合体轴测图的基本方法与画组合体投影图一样,用形体分析法。按基本形体及各形体间的相对位置,逐个画出每个形体的轴测图。

【例 4.9】　画出图 4.22（a）所示组合体的正等轴测图。

图 4.22　组合体正等测的画法

分析:图示组合体由两部分组合而成:上部分是圆柱体,下部分是带有通槽的长方体,且左、右两侧各开一个圆柱孔。其正等测作图步骤如下:

(1)定坐标轴,如图4.22(a)所示。

(2)画轴测轴及长方体,并切去通槽,如图4.22(b)所示。

(3)画上端圆柱及长方体两侧圆孔,槽内圆孔部分可见($L > H$),如图4.22(c)所示。

(4)擦去作图线、描深,如图4.22(d)所示。

【例4.10】 画出图4.23(a)所示组合体的正等测。

分析:图示组合体由底板和立板两部分组成。立板的顶部是半圆柱,中间开圆柱孔;底板开有两个圆柱孔,且前端两顶角为圆角。其正等测作图步骤如下:

(1)画出底板和立板,如图4.23(b)所示。

(2)画底板和立板的椭圆,如图4.23(c)所示。

(3)画底板圆角部分,如图4.23(d)所示。

(4)擦去作图线、描深,如图4.23(e)所示。

(a)   (b)

(c)   (d)   (e)

图4.23 组合体正等测的画法

4.3　斜二等轴测图

当物体的某个坐标面,通常取 XOZ 坐标面与轴测投影面平行,而投影方向与轴测投影面倾斜,这样得到的轴测投影图称为正面斜二等轴测图,简称斜二测,如图 4.2(b) 所示。

4.3.1　轴间角及轴向伸缩系数

由于 XOZ 坐标面与轴测投影面平行,所以 OX 轴与 OZ 轴的夹角投影后保持不变,即 $\angle X_1O_1Z_1 = \angle XOZ = 90°$ 且 OX、OZ 的伸缩系数都等于 1,即 $p = r = 1$。O_1Y_1 轴与其他两轴的轴间角及 OY 轴的轴向伸缩系数则随投射方向 S 的不同而异。国家标准《机械制图》中推荐采用的斜二测图的另外两个轴间角为 $\angle X_1O_1Y_1 = \angle Y_1O_1Z_1 = 135°$,即 O_1Y_1 轴与水平成 45°;轴向伸缩系数 $q = 0.5$,如图 4.24 所示。

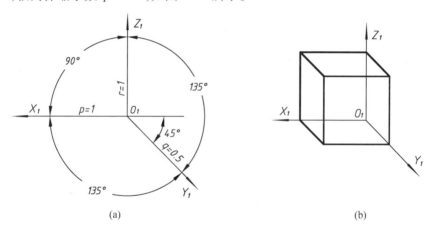

$$\text{(a)} \qquad\qquad\qquad\qquad \text{(b)}$$

图 4.24　斜二测的轴间角及轴向伸缩系数

4.3.2　圆的斜二测

根据斜二测的投影特点,物体上平行于 XOZ 坐标面的圆的轴测投影仍为圆,且大小不变。与 XOY、YOZ 坐标面平行的圆的斜二测均为椭圆。椭圆的长轴长度为 $1.06d$;短轴长度为 $0.33d$。当圆平行于 XOY 坐标面时,其斜二测椭圆的长轴与 O_1X_1 轴倾斜约 $7°10'$;圆平行于 YOZ 坐标面时,其斜二测椭圆长轴与 O_1Z_1 倾斜约 $7°10'$,短轴均垂直于长轴,如图 4.25 所示。

图 4.26 示出了 $X_1O_1Y_1$ 坐标面上斜二测椭圆的近似画法,作图步骤如下:

图 4.25　斜二测椭圆长、短轴方向及大小

（1）作轴测轴 O_1X_1、O_1Y_1，截取 $O_1A_1 = O_1B_1 = d/2$；$O_1C_1 = O_1D_1 = d/4$，如图 4.26（a）所示。

（2）过点 A_1、B_1 作 O_1Y_1 的平行线；过点 C_1、D_1 作 O_1X_1 轴的平行线得一平行四边形。过 O_1 作与 O_1X_1 轴成 $7°10'$ 的斜线，即为椭圆长轴的位置。过 O_1 作长轴的垂线，即为短轴的位置，如图 4.26（b）所示。

（3）在短轴上取 $O_11 = O_12 = d$，分别以 1、2 为圆心、以 $1A_1$、$2B_1$ 为半径作两个大圆弧。连接 $1A_1$、$2B_1$，与长轴交于 3、4 两点，如图 4.26（c）所示。

（4）以 3、4 两点为圆心、以 $3A_1$、$4B_1$ 为半径作两个小圆弧与大圆弧相接，即完成椭圆，如图 4.26（d）所示。

$Y_1O_1Z_1$ 坐标面上的椭圆，仅长、短轴位置不同，画法则与上述相同。

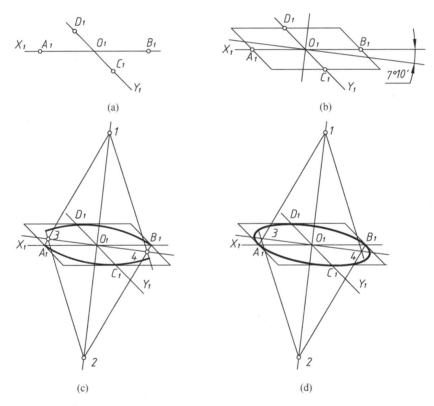

图 4.26　斜二测椭圆的近似画法

4.3.3　斜二测图的画法

由前述可知，凡是平行于 XOZ 坐标面的图形，其斜二测投影反映实形。这样，当物体的某一方向形状比较复杂，特别是有较多的圆时，可将该面放置成与 XOZ 坐标面平行，采用斜二测作图非常简便。

【例 4.11】　画出图 4.27（a）所示物体的斜二测图。

作图步骤如下：

（1）确定坐标轴，如图 4.27(a) 所示。

（2）画轴测轴及物体前端面实形，并作平行于 O_1Y_1 的各棱线，如图 4.27(b) 所示。

（3）画出后端面轮廓线及底板通槽可见部分，如图 4.27(c) 所示。

（4）擦去作图线，描深，如图 4.27(d) 所示。

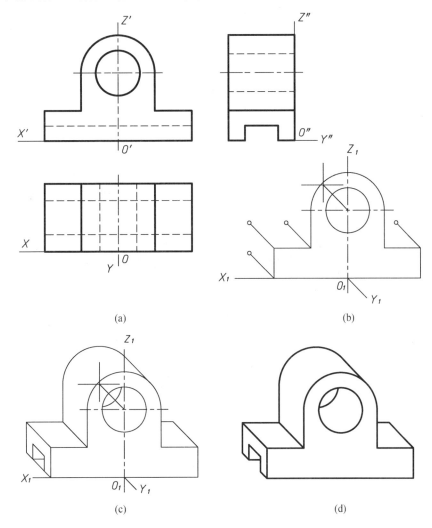

(a)

(b)

(c)

(d)

图 4.27　斜二测图的画法

【例 4.12】　画出图 4.28(a) 所示物体的斜二测图。

作图步骤如下：

（1）确定坐标轴，如图 4.28(a) 所示。

（2）画轴测轴，确定各圆心的位置，如图 4.28(b) 所示。

（3）由前向后画出各面上的圆及圆柱轮廓线，如图 4.28(c) 所示。

（4）擦去作图线、描深，如图 4.28(d) 所示。

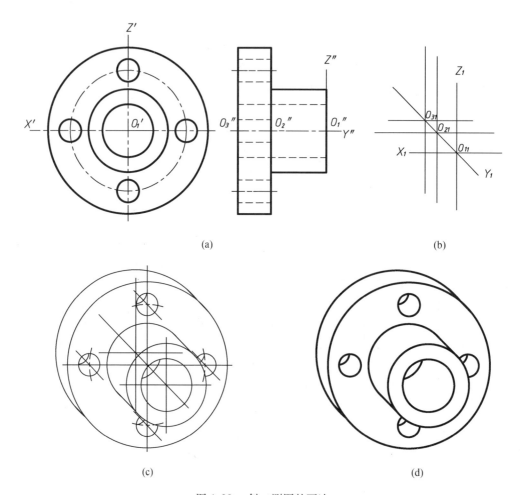

(a)

(b)

(c)

(d)

图 4.28　斜二测图的画法

第**5**章

组 合 体

在第 3 章中,研究了基本几何体的投影。但是,机械零件的形状结构是多种多样的,只掌握基本几何体的画法还是很不够的。任何复杂的机件,都可以看成是由基本几何体按照一定的规律组合而成的组合体。本章将运用基本投影原理,研究如何绘制和阅读组合体的视图以及组合体的尺寸注法,为绘制零件图打下基础。

5.1   组合体的基本知识

5.1.1   组合体的三视图

在工程制图中,按正投影原理将组合体(机件)向投影面投射,如图 5.1(a) 得到的投影图称为视图。并规定:正立投影面 V 上的投影图称为主视图;水平投影面 H 上的投影图

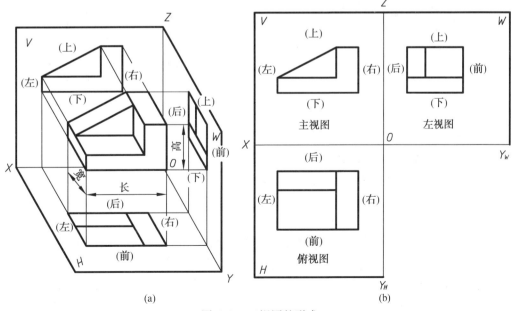

(a)   (b)

图 5.1   三视图的形成

称为俯视图;侧立投影面 W 上的投影图称为左视图。三视图之间存在着一定的关系和规律:主视图反映物体的长度和高度;俯视图反映物体的长度和宽度;左视图反映物体的高度和宽度。各视图排列如图 5.1(b) 所示。

各视图之间的投影规律是:主视图、俯视图长对正;主视图、左视图高平齐;俯视图、左视图宽相等。简称"长对正,高平齐,宽相等",如图 5.2 所示。

图 5.2　投影规律

5.1.2　组合体的组合形式及其表面的相对位置

1. 组合体的组合形式

组合体是由基本形体组合而成的。其基本组合形式可分为堆积与挖切两类,如图 5.3 所示。

图 5.3　组合体的组合形式

2. 组合体表面间的相对位置

组合体在其两种基本组合形式中,相邻表面的相对位置大致有共面、相切和相交三种。分述如下:

(1) 共面:当基本形体在堆积或挖切过程中,某个方向上相邻表面同处一个平面(或曲面)时,称为表面共面。此时两表面分界线就不存在了,画图时不应画出两基本形体的分界线,如图 5.4 所示。若两形体不共面,则应画出分界线,如图 5.5 所示。

(2) 相切:当相邻表面处于相切位置时,切线在三个视图上一般都不画出,如图 5.6 所示。只有当圆柱曲面与圆柱曲面相切,其公共切平面垂直于某一投影面时,在该投影面

图 5.4　两形体共面

图 5.5　两形体不共面

图 5.6　表面相切时画法(一)

上才画出切线的投影,如图 5.7(a) 所示。图中公共切平面垂直于水平面,故俯视图中画出了切线 —— 直线的投影,而切平面不垂直于侧面,故左视图不应画出切线的投影。图 5.7(b) 中所示物体,切平面不垂直于水平面,故俯视图中不画切线的投影。

　　组合体的表面间处于相切位置时,要特别注意分界处的投影关系。如图 5.8(a) 所示物体中,P 平面与圆柱面相切,按相切时画图规律主视图不应画切线的投影;而 R 平面的正面投影位置应画到切点 C 的正面投影 c' 处,R 平面的侧面投影根据 A 的尺寸画到 c'' 处。

　　(3) 相交:当相邻表面处于相交位置时,如图 5.9 所示,一定产生表面交线 —— 截交线或相贯线。求交线的基本作图方法,在第 3 章中已详细研究过,这里就不赘述了。两立体相交时,形成新的整体,画图时应注意投影轮廓线是否存在,如图5.10所示。

图5.7　表面相切时画法(二)

图5.8　表面相切时画法(三)

图5.9　两立体表面相交

图 5.10

5.1.3　形体分析法

形体分析法是假想把组合体分解为若干基本形体,并确定它们的组合形式,以及相邻表面间的相对位置关系的一种分析方法。如图 5.11 所示组合体——支承座,按形体分析法可以看成是由圆柱体 1、肋板 2、支承板 3 和底板 4 四个部分组成,如图 5.12 所示。

图 5.11　支承座　　　　　　　图 5.12　支承座形体分析

它们的组合形式为:肋板 2 和支承板 3 堆积在底板 4 之上,肋板前后居中,支承板右端面与底板右端面共面。圆柱 1 堆积在肋板与支承板上,肋板与圆柱面表面相交,而支承板表面与圆柱表面既有相交又有相切。

5.1.4　线面分析法

组合体也可以看成是由若干面(平面或曲面)、线(直线或曲线)围成。因此,线面分析法也就是把组合体分解为若干面、线,并确定它们之间的相对位置以及它们对投影面的相对位置的方法。前几章中对线、面的投影规律作了详细论述,这些投影规律在画组合体的线、面投影时,仍然适用。当立体上某个面对投影面处于垂直或一般位置时,画图时易出错误。此时应按线、面的投影规律仔细分析。图5.13所示物体,可看成平面立体被挖切形成的。画阴影部分为铅垂面,它的水平投影积聚成线,正面投影与侧面投影是类似多边(六边)形。线面分析法也是读组合体三视图的重要方法。

图 5.13　　　　　　　　　　　　　　　　　　　　图 5.14

图5.14、5.15分别给出了立体上正垂面和一般位置平面的投影图情况。从图中可以看出,一个 n 边的平面图形,它的非积聚性投影必然是 n 边形。这就为我们检查画图与读图的正确与否提供了一种简便的依据。如图5.14中,俯视图若画成图5.16形式,则形体上的正垂面的水平投影与侧面投影不成为类似形,对照物体检查,就会发现图5.16的俯视图画法是错误的。

图 5.15

图 5.16

综上所述,利用形体分析法可以把任何复杂的组合体分解为较简单的基本几何体。按基本形体的投影特点,基本形体的组合形式,结合线面分析,逐一准确无误地画出各基本形体的视图,就得到了组合体的视图。采用这种方法,才能正确迅速地画图、读图和标注尺寸。所以形体分析法与线面分析法是画图、读图和标注尺寸的基本方法。

5.2   组合体的画法

下面以图 5.11 所示支承座为例,介绍画组合体三视图的方法和步骤,如图 5.17 所示。

1.进行形体分析

把组合体分解成为若干基本形体,确定它们的组合形式以及相邻表面间的相对位置,如前所述。

2.确定主视图

选择最能反映组合体的形体特征及其基本形体的相对位置,并能减少俯、左视图上的虚线的方向作为投影方向,选择组合体的自然安放位置,使组合体的表面对投影面尽可能多地处于特殊位置。按此原则,图中以 A 所示方向为主视图投影方向。

3.选比例、确定图幅

画图时,尽可能采用1∶1 的比例。按选定的比例,根据组合体的长、宽、高计算出三个视图所占面积,并在各视图之间留出标注尺寸的位置,据此选用合适的标准图幅。

4.布置图面,画基准线

在图纸的合适位置画出基准线。基准线一般用细实线或细点画线绘制。常用对称中心线、轴线和较大平面的投影积聚线作为基准线。如图 5.17(a)所示。

5.逐个画出各形体的三视图

根据各形体的投影特点和画图的方便与准确,逐个画出每个形体的三视图。先画底板;再画圆柱体;接着画支承板,此时先画支承板的左视图,根据投影关系画出主视图和俯视图。注意主视图的高度与俯视图宽度的画法;最后画肋板。肋板也应从左视图画起,画图过程如图 5.17(a) ~ (e) 所示。

图 5.17　支承座三视图的画法

6. 检查、描深

画好组合体底稿,按基本形体逐个仔细检查,注意组合体的整体性。必须按整体取舍图中有关图线。如图 5.17(e) 中,肋板与圆柱面相交后组成整体,主视图中就不应在相交部分画出圆柱的轮廓线。检查无误后描深所画视图,如图 5.17(f) 所示。

支承座的组合形式,基本上可看成堆积形成的。下面以图 5.18(a) 所示组合体为例,说明以挖切的方式形成的组合体的画图过程。

形体分析如图 5.18(b)、(c) 所示。画图过程如图 5.18(d) ~ (i) 所示。

图 5.18 挖切式组合体的画法

5.3 组合体的尺寸注法

组合体的视图只能表示其结构形状,而组合体的大小,则要通过标注尺寸来确定。标注尺寸总的要求是:正确、完整、清晰、合理。

尺寸标注要正确,是指所注尺寸应符合《机械制图》国家标准中有关尺寸注法的规定,这部分内容已在第1章中说明。尺寸标注要合理,也就是要尽量考虑到设计和加工工艺方面的要求,这部分内容将在第8章介绍,本章仅就尺寸标注的完整、清晰两项内容加以说明。

5.3.1 标注尺寸要完整

所谓尺寸完整,就是将组合体的各部分形体的大小及它们的相对位置完全、确切地表示出来,不能遗漏或重复。标注尺寸时仍采用形体分析法,将组合体分解为若干基本形体,标注出基本形体的定形尺寸;再确定出它们之间的相对位置,标出定位尺寸。一般还应注出总体尺寸。

1. 定形尺寸

定形尺寸即为确定基本形体大小的尺寸。在标注组合体尺寸时,首先必须掌握好基本形体定形尺寸的标注方法。图 5.19 给出了常见形体的尺寸标注形式,其中加括号的尺寸可以不注,但生产中为了下料方便又往往注上作为参考。

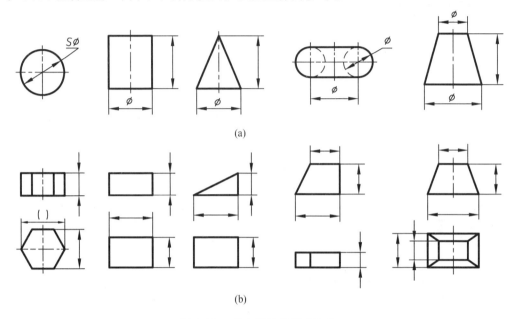

(a)

(b)

图 5.19　基本形体的尺寸注法

2. 定位尺寸

从尺寸基准出发,定出各基本形体相对位置的尺寸为定位尺寸。

标注尺寸的起点称为尺寸基准。组合体有长、宽和高三个方向的尺寸基准。标注尺寸时通常选择组合体的底面、端面、对称面、回转体的轴线作为基准。确定回转体与回转体之间相对位置时,都是以回转体的轴线为基准。图 5.20(a) 所示的组合体,其长度方向的基准为左右对称面;宽度方向的基准为前后对称面;高度方向的基准为底面。 图 5.20(b) 所示组合体,长度方向的基准为左端面;宽度方向基准为前端面;高度方向基准为底面。按此基准俯视图中所注 22 与 6 分别为圆孔中心位置长度和宽度方向的定位尺寸。有时基本形体的定形尺寸又是其定位尺寸,如图 5.20(b) 俯视图中左端长方体其长度定形尺寸 8 又可看成是其在长度方向上的定位尺寸。

3. 总体尺寸

总体尺寸即指组合体的总长、总宽和总高。组合体的总体尺寸一般应直接注出,如图 5.20(a) 中总高尺寸 20。但有时为了制造方便,必须给出圆孔中心的定位尺寸和回转体的半径(或直径)尺寸,而总体尺寸可通过计算间接给出,就不必注出总体尺寸,如图 5.21 中的总长尺寸为 18 加半径 8 即可得总长尺寸 26。但也有这种情况:为了满足加工要求,既标注总体尺寸,又标注定形与定位尺寸,如图 5.22 所示,底板四个角的部分圆柱面的轴线可能与孔同轴,也可能不同轴,但无论同轴与否,均要标注出孔的轴线间的定位尺寸(30 和 10)及圆柱面的定形尺寸(R3),还要标出总体尺寸 36 与 16。当两者同轴时,标注的尺寸数值不要发生矛盾。

(a)　　　　　　　　　　　　　　　(b)

图 5.20

图 5.21

图 5.22

常见结构形状的底板、端板尺寸注法如图 5.23 所示，请注意其中总体尺寸的标注方法。

图 5.23

5.3.2 标注尺寸要清晰

所谓尺寸清晰就是尺寸布置匀称清楚。具体应注意以下几点：

（1）尺寸应标注在反映形体特征明显的视图上，并且相关尺寸应尽量集中标注。如图 5.24 所示，圆柱体沿前后方向开槽，其槽宽与槽深均应注在主视图上。若槽宽注在俯视图上，则不明显，且与深度尺寸不集中。

（2）小于或等于半圆的圆弧一定将半径尺寸注在反映圆弧实形的视图上，如图 5.25 所示。

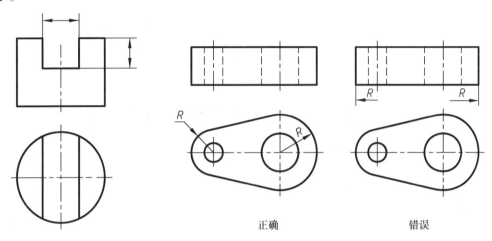

图 5.24　相关尺寸集中标注　　　　　　图 5.25　半径尺寸注法

（3）直径尺寸最好注在非圆视图上，如图 5.26 所示。

好　　　　　　　不好

图 5.26　直径尺寸注法

（4）立体表面交线一般不应标注尺寸。由于立体相交时，交线的形状和位置取决于相交立体的形状大小和相对位置,因此交线就不应标注尺寸。对于截交线只需注出截平面的位置,而相贯线只需注两立体的大小及其相对位置,则交线也就随之确定了,如图5.27 所示。

图 5.27　带交线形体的尺寸注法

(5)尺寸应尽量避免标注在虚线上。

(6)标注尺寸时,尺寸线与尺寸界线不能交叉。

5.3.3　标注组合体尺寸举例

【例5.1】　注出图5.28(a)所示组合体的尺寸。

(1)由于此形体为长方体挖切形成,所以先注长方体的定形尺寸:长 26、宽 16 和高 13。如图 5.28(a)所示。

(2)注出切割左上角的截平面位置尺寸:尺寸 5 与 7 即是截平面(正垂面)的位置尺寸。该尺寸应注在反映形体特征的主视图上,若尺寸 5 注在左视图上,尺寸 7 注在俯视图上均不好,如图 5.28(b)所示。

(3)注出左右通槽尺寸:通槽尺寸高为 5,宽为 8,注写在左视图上为好。如图 5.28(c)所示。注意高度尺寸不能注在主视图上,宽度尺寸注在俯视图上也不好。俯视图中尺寸 19 为截交线尺寸,这条交线是作图时得到的,因此不应注出尺寸。

(4)全面检查,如图 5.28(d)所示。

该组合体为基本形体挖切形成,因此应先注出总体尺寸,然后按形成顺序注出尺寸。

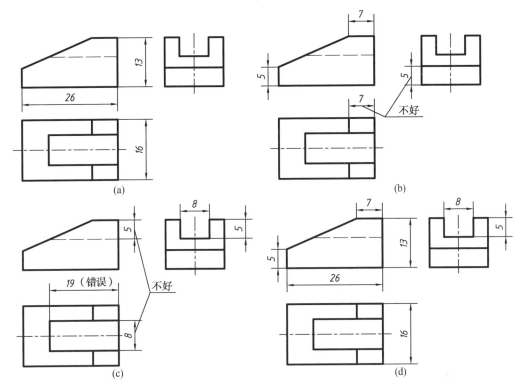

图 5.28　挖切式组合体尺寸注法

【例 5.2】　标注图 5.29 所示支承座尺寸。

图 5.29　支承座

（1）形体分析如图 5.12 所示。

（2）确定各基本形体的定形尺寸如图 5.30 ~ 5.33 所示。

（3）支承座的尺寸标注顺序如图 5.34 所示。

图 5.30　形体 Ⅰ 尺寸标注

图 5.31　形体 Ⅱ 尺寸标注

图 5.32　形体 Ⅲ 尺寸标注

图 5.33　形体 Ⅳ 尺寸标注

图 5.34 支承座的尺寸标注

综上所述,对复杂的组合体的尺寸,要达到完整、清晰的要求,首先应对组合体进行形体分析与线面分析,然后按定形尺寸、定位尺寸和总体尺寸进行标注,最后一定要检查调整,去掉多余尺寸和补充遗漏尺寸。

5.4　读组合体视图

根据组合体的视图,想象出它们的结构形状,称为读图。可见,读图是画图的逆过程。画图与读图是相辅相成的。画图能力通过读图可以提高,读图能力通过画图达到深化。读图的基本方法仍为形体分析法和线面分析法。

5.4.1　读图的原则

通常,组合体的一个视图不能确定其结构形状。因此在读图时必须按照投影规律,将两个或三个视图联系起来看,才能将图读懂。图 5.35 所示三组视图,它们的主视图相同,左视图亦相同,但三个视图联系起来看,它们是不同结构形状的组合体。

视图中的线段、封闭线框可具有如下含义(实例可从图 5.35、5.36 中自行分析):每一条线段可以是下列几何元素的投影:

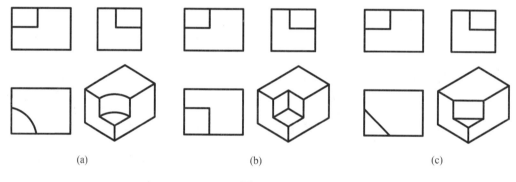

| (a) | (b) | (c) |

图 5.35

(1)两表面的交线;

(2)特殊位置面(平面或曲面)的积聚性投影;

(3)回转曲面的投影轮廓线。

每一封闭线框可以是:

(1)平面的投影;

(2)曲面的投影;

(3)孔或槽的投影。

任何相邻的封闭线框,必是组合体上两个不同表面的投影,在位置上分成前后、左右或上下两部分。

读图时可按线段及线框所表达的不同内容逐线、逐个线框进行分析。

5.4.2　读图的基本方法和步骤

形体分析法与线面分析法是读图的基本方法。这两种方法并不是孤立进行的。实际读图时常常综合运用,互相补充,相辅相成。下面以图 5.36(a)为例,说明读图的一般步骤。

图 5.36   读图的步骤

1. 划线框,对投影,分部分

一般从反映形体特征的主视图入手,按照三视图投影规律,几个视图联系起来看,把组合体分为几个部分。图中分为 Ⅰ、Ⅱ 两部分,如图 5.36(b) 所示。

2. **分基本形体,定相对位置**

分析形体 Ⅰ 的三视图,不难看出,它是带三个不同直径小孔的长方体板。从形体 Ⅱ 的三视图中可分析出它是一个不完整的空心圆柱,复原后如图 5.36(d) 轴测图所示。这两部分形体的相对位置是:形体 Ⅱ 居中堆积在形体 Ⅰ 上,且形体 Ⅰ —— 长方体板上中间位置的小孔,与形体 Ⅱ —— 空心圆柱内孔直径相等(为一个穿通形体的通孔),如图 5.36(c)、(d) 所示。

3. **深入分析,弄懂细节**

此三视图难懂之处为空心圆柱的上半部分,如图 5.36(e) 所示。要想弄懂这部分须进行较详细的线面分析。从图 5.36(e) 中的主视图上看,有两线框,俯视图上相应部分也有两个线框(图中画点处)。利用投影规律,对此两组线框进行线面分析,可知它们为空心圆柱被两个正平面与两个水平面截切产生的截交线,见图 5.36(e) 的轴测图。

4. **综合起来,想出整体**

综合上述分析可想出该三视图所表达的组合体的形状,如图 5.36(f) 轴测图所示。组合体为基本形体组合而成,基本形体的投影特点,形体上各种位置线与面的投影规律是读图的基本依据,因此读懂基本形体的视图是读懂组合体视图的基础。

5.4.3　读图举例

【例5.3】　读图 5.37 所示组合体的三视图。

图 5.37　读组合体三视图

对照三视图分析投影关系,可把组合体分为两部分:中间部分为长方体 Ⅰ,底部左、右两块是带圆弧的柱体 Ⅱ,如图 5.38(a) 所示。

形体 Ⅱ 为简单形体,结构形状很容易弄懂,不再分析。现仔细分析中间部分 —— 形体 Ⅰ 的各视图。众所周知,长方体的三视图均为矩形,但该长方体主视图的矩形线框中间有两条水平粗实线,左视图对应部分有一个缺口线框,俯视图的矩形线框内有一条虚线。根据各视图对应关系,进行线面分析可知:在长方体中间从前向后挖去一块四棱柱

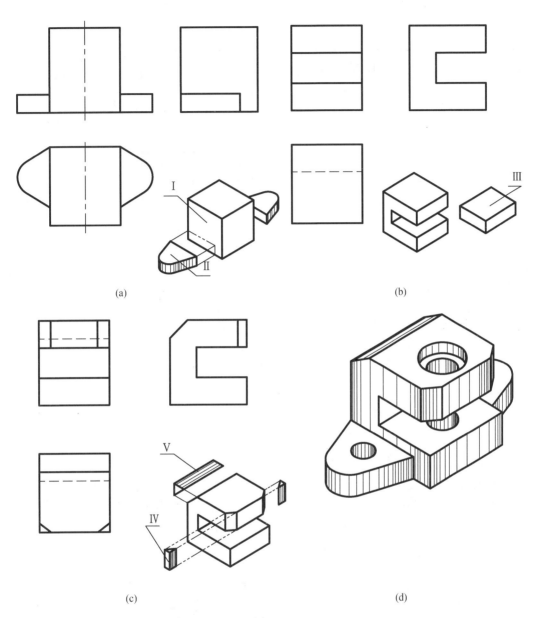

(a)

(b)

(c)

(d)

图 5.38

Ⅲ,如图 5.38(b) 所示。其次,长方体的主视图上部左右两侧有一矩形线框,如图 5.38(c) 所示,在俯视图上与这部分对应的位置上可见两条斜粗实线,由这些特点,可判定这部分为两个铅垂面,是长方体上半部分左右各切去一块棱柱 Ⅳ 而形成的。同理可分析出长方体的后上部分被一个侧垂面切去了一块三棱柱 Ⅴ,如图 5.38(c) 所示。最后从图 5.37 中主视图和左视图上看,矩形线框内还有一些虚线的小线框,对照俯视图分析,不难看出,这些虚线部分为圆柱形小孔。

综合上述内容,可想象出组合体的形状,如图 5.38(d) 所示。

【例 5.4】 读图 5.39(a) 所示组合体的主、左视图,并补全其俯视图。

图 5.39 补画俯视图

对照所给两视图可以看出,此组合体为基本形体 —— 长方体挖切而形成。因此读图与补画俯视图以其形成规律为顺序较方便。

(1) 根据长方体的投影特点,补画其俯视图。长方体前后各切去斜角后形成横截面(平行 W 面截断)为梯形的四棱柱(简称梯形四棱柱),作出梯形四棱柱的水平投影,如图

5.39（b）所示。

（2）在梯形四棱柱的左上角用正垂面切去一斜角,切后形成 Ⅰ Ⅱ Ⅲ Ⅳ 的梯形截交线,按正垂面的投影规律补出截交线的水平投影 1234。作法如图 5.39（c）所示。

（3）画出贯通前后棱面的斜角通槽的水平投影,如图 5.39（d）所示。图中 *ABC* 线框为通槽截平面与梯形四棱柱的前表面的截交线（后表面此部分截交线作法与前表面相同）。截交线的正面投影为 $a'b'c'$,侧面投影为 $a''b''c''$,据此补出截交线的水平投影 *abc*。

（4）主视图中两条虚线为轴线垂直水平面的圆柱通孔的投影,俯视图中已经给出该孔的投影。

（5）检查有无错误,擦去多余作图线,将可见轮廓线描深,如图 5.39（e）所示。

图 5.39（f）是该组合体的立体图,一般补视图时不用画出。由基本形体挖切形成的组合体,读图及补画所缺的视图时一般按如下规律进行:

（1）想象出原始形状;

（2）分析切割平面性质;

（3）按切割平面的顺序求交线;

（4）按类似形检验补画视图的正确性。

【例 5.5】　读图 5.40（a）所示组合体的主、俯视图,并补画左视图。

分析已知的两视图,从主视图入手,把组合体分成四部分,如图 5.40（a）所示。用形体分析法和线面分析法读懂各部分的形状结构,按顺序画出各部分的左视图,画图步骤如图 5.40（b）～（e）所示。为了帮助读者准确地想象出该组合体的形状,图 5.40（f）给出了组合体的轴测图。特别指出的是,形体 Ⅱ 还可以是其他形状,请读者自行分析。

根据组合体的两个视图,补画第三视图一般简称为"二补三",这是读图的基本训练。只要根据组合体的形成特点,多读、多想、多练,读图能力是会逐步提高的。

(a)

(b)

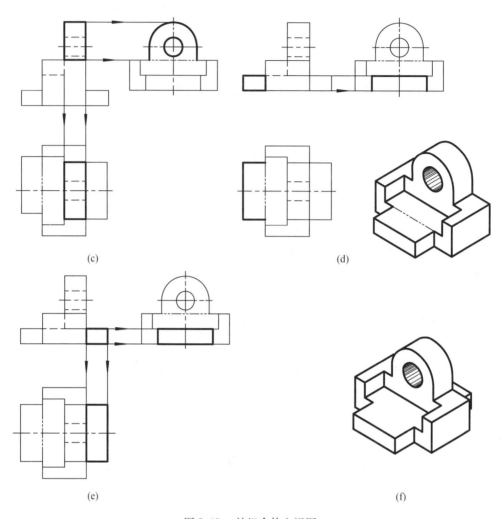

(c)

(d)

(e)

(f)

图 5.40　补组合体左视图

第 *6* 章

机件的表达方法

在工程实际中,机器零件的结构形状是各种各样的,仅采用三个视图往往不可能将一个复杂的零件结构表达清楚。因此,国家标准《技术制图》的《图样画法》中规定了机件的各种表达方法。本章将依据《图样画法》的有关规定,介绍视图、剖视图、断面图、其他表达方法和第三角投影。

6.1 视 图

机件向投影面投射所得的图形,称为视图。视图通常有基本视图、向视图、局部视图和斜视图。

6.1.1 基本视图

采用正六面体的六个面为基本投影面,将机件放在其中,然后分别向六个投影面投射,所得的六个视图称为基本视图。在基本视图中,除前面介绍过的主视图、俯视图和左视图之外,还有从右向左投射得到的右视图,从下向上投射得到的仰视图,从后向前投射得到的后视图。

六个基本投影面展开时,仍保持正立投影面不动,其他各个投影面的展开方法如图6.1所示。六个基本视图的配置如图6.2所示。在同一张图纸内按图6.2所示配置时,可不标注视图名称。

六个基本视图的度量对应关系,仍遵守"三等"规律,即:主、俯、仰、后视图等长,主、左、右、后视图等高,左、右、俯、仰视图等宽。

六个基本视图的对应方位的关系是:左、右、俯、仰视图靠近主视图的面为物体的后面,而远离主视图的面为物体的前面。

没有特殊情况,优先选用主、俯、左视图。

图 6.1　六个基本视图

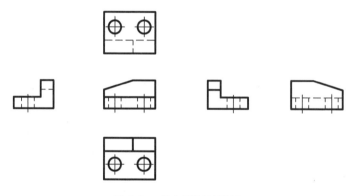

图 6.2　基本视图的配置

6.1.2　向视图

　　当六个基本视图在同一张纸内按图 6.2 所示配置时,可不标注视图名称。若某个视图不按图 6.2 所示配置时,应在该视图的上方标出视图的名称"×"("×"为大写的拉丁字母),在相应的视图附近用箭头指明投射方向,并标注相同的字母,字母一律水平书写。如图 6.3 所示的 A、B、C,这种可自由配置的视图称为向视图。

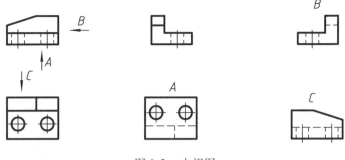

图 6.3　向视图

6.1.3　斜 视 图

机件向不平行于任何基本投影面的平面投射所得的视图称为斜视图。斜视图通常只用于表达机件倾斜部分的实形。因此,可用更换投影面的方法,增设一个与倾斜部分表面平行的投影面,这个投影面称为辅助投影面。如图 6.4(a) 所示的 A 向斜视图,表达了该机件倾斜部分的真实形状。

画斜视图时要注意以下几点:

图 6.4　局部视图和斜视图

（1）斜视图一般只用于表达机件倾斜部分的局部形状,故其余部分不必全部画出,可用波浪线或双折线断开。如图 6.4(b) 和 6.4(c) 所示。

（2）斜视图通常按向视图的形式配置并标注。

（3）斜视图最好按投影关系配置,如图 6.4(b) 所示,必要时也可配置在其他适当位置。

（4）必要时,允许将斜视图旋转配置。旋转符号的箭头指示旋转方向,表示该视图名称的大写拉丁字母应靠近旋转符号箭头端,如图 6.4(c) 所示。允许将旋转角度注写在字母之后,如图 6.4(d) 所示。旋转符号的尺寸和比例,如图 6.5 所示。h 为符号与字体高度,$h = R$,符号笔画宽度为 $h/10$ 或 $h/14$。

图 6.5　旋转符号

6.1.4　局部视图

将机件的某一部分向基本投影面投射所得的视图称为局部视图。当在某个方向有部分形状需要表示,但又没有必要画出整个基本视图时,采用局部视图进行表达。如图 6.6 所示机件,当画出其主视图后,仍有左右两侧凸台和底面形状没有表达清楚,在这种情况下,再画出完整的左视图、右视图和俯视图,显然没有必要,因此,图 6.7 中只画出表达该部分结构的局部视图,即 A 向、B 向和左向局部视图。

图 6.6　　　　　　　　　图 6.7　局部视图

采用局部视图时要注意以下几点：

（1）局部视图可按基本视图的形式配置，中间没有其他图形隔开时，可省略标注，如图 6.4（b）的局部视图和图 6.7 的左向局部视图。也可按向视图的形式配置并标注，如图 6.7 所示的 A 向、B 向局部视图。

（2）局部视图的断裂处边界用波浪线或双折线表示，如图 6.4（b）中的局部视图、图 6.7 中的 A 向局部视图和图 6.4（c）中的局部视图。当所表达的局部结构是完整的，且外轮廓线又成封闭时，波浪线或双折线可省略不画，如图 6.7 中 B 向和左向局部视图。波浪线不能超出视图轮廓范围。

（3）当局部视图为了节省绘图时间和图幅，将对称机件的视图只画一半或 1/4 时，应在对称中心线的两端画出两条与其垂直的平行细实线，如图 6.50 所示。

6.2　剖　视　图

当机件内部结构比较复杂时，视图上就会出现大量的虚线，造成看图困难，也不利于标注尺寸，如图 6.8 所示。为了解决这个问题，使原来不可见的部分转化为可见的，国家标准规定了剖视图的表达方法。

图 6.8　用虚线表示内部形状

6.2.1　剖视图的基本概念

假想用剖切面（平面或柱面）剖开机件，将处于观察者和剖切面之间的部分移去，而将其余部分向投影面投射所得的图形称为剖视图，可简称剖视。如图 6.9 所示。图中，用正平面作剖切面，通过机件的对称面将机件剖开，移去前半部分，原来看不见的内部结构都显示出来了。再将其余部分进行投射，于是在主视图上就得到了剖视图。画剖视图时，剖切面与机件接触部分（称剖面区域），画上剖面符号（常称剖面线）。根据国家标准规定，应采用表 6.1 中的剖面符号。

剖切平面

图6.9 剖视的基本概念

表6.1 剖面符号

材 料	剖面符号	材 料	剖面符号
金属材料 （已有规定剖面符号者除外）		木质胶合板 （不分层数）	
线圈绕组元件		基础周围的泥土	
转子、电枢、变压器和电抗器等的叠钢片		混凝土	
非金属材料 （已有规定剖面符号者除外）		钢筋混凝土	
型砂、填砂、粉末冶金、砂轮、陶瓷刀片、硬质合金刀片等		砖	
玻璃及供观察用的其他透明材料		格 网 （筛网、过滤网）	

续表 6.1

材　料		剖面符号	材　料	剖面符号
木材	纵剖面		液　体	
	横剖面			

6.2.2　剖视图的画法

（1）确定剖切平面的位置,如图 6.9 所示。为了使主视图中的孔变成可见并反映实际大小,应使剖切面平行于正面且通过对称中心线。

（2）在作图时要想清楚剖切后的情况:哪些部分移走了? 哪些部分留下了? 哪些部分切着了? 切着部分的截面形状是什么样的? 若要由含虚线的视图改成剖视图,则先将剖到的内形轮廓线和剖切面后可见的轮廓线画成粗实线,再去掉多余的外形线;若要由机件直接画成剖视图,则先画出在剖切面上的内孔形状和外形轮廓,再画出剖切面后的可见的线。

图 6.10　剖视图标注和剖面线画法

（3）将剖面区域画上剖面符号(剖面线)。金属材料(或不需在剖面区域中表示材料的类别时)的剖面线用与图形的主要轮廓线或剖面区域的对称线成 45° 的相互平行且间隔均匀的细实线绘制(称通用剖面线),如图 6.10 所示。剖面线之间的距离视剖面区域的大小而异,通常可取 2 ～ 4 mm,如图 6.10 所示。同一物体的各个剖面区域,其剖面线应一致。当画出的剖面线与图形的主要轮廓线或剖面区域对称线平行时,可将剖面线画成与主要轮廓线或剖面区域对称线成 30° 或 60° 的平行线。

6.2.3　剖视图的标注

剖视图标注的目的是为了表示出剖切面的位置及投射方向,使看图者容易找出各视图之间的对应关系。一个完整的标注应包括三项内容。

1. 剖切线

指示剖切面位置的线,以点画线表示,如图 6.11(a) 所示;也可省略不画,如图 6.11(b) 所示。

2. 剖切符号

指示剖切面起、迄和转折位置(用粗短画表示)及投射方向(用箭头表示)的符号。剖切符号尽可能不要与图中轮廓线相交。

图 6.11 剖视图标注

3. 剖视图名称

在剖视图的上方用大写的拉丁字母标出剖视图的名称"×—×",并在剖切位置的符号旁注上相同的字母,字母一律水平书写,如图 6.10 所示。如果在同一张图上同时有几个剖视图,则其名称应按字母顺序排列,不得重复。

在下列情况下,剖视图的标注可以简化和省略:

(1)当剖视图按投影关系配置,中间又没有其他图形隔开时,可以省略箭头,如图 6.16(c)中的 $A—A$ 剖视。

(2)当剖切平面与机件的对称平面完全重合,且剖切后的剖视图按投影关系配置,中间又没有其他图形隔开时,可以省略标注,如图 6.10 属于这种情况,因此在实际画图时可以不必标注。

6.2.4 画剖视图时应注意的问题

(1)剖切平面一般应通过机件的对称平面或轴线,并要平行或垂直于某一投影面。

(2)剖视图是假想将机件剖开后再投射的,而实际上机件仍是完整的,因此其他图形应按完整的机件考虑。如图6.9 所示的主视图上作了剖视,俯视图仍按完整的画出。

(3)剖切平面后面的可见轮廓线都应画出,不得遗漏,如图 6.12 所产生的漏线是初学者最容易犯的,务必注意防止。

(4)在剖视图中,剖切面后面的不可见轮廓线(虚线)可以省略不画,如图 6.13 所示。只有尚未表达清楚的结构才画虚线,如图 6.14 所示。

图 6.12 剖视图的错误画法　　图 6.13 全剖视图(一)　　图 6.14 全剖视图(二)

6.2.5　剖视图的种类及适用条件

国家标准规定,剖视图可分为全剖视图、半剖视图和局部剖视图三种。

1. 全剖视图

用剖切面完全地剖开机件所得的剖视图称为全剖视图。

全剖视图主要用于表达内腔结构比较复杂、外形比较简单的不对称机件或外形简单的回转体机件,如图6.13 ~ 6.15所示。它的标注规则同前所述。

2. 半剖视图

当机件具有对称平面时,向垂直于对称平面的投影面上投射所得的图形,可以对称中心线为界,一半画成剖视,另一半画成视图,这样的图形称为半剖视图。

图 6.16(a) 所示的机件,其前后、左右均具有对称面,假如为了表达内部结构采用全剖视图,如图 6.16(b) 所示,则机件的外形不能表示清楚。为了清楚地表达其内部结构和

图 6.15　全剖视图(三)

外部形状,可一半画成视图;一半画成剖视图,即采用半剖视图表示,如图6.16(c) 所示。

(a)	(b)	(c)

图 6.16　半剖视图(一)

画半剖视图时,应注意以下几点:

(1) 半剖视图主要用于表达内、外形状都需要表达的对称机件,如图 6.16 所示。当机件的形状接近于对称、且不对称部分已另有视图表达清楚时,也可画成半剖视图,如图6.17 所示。

（2）画半剖视图时,视图与剖视图的分界线为细点画线。

（3）由于图形对称,机件的内部形状已由剖视部分表示清楚,因此,在半个视图部分不画虚线。

（4）半剖视图的标注规则与全剖视图相同。在图 6.16 中,因为主视图中所取剖视的剖切平面与机件的前后对称平面重合,所以在图上省略标注。而俯视图所取剖视的剖切平面不是机件的对称平面,所以必须标注剖切符号和剖视图的名称。由于剖视图按投射方向配置,故可省略箭头。

图 6.17 半剖视图（二）

3. 局部剖视图

用剖切面局部地剖开机件所得的剖视图称为局部剖视图,如图 6.18 所示。局部剖视图与视图的分界线用波浪线或双折线表示,如图 6.18 和图 6.19 所示。

图 6.18 局部剖视图（一）　　　　图 6.19 局部剖视图（二）

局部剖视不受图形是否对称的限制,在什么地方剖切和剖切范围的大小,可根据需要决定,是一种比较灵活的表达方法,一般用于下列情况:

（1）往往是在既要表示外形,又要表达某些内部结构,且又不宜用全剖视图及半剖视图时采用。如图 6.18 表达的机件。

（2）当被剖切结构为回转体时,允许将该结构的中心线作为局部剖视与视图的分界线,如图 6.20 所示。

此外,当轴、手柄、连杆、实心件上有小孔或槽需要表示时,也应该用局部剖视,如图 6.21 所示。

（3）当对称机件的轮廓线与对称中心线重合,不宜采用半剖视时,应该选用局部剖视,如图 6.19 所示。

当剖切位置比较明显时,局部剖视可不必标注,如图 6.19 和 6.21 所示。若剖切位置不够明显时,则应进行标注,如图 6.18 中的 $A - A$ 和图 6.55 中的 $B - B$。

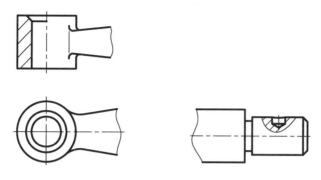

图 6.20　局部剖视图(三)　　　图 6.21　局部剖视图(四)

画局部剖视图时,应注意以下几点:

(1) 局部剖视是一种比较灵活的表达方法,可使视图简明清晰。在一个视图中局部剖视图的数量不宜过多,否则图形支离破碎,反而影响图形的清晰和完整。

(2) 表示剖切范围的波浪线,不应与图形上其他图线重合,如图 6.19 所示。当外形有孔、槽等结构时,波浪线就应该在该处断开,不能穿空间而过,也不能超出轮廓线,如图 6.22 所示。

图 6.22　局部剖视图的错误画法

(3) 当使用双折线表示局部剖视范围时,双折线端头要超出轮廓线少许,如图 6.19 所示。

6.2.6　剖切面的种类和其他剖切方法

在前边的介绍中,均用投影面平行面作剖切面剖开机件形成剖视图。国家标准规定:剖切面是剖切被表达物体的假想平面或曲面。同时规定:根据物体的结构特点,可选择单一剖切面、几个相交的剖切面、几个平行的剖切面剖开物体。无论选用哪种剖切面剖开机件,均可画成全剖视图,半剖视图或局部剖视图。

1. 用单一剖切面剖切

剖切面可以是投影面的平行面,也可以是投影面的垂直面。

当机件上倾斜部分的内形在基本视图上不能反映实形时,则用不平行任何基本投影面(垂直于某一基本投影面)的剖切平面剖开机件,这一剖切方法习惯上称为斜剖,如图 6.23 中的 $B-B$ 剖视即是采用斜剖视得到的全剖视图。

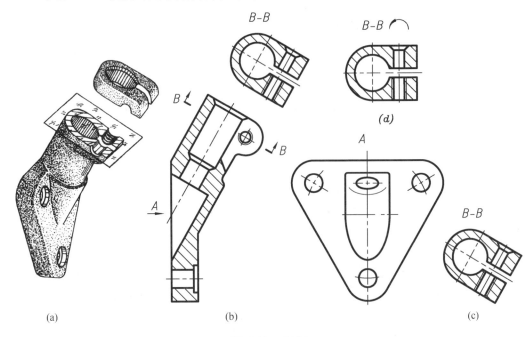

图 6.23　斜剖

采用这种方法画的剖视图必须标全剖切符号,注明剖视图名称,图中标注的字母必须水平书写。

剖视图最好按箭头所指的投射方向配置,如图 6.23(b)所示。必要时可以平移到其他适当位置,如图 6.23(c)所示。在不致引起误解时,也允许将图形旋转一个角度,标注形式如图 6.23(d)所示。

2.几个相交的剖切平面剖切

当机件在整体上具有回转轴线,且机件的内部结构形状用一个剖切平面不能表达完全时,可以用两个相交的剖切平面(交线垂直于某一基本投影面)剖开机件,这一剖切方法习惯上称为旋转剖。图 6.24 所示为圆盘类零件,上半部分有孔,左下部分有槽,如果用单一剖切平面剖开,则孔和槽就不能同时剖到。采用两个相交平面将机件剖开,然后将被倾斜剖切平面剖开的结构及其有关部分一同旋转到与选定的投影面平行的位置再进行投射,就将全部内部结构清楚地表示出来了。如图 6.24 中的 $A-A$ 剖视即采用旋转剖得到的全剖视图。采用几个相交平面也可获得局部剖视图,详见有关资料。

采用这种方法画剖视图时,剖切平面后的

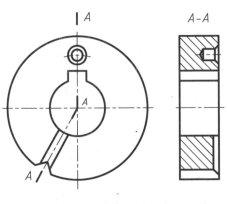

图 6.24　旋转剖(一)

其他结构一般仍按原来位置投射,如图 6.25 中油孔 b 在俯视图中的位置。当剖切后产生不完整要素时,应将这部分按不剖绘制,如图 6.26 所示机件高度方向处于中间位置的臂虽被剖切到一部分,但在主视图上仍按不剖切绘制。

图 6.25　旋转剖(二)

图 6.26　旋转剖(三)

旋转剖适用于机件的倾斜部分具有回转轴,并且能使两剖切平面的交线重合于该轴。用旋转剖画剖视图时,必须标注。标注方法如图 6.24 ~ 6.26 所示。标注时,字母必须水平书写。

3. 几个相互平行的剖切平面剖切

如果机件的内部结构排列在几个相互平行的平面上,可以用几个相互平行的剖切平面剖开机件,这一剖切方法习惯上称为阶梯剖。如图 6.27 所示。采用这种方法可以把不在同一平面内的孔、槽等内部结构,在同一个剖视图中表示清楚,如图 6.27 中的 A – A 剖视图即采用阶梯剖得到的全剖视图。采用几个平行的剖切平面也可获得局部剖视图,详见有关资料。

图 6.27　阶梯剖(一)

采用阶梯剖画剖视图时,要注意以下几点:

(1) 剖切平面转折处不应画出转折线,如图 6.27(b) 所示。

(2) 剖切平面转折处不应与视图中的轮廓线重合,如图 6.27(c) 所示。

(3) 图形内不应出现不完整的要素,如图 6.27(d) 中的不完整的孔,属于错误画法。只有当两个要素在图形上具有公共对称中心线或轴线时,可以各画一半,此时应以对称中心线或轴线为界,如图 6.28 所示。

(4) 画阶梯剖时,必须标注剖视图名称、剖切符号,在剖切平面起迄和转折处用相同字母标出,如图 6.27(a) 所示,但当转折处位置有限又不致于引起误解时允许省略字母。

4. 复合剖

用组合的剖切面剖开机件的方法称为复合剖,如图 6.29 所示。

采用复合剖时,剖切符号和剖视图名称必须全部标注,如图 6.29 所示。

图 6.28　阶梯剖(二)　　　　图 6.29　复合剖

采用这种方法画剖视图时,可采用展开画法,把剖切平面展开成同一平面后再投射,这时标注形式为"×—×展开",如图 6.30 所示。

图 6.30　复合剖的展开

6.3   断 面 图

6.3.1   断面图的概念

假想用剖切平面将机件在某处切断,仅画出该剖切面与机件接触部分的图形称为断面图,简称断面,如图 6.31 所示。通常在断面上画上剖面符号。

断面常用来表示机件上某一局部的断面形状,例如机件上的肋、轮辐、轴上的键槽和孔等。

6.3.2   断面图的种类和画法

根据断面图绘制时所配置位置不同,断面可分为移出断面和重合断面两种。

1. 移出断面

画在视图之外的断面称为移出断面,如图 6.31 所示。

移出断面轮廓线用粗实线绘制。为了便于看图,移出断面尽量配置在剖切线延长线上,如图 6.31 所示。也可以配置在其他适当位置,如图 6.32 所示。

图 6.31   断面图

图 6.32   移出断面

在不致引起误解时,允许将图形旋转,其标注形式如图 6.32 所示。

由两个或多个相交的剖切平面剖切得到的移出断面,中间一般应断开,如图 6.33 所示。

当剖切平面通过回转面形成的孔或凹坑的轴线时,则这些结构按剖视绘制,如图6.34

和图 6.35 所示。

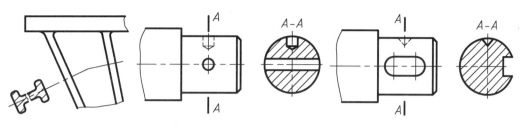

图 6.33　剖切面应垂直板的轮廓线　　图 6.34　断面画法的特殊情况　　图 6.35　断面画法的特殊情况

当剖切平面通过非圆孔会导致出现完全分离的两个断面时,这些结构按剖视绘制,如图 6.36 所示。

2. 重合断面

在不影响图形清晰的条件下,断面也可以画在视图之内,称为重合断面,如图6.37所示。

重合断面的轮廓线用细实线绘制。当视图的轮廓线与重合断面图形重叠时,视图中的轮廓线应连续画出,不可间断,如图6.37(b)所示。

图 6.36

(a) 手柄的重合断面

(b) 角钢的重合断面

图 6.37

6.3.3　断面图的标注

断面图的标注与剖视图基本相同。一般应标出移出断面的名称"×—×"(× 为某一大写的拉丁字母),在相应的视图上用剖切符号表示剖切位置,用箭头表示投射方向,并标注相同的大写字母,如图6.35 所示。

当以上的标注内容不注自明时,可部分或全部省略标注。

(1)配置在剖切线延长线上的不对称移出断面,可省略字母,如图6.31 所示。配置在剖切线上的不对称重合断面,可省略字母,如图6.37(b)所示。

（2）不配置在剖切线延长线上的对称移出断面，以及按投影关系配置的不对称移出断面，均可省略箭头，如图6.32、图6.35所示。

（3）对称的重合断面，如图6.37(a)所示，配置在剖切线延长线上的对称移出断面，如图6.33所示，以及配置在视图中断处的对称移出断面，可以完全省略标注。

6.4 其他表达方法

除前述的图样画法外，国家标准《技术制图》和《机械制图》还列出了一些简化画法和规定画法。

绘图时，在不影响对机件的表达完整及清晰的前提下，要考虑如何使看图方便及绘图简便，因此国家标准作了一些简化画法的规定。简化原则是：

（1）简化必须保证不致引起误解和不会产生理解的多意性。

（2）便于读图和绘制，注重简化的综合效果。

（3）在考虑便于手工制图和计算机制图的同时，还要考虑缩微制图的要求。

对于这些简化画法和规定画法，本节综合摘要介绍如下。

6.4.1 简化画法

（1）对于机件的肋、轮辐及薄壁等，如按纵向剖切（剖切面垂直于肋和薄壁的厚度方向或通过轮辐的轴线剖切），这些结构都不画剖面符号，而用粗实将其与邻接部分分开，如图6.38左视图中前后两块肋板，剖后不画剖面符号，按其他方向剖切的肋板应画剖面符号，如图6.38的俯视图和左视图中间的肋板。

图6.38 肋的剖切画法

（2）当机件回转体上均匀分布的肋、轮辐、孔等结构不处于剖切平面上时，可将这些结构旋转到剖切平面上画出，如图6.39所示。

（3）当机件具有若干相同结构（齿、槽等），并按一定规律分布时，只需要画出几个完整结构,其余用细实线连接。在零件图中则必须注明该结构的总数,如图 6.40 所示。

(a)　　　　　　　　　　(b)

图 6.39　均匀分布的肋、孔的画法　　　　图 6.40　相同结构的画法

(4) 若干直径相同且成规律分布的孔(圆孔、螺孔和沉孔等),可以仅画出一个或几个,其余只需用细点画线表示其中心位置。在零件图中应注明孔的总数,如图 6.41 和6.42 所示。

图 6.41　均匀分布孔的画法　　　　图 6.42　均匀分布孔的画法

(5) 机件上的滚花部分,可在轮廓线附近用细实线局部画出的方法表示,如图 6.43(a) 所示。也可省略不画,仅作如图 6.43(b) 所示的标注。

(6) 当回转体零件上的平面在图形中不能充分表达时,可用两条相交的细实线表示平面,如图 6.44 所示。

(7) 机件上的较小结构及斜度等已在一个图形中表示清楚时,则在其他图形中可以简化或省略,如图 6.45 和图 6.46 所示。

(8) 在圆柱上因钻小孔,铣键槽或铣方头等出现的交线允许简化,但必须有一个已清楚地表示了孔、槽的形状,如图 6.47 和图 6.48 所示。

(9) 零件上对称结构的局部视图,如图 6.48 所示。

(10) 除确属需要表示的某些结构圆角外,其他圆角在零件图中均可不画,但必须注明尺寸,或在技术要求中加以说明,如图 6.49 所示。

（11）在不致引起误解时,对于对称机件的视图可只画一半或1/4,并在对称中心线的两端画出两条与其垂直的平行细实线,如图6.50所示。或画大于一半,如图6.39(b)所示。

图6.43　滚花的画法

图6.44　平面的表示

图6.45　较小结构投影简化

图6.46　小斜度的投影省略

图6.47　交线简化

图6.48　交线简化及对称结构的局部视图

图6.49　结构圆角的简化画法

图6.50　对称机件的画法

（12）圆盘上的孔均匀分布时，允许按图 6.51 所示方法表示。

图 6.51　圆盘上均匀分布孔的画法

（13）较长的机件（轴、杆、型材、连杆等）沿长度方向的形状一致或按一定规律变化时，可断开后缩短绘制，但必须按原来的实际长度注出尺寸，如图 6.52 和图 6.53 所示。

图 6.52　断开画法

图 6.53　断开画法

（14）与投影面倾斜度小于或等于 30° 的圆或圆弧，其投影可用圆或圆弧代替，如图 6.54 所示。

6.4.2　其他规定画法

（1）在剖视图的剖面中可再作一次局剖，采用这种表达方法时，两个剖面的剖面线应同方向，同间隔，但要互相错开，并用引出线标注其名称，如图 6.55 所示。当剖切位置明显时，也可省略标注。

（2）在需要表示位于剖切平面前的结构时，对这些结构，则按假想投影的轮廓线，即细双点画线绘制，如图 6.56 所示。

图 6.54　简化画法

图 6.55　在剖视图上作局部剖视　　　　　图 6.56　用假想线表示

6.4.3　局部放大图

机件上的某些细小结构,在视图上常由于图形过小而表达不清,并使标注尺寸产生困难。所以画图时,可将这些细小结构用大于原图所采用的比例画出,这样得到的图形,称为局部放大图,如图 6.57 中 Ⅰ 、Ⅱ 处所示。局部放大图可以画成视图、剖视图和断面图,它与被放大部位的表达方法无关。

在绘制局部放大图时,应当用细实线圈出被放大的部位。局部放大图可用细实线圈出,也可用波浪线画出界线。局部放大图应尽量画在被放大的部位附近。当同一机件上有几处需要放大的部分时,必须用罗马数字依次标明放大的部位,并在局部放大图的上方标出相应的罗马数字和所采用的比例,如图 6.57 中 Ⅰ 、Ⅱ 处。

当机件上被放大的部分仅一处时,在局部放大图的上方只需注明所采用的比例,并且在表达完整的前提下,允许在原视图中简化被放大部位的图形,如图 6.58 所示。

图 6.57　局部放大图(一)　　　　　　　图 6.58　局部放大图(二)

6.5　表达方法综合举例

前面几节介绍了国家标准《图样画法》中规定的机件的各种表达方法。绘制图样时，要根据零件的结构形状具体分析，然后采用适当的表达方法，把零件的内外结构完整、清晰地表达出来，同时还要便于绘图和标注尺寸。下面以图 6.59 所示阀体的表达方案为例，分析该零件表达方法的选择。

图 6.59

该零件为阀体类零件，使用时内部要包容其他零件，并且内部通道较多，内部结构较复杂，且是该零件的主要工作部分，因此内部结构是该零件的重点表达部分。所以主视图采用 $A-A$ 旋转全剖视图，这样就把左右、上下相通情况表示清楚了，俯视图采用了 $B-B$

阶梯全剖视图,更进一步表示左右通道相通,内孔相贯及内孔轴线所成的角度及底板的形状和四孔的分布位置。

有了这两个主要表达方法,尚有细节没有表达清楚,因此采用 E 向局部视图表示顶板形状及面上 4 个小孔分布位置。采用 $F-F$ 局剖表示顶板 4 个小孔深度。用单一剖切平面剖得 $C-C$ 全剖视图,表示了左部法兰盘的形状、4 小孔分布位置及肋板厚度。用斜剖方法得到的 $D-D$ 全剖视图表达了右前部法兰盘的形状及小孔分布位置。

以上为该阀体的表达方案的一种。对同一零件还可以有其他表达方案,请读者自行考虑,选择一种既能完整清晰地表达零件的结构形状,画图又简便的方案。

6.6　第三角投影简介

我国国家标准《机械制图》规定,机件的图样按正投影绘制,并采用第一角画法,前面所讨论的图样画法,均为第一角画法。但有些国家的图样采用第三角投影画法,随着国际间的科学技术交流的不断扩大,将会遇到采用第三角投影绘制的图样。下面对第三角投影作简略介绍。在投影基本理论中讲过,两投影面体系将空间分成 Ⅰ、Ⅱ、Ⅲ、Ⅳ 四个分角,如图 6.60 所示。第三角投影就是将机件置于该投影体系中的第三分角内,并使投影面处于观察者与物体之间进行投射,得到的多面正投影。

在第一角投影中,机件放在观察者和投影面之间进行,即人 — 物 — 面的位置关系,如图 6.61(a) 所示。投影面展开后所得视图,如图 6.61(b) 所示。在第三角投影中,投影面是放在观察者和机件之间,把投影面看成是透明的,即人 — 面 — 物的位置关系,如图 6.62(a) 所示。第三角画法与第一角画法主要区别是视图的配置位置不同,而各视图之间仍保持投影关系不变,如图 6.62(b) 所示。

图 6.60　空间的四个分角   图 6.61　第一角投影

第三角投影也是用正六面体的六个平面作为基本投影面,将机件向这六个投影面投射所得视图亦称为基本视图。它们的名称分别为:主视图,俯视图,左视图,仰视图,右视图,后视图。六个投影面的展开方法如图 6.63(a) 所示。展开后各基本视图的配置关系如图 6.63(b) 所示,一律不注视图名称。

图 6.62　第三角投影

图 6.63　第三角投影的六个基本视图及六个基本视图的配置

第三角画法的六个基本视图之间的位置关系为:包围主视图的各个视图的内边代表物体的前面,其外边代表物体的后面,这与第一角画法六个视图的位置关系正好相反。

第三角画法中,剖视图和断面图不分,统称剖面图。

为了识别第三角画法与第一角画法,规定了相应的识别符号,该符号一般标在所画图纸标题栏的上方或左方,采用第三角画法时,必须在图样中画出第三角画法识别符号,如图 6.64(a) 所示。采用第一角画法时,必要时也应画出其识别符号,如图 6.64(b) 所示。

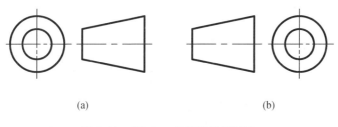

图 6.64　第三、一角投影识别符号

第 7 章

标准件与常用件

在各种机器设备中经常遇到一些通用的零件,如螺栓、螺钉、螺母、垫圈、键、销、弹簧和滚动轴承等。为了简化设计和便于生产,国家标准对这类零件的结构和尺寸作了统一的规定,称为标准件。还有些常用零件如齿轮,其部分结构尺寸和参数也有统一标准,这类零件称为常用件。

本章简要介绍几种标准件和常用件的规定画法、代号、标记及查表方法。

7.1 螺 纹

螺纹是机器零件上的常见结构,可用于零件间的连接、紧固,也可用于传递运动和动力。

7.1.1 螺纹的基本知识

1. 螺纹的形成

螺纹是按照螺旋线的原理形成的,如图 7.1(a)、(b) 所示。零件上的螺纹通常在车床上加工,如图 7.1(c)、(d) 所示。当工件在车床上绕其轴线做匀速旋转运动、刀具沿轴线方向做匀速直线运动时,刀尖端点在工件上的运动轨迹便是一条螺旋线。当刀具切入工件一定深度时就车出了螺纹。

在圆柱(或圆锥)外表面上形成的螺纹称为外螺纹,如图 7.1(c) 所示,在圆柱(或圆锥)内表面上形成的螺纹称为内螺纹,如图 7.1(d) 所示。

直径较小的螺纹还可使用专用刀具(丝锥与板牙)手攻制出,如图 7.1(e) 所示。

2. 螺纹的要素

在加工螺纹时必须知道螺纹牙型、公称直径、螺距、线数和旋向五个要素。内、外螺纹成对使用时,此五要素必须相同才能旋合在一起。

(1) 螺纹牙型:在通过螺纹轴线的剖面上,螺纹的轮廓形状称为螺纹的牙型。常用螺纹的牙型有三角形、梯形、锯齿形、矩形等,如图 7.2 所示。

加工螺纹时,根据牙型确定刀具的几何形状。螺纹凸起部分称为牙,凸起的顶端称为牙顶;沟槽的底部称为牙底;牙顶到牙底之间的径向距离称为牙型高度,如图 7.3 所示。

(a) 圆柱螺旋线　　　(b) 螺纹　　　(c) 车制外螺纹　　　(d) 车制内螺纹　　　(e) 手攻螺纹

图 7.1　螺纹的形成

三角形螺纹　　　　　锯齿形螺纹

梯形螺纹　　　　　　矩形螺纹

图 7.2　常用螺纹的牙型

(a) 外螺纹　　　　　　(b) 内螺纹

图 7.3　螺纹的直径

（2）公称直径:螺纹的直径有大径、小径和中径,公称直径一般指大径。

与外螺纹牙顶或内螺纹牙底相重合的假想圆柱面的直径称为螺纹大径,分别用 d、D 表示;与外螺纹牙底或内螺纹牙顶相重合的假想圆柱面的直径称为螺纹小径,分别用 d_1、D_1 表示;螺纹的中径是指母线通过牙型上沟槽和凸起宽度相等处的假想圆柱面的直径,用 d_2、D_2 表示,如图 7.3 所示。螺纹的公称直径为设计时给定的尺寸,螺纹的小径和螺距等可根据其公称直径查阅附录中相应的附表。

（3）线数:螺纹有单线和多线之分。沿一条螺旋线形成的螺纹称为单线螺纹,如图 7.4（a）所示。沿两条或两条以上在轴向等距分布的螺旋线所形成的螺纹称为多线螺纹,如图 7.4（b）所示为双线螺纹。

（4）螺距和导程:螺纹相邻两牙在中径线上对应点之间的轴向距离称为螺距。同一条螺纹上相邻两牙在中径线上对应点之间的轴向距离称为导程。单线螺纹的螺距等于导程,多线螺纹的螺距等于导程除以线数。如图 7.4（b）所示的双线螺纹,其螺距等于导程的一半。

（5）旋向:螺纹按旋进的方向分为右旋螺纹和左旋螺纹。按顺时针方向旋进的螺纹称为右旋螺纹,反之,称为左旋螺纹,如图 7.5 所示。在工程上右旋螺纹用得最多。

为了便于设计、制造和选用各种螺纹,国家标准对螺纹的牙型、公称直径和螺距三个要素作了统一的规定。凡是此三要素均符合标准的称为标准螺纹,只有牙型符合标准的称为特殊螺纹,牙型不符合标准的称为非标准螺纹,如矩形螺纹。

| (a) 单线螺纹 | (b) 双线螺纹 | (a) 左旋 | (b) 右旋 |

图 7.4　螺纹的线数、螺距和导程　　　　图 7.5　螺纹的旋向

7.1.2　常用螺纹

1. 普通螺纹

普通螺纹的牙型为等边三角形,牙型角（在螺纹牙型上,相邻两牙侧间的夹角）为 60°,牙顶与牙底均削平。特征代号为 M,见附表 1。

普通螺纹分为粗牙普通螺纹与细牙普通螺纹两种。当螺纹大径相同时,细牙普通螺纹的螺距较小,因此常用于薄壁零件、精密零件的连接,粗牙用于一般零件的连接。

2. 管螺纹

管螺纹的牙型为等腰三角形,牙型角为 55°,牙顶与牙底均倒成圆弧形,主要用于管件的连接。管螺纹有"非螺纹密封的"和"用螺纹密封的"两种。前者是螺纹副不具有密封性的圆柱管螺纹,其特征代号为 G,见附表 2。后者螺纹副本身具有密封性,它包括圆柱

内螺纹与圆锥外螺纹、圆锥内螺纹与圆锥外螺纹两种连接形式。

圆柱内螺纹的特征代号为 R_p、圆锥内螺纹的特征代号为 R_c 圆锥外螺纹的特征代号为 R，见表 7.1。

3. 梯形螺纹

梯形螺纹的牙型为等腰梯形，牙型角为 30°，特征代号为 T_r，见附表 3。梯形螺纹是传动螺纹，用于传递双向动力，如各种机床上丝杠多采用这种螺纹。

4. 锯齿形（3°、30°）螺纹

锯齿形螺纹的牙型为不等腰梯形。牙型两侧面与轴线垂直线的夹角分别为 3° 和 30°，特征代号为 B，见表 7.1，锯齿形螺纹用于传递单向动力，如千斤顶丝杠等。

图 7.6　矩形螺纹的尺寸注法

5. 矩形螺纹

矩形螺纹也是传动螺纹，牙型为矩形。矩形螺纹为非标准螺纹，无牙型代号。各部分尺寸根据设计确定，如图 7.6 所示。

7.1.3　螺纹的结构

为了便于内、外螺纹的连接，通常在螺纹的起始端加工成 90° 的锥面，称为倒角。在车削螺纹时，在螺纹尾部由于刀具逐渐离开工件使牙型不完整，称为螺尾。螺纹终止线表示完整螺纹与螺尾的分界线。有时为了避免出现螺尾，在螺纹末端预先制出退刀槽，如图 7.7 所示。普通螺纹退刀槽及倒角尺寸可查阅有关手册。

(a) 外螺纹的倒角及退刀槽　　　　　　　　　(b) 内螺纹的倒角及退刀槽

图 7.7　螺纹的倒角及退刀槽

7.1.4　螺纹的规定画法

国家标准（GB/T 4459.1—1995）对螺纹的画法作了如下规定。

1. 外螺纹的画法

外螺纹的大径（牙顶）用粗实线表示；小径（牙底）用细实线表示且画入倒角内；有效螺纹终止线（简称螺纹终止线）用粗实线表示；螺纹收尾斜线用与轴线成 30° 角的细实线绘制，可省略不画。在垂直于螺纹轴线的投影面的视图（投影为圆的视图），大径画粗实线圆；小径画约 3/4 圈细实线圆，倒角圆省略不画。小径尺寸可按大径的 85% 画出，如图 7.8(a) 所示。

当外螺纹被剖开时,螺纹终止线仅在牙顶和牙底之间画出,剖面线必须画至粗实线,如图7.8(b)所示。

图7.8　外螺纹的画法

2.内螺纹的画法

在剖视图中,内螺纹的小径(牙顶)用粗实线表示;大径(牙底)用细实线表示;有效螺纹终止线(简称螺纹终止线)用粗实线绘制;剖面线应画至粗实线。在投影为圆的视图上,小径画粗实线圆;大径画约3/4圈细实线圆,倒角圆不画,如图7.9(a)所示。

当内螺纹不剖开(或绘制不可见螺纹)时,所有图线均画虚线,如图7.9(b)所示。

图7.9　内螺纹的画法

加工内螺纹通常先用钻头钻孔,后制螺纹。绘制不通的螺孔时,一般应将钻孔深度与螺孔深度分别画出,二者之差为0.5D。钻孔底部的锥顶角可画成120°,如图7.10所示。

图 7.11 表示螺孔中有相贯线的画法。

图 7.10   不通螺孔的画法   图 7.11   螺孔中相贯线的画法

3. 内外螺纹旋合的画法

以剖视图表示内、外螺纹旋合时,其旋合部分按外螺纹的画法绘制,其余部分仍按各自的规定画法绘制,如图 7.12 所示。

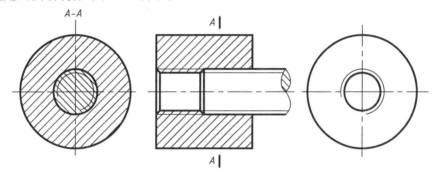

图 7.12   内、外螺纹旋合的画法

4. 螺纹牙型的表示法

当需要画出螺纹牙型时,可采用局部剖视图,如图 7.13(a)、(b) 所示或局部放大图绘制,如图 7.13(c) 所示。

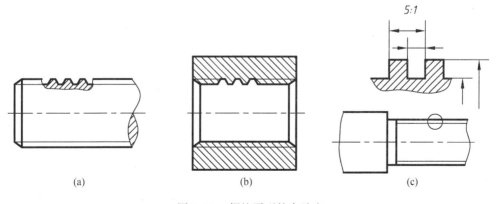

(a)   (b)   (c)

图 7.13   螺纹牙型的表示法

7.1.5 螺纹的标注

因为各种螺纹画法相同,要区别各种不同螺纹,必须在图样上对螺纹进行标注。

螺纹的完整标注格式如下:

$$\boxed{特征代号}\boxed{公称直径}\times\boxed{导程(P\ 螺距)}\boxed{旋向}-\boxed{公差带代号}—\boxed{旋合长度代号}$$

单线螺纹导程与螺距相同, $\boxed{导程(P\ 螺距)}$ 一项改为 $\boxed{螺距}$ 。

(1)特征代号:粗牙普通螺纹和细牙普通螺纹均用"M"作为特征代号;梯形螺纹用"T_r"作为特征代号;锯齿形螺纹用"B"作为特征代号;非螺纹密封的圆柱管螺纹用"G",用螺纹密封的管螺纹用"R_c"、"R_p"、或 R 作为特征代号。

(2)公称直径:除管螺纹的尺寸代号为管子的内径,其余螺纹均为大径。管螺纹的尺寸是以英寸为单位,标注时使用指引线,从大径引出并水平标注示例见表 7.1。

表 7.1 常见标准螺纹的特征代号和标注方式

螺纹分类		牙型图	特征代号	标注方式	图例	注解
	粗牙普通螺纹	60°	M	M10 公称直径 特征代号		粗牙螺纹不注螺距
	细牙普通螺纹			M10×1LH 左旋 螺距 公称直径 牙型符号		左旋螺纹注"LH" 右旋不标注
连接螺纹	非螺纹密封的圆柱管螺纹	55°	G	G1/4 尺寸代号 螺纹特征代号	G1/4	左旋螺纹注"-LH" 右旋不标注
				G1/2A-LH 左旋 等级代号 尺寸代号 螺纹特征代号	G1/2A-LH	
	用螺纹密封的管螺纹		R_p	R$_p$1/2-LH 左旋 尺寸代号 螺纹特征代号	R$_p$1/2-LH	左旋螺纹注"-LH" 右旋不标注
			R_c	R$_c$1/2 尺寸代号 螺纹特征代号	R$_c$1/2	
			R	R1/2 尺寸代号 螺纹特征代号	R1/2	

续表 7.1

螺纹分类		牙型图	特征代号	标注方式	图例	注解
传动螺纹	梯形螺纹	30°	Tr	Tr 40×7 　└─ 螺距 　└── 公称直径 　└─── 特征代号 Tr 40×14(P7)LH 　　└─ 左旋 　　└── 螺距 　　└─── 导程 　　└──── 公称直径 　　└───── 特征代号		左旋螺纹注"LH"右旋不标注
	锯齿形螺纹	3° 30°	B	B40×7 　└─ 螺距 　└── 公称直径 　└─── 特征代号 B40×14(P7)LH 　　└─ 左旋 　　└── 螺距 　　└─── 导程 　　└──── 公称直径 　　└───── 特征代号		左旋螺纹注"LH"右旋不标注

（3）导程（P 螺距）：单线螺纹只标注螺距；多线螺纹导程、螺距均需要标注。粗牙普通螺纹螺距已完全标准化，查表即可，不标注。

（4）旋向：当旋向为右旋时，不标注；当左旋时要标注"LH"两个大写字母。

（5）公差带代号：由表示公差带等级的数字和表示基本偏差的字母（外螺纹用小写字母，内螺纹用大写字母）组成。螺纹公差带代号标注时应顺次标注中径公差带代号及顶径公差带代号，当两个公差带代号完全相同时，可只标注一项。当对螺纹公差无要求时可省略不注。

（6）旋合长度代号：分别用 S、N、L 来表示短、中、长三种不同旋合长度，其中 N 省略不标。

常见标准螺纹的规定标注示例见表 7.1。非标准螺纹的各部分结构和尺寸需要根据使用要求自行确定。

7.2　螺纹紧固件及其连接

机器或设备中常用螺纹紧固件将其他零件连接起来，称为螺纹紧固件连接。常见的螺纹紧固件有螺栓、螺柱、螺钉、螺母、垫圈等，如图 7.14 所示。常见的螺纹紧固件连接有螺栓连接、螺柱连接和螺钉连接，如图 7.15 所示。

六角头螺栓   螺柱   圆柱头螺钉   沉头螺钉

紧定螺钉   六角螺母   平垫圈   弹簧垫圈   圆螺母止退垫圈

图 7.14   常见的螺纹紧固件

螺栓连接   螺柱连接   螺钉连接   螺钉连接

图 7.15   螺纹紧固件连接

7.2.1   紧固件的规定标记

紧固件都是标准件。国家标准或部颁标准对它们的结构、形式以及尺寸大小都作了统一规定,并分别予以不同的"标记"。(GB/T 1237—2000)中规定紧固件完整标记的格式如下:

□   □-□×□×□×□-□-□-□-□-□

类别(产品名称)
标准编号
螺纹规格或公称尺寸
(如销的直径及其公差)
其他直径或特性
(必要时,如杆径公差)
公称长度(规格)(必要时)
螺纹长度或杆长(必要时)
产品形式(必要时)
性能等级或硬度或材料
产品等级(必要时)
扳拧形式(必要时,如十字槽形式)
表面处理(必要时)

标记的简化原则:

（1）类别（名称）、标准年代号及其前面的"－"允许全部或部分省略。省略年代号的标准应以现行标准为准。

（2）标记中的"其他直径或特性"前面的"×"允许省略。但省略后不应导致对标记的误解，一般以空格代替。

（3）当产品中只规定一种产品形式、性能等级或硬度或材料、产品等级、扳拧形式及表面处理时，允许全部或部分省略。

（4）当产品中只规定两种及其以上的产品形式、性能等级或硬度或材料、产品等级、扳拧形式及表面处理时，规定可以省略其中的一种，并在产品标准的标记示例中给出省略后的简化标记。

标记示例：如图 7.16 所示六角头螺栓公称直径 d = M16，公称长度为 55，性能等级为 10.9 级，产品等级为 A 级，表面氧化。其完整标记为：

螺栓 GB/T 5782 － 2000 － M16 × 55 － 10.9 － A － O

螺栓的简化标记为：

螺栓 GB/T 5782M16 × 55

还可以进一步简化为：

GB/T 5782M16 × 55

常用紧固件的标记示例可查阅本书附录及有关产品标准。

图 7.16 　六角头螺栓

7.2.2　螺纹紧固件的画法

1. 按标准规定的数值（查表）画图

根据螺纹紧固件的标记，由附表 4 ~ 12 中可查出其结构形式及各部分尺寸，按尺寸画出螺纹紧固件。

2. 比例画法

为了提高绘图速度，将螺纹紧固件部分尺寸换算成螺纹公称直径的一定的比例系数，经简单计算就可以求得各部分尺寸。这种方法便于记忆、画图简单，称为比例画法。

图 7.17 为六角螺母的比例画法。六角螺母由正六棱柱经 30° 倒角而形成，故每个棱面上均产生截交线 —— 双曲线。画图时，这些双曲线可用圆弧代替，具体画法如下。

图 7.17 六角螺母的比例画法

在主视图上,以 $R = 1.5D$ 为半径画弧,与六棱柱顶面投影相切,并与两棱线相交。左、右棱面上的两段弧分别以 r 为半径,r 的大小由作图决定,详细作法如图 7.17(b) 放大图所示。即 1.5D 为半径的圆弧与右侧两棱交于 1、2 两点,由 2 作水平线与相邻棱线交于 3 点。平分线段 23 得点 4,以 4 为圆心、r 等于线段 41 长为半径画圆弧与顶面相切。同理可作出左侧的一段圆弧。

在左视图上,以 $R_1 = D$ 为半径分别画出两圆弧与顶面投影相切,如图 7.17(a) 所示。

图 7.18 为六角头螺栓的比例画法。六角头螺栓头部的画法与六角螺母相同,只是厚度不等。图 7.19、图 7.20、图 7.21 分别为螺柱、螺钉、垫圈的比例画法。

图 7.18　六角头螺栓的比例画法　　　　图 7.19　螺柱的比例画法

图 7.20   螺钉的比例画法   图 7.21   垫圈的比例画法

7.2.3   螺纹紧固件的装配图画法

在画螺纹紧固件连接图时,要注意以下几点规定:

(1)两零件的接触表面画一条粗实线,不接触的表面画成两条粗实线。

(2)在剖视图中,当剖切平面通过螺纹紧固件轴线时,螺栓、螺柱、螺钉、螺母及垫圈等均按未剖切绘制。

(3)被连接的两相邻零件的剖面线方向相反或间距不等,同一零件在各剖视图中剖面线方向和间距要一致。

1. 螺栓连接

螺栓连接适用于不太厚的两零件间的连接。被连接件上钻有通孔,为便于装配,通孔直径比螺纹大径略大(绘图时孔径一般取螺纹大径的 1.1 倍)。将螺栓杆部穿过被连接件的通孔,再套上垫圈,拧紧螺母将两零件固定在一起。螺栓连接的比例画法如图7.22(a)所示,简化画法如图7.22(b)所示。

当已知六角头螺栓的公称直径 d 和被连接件的厚度 δ_1、δ_2 时,螺栓公称长度的确定可按公式 $l \geqslant \delta_1 + \delta_2 + h + m + a$ 计算,然后再从附表4中选取相近的标准长度 l。其中 $h = 0.15d$ 为垫圈厚度,$m = 0.8d$ 为螺母高度,$a \approx 0.3d$ 为螺纹末端伸出长度。

$a = (0.2-0.3)d$
$c = 0.15d$
$m = 0.8d$
$h = 0.15d$
$k = 0.7d$
$d_2 = 2.2d$
$b = 2d$
$e = 2d$
$d_h = 1.1d$

(a) 比例画法   (b) 简化画法

图 7.22　螺栓连接画法

2. 螺柱连接

当被连接零件中有一个较厚或由于其他原因不宜于用螺栓连接时,可采用螺柱连接。连接时,在较厚零件(如机体)上加工螺纹孔,在较薄零件上钻通孔,孔径稍大于螺柱大径(约为螺纹大径的 1.1 倍)。

螺柱又称双头螺柱,两端都有螺纹。旋入机体的一端称为旋入端,另一端称为紧固端。连接时,将螺柱的旋入端全部拧入螺孔,再将钻有通孔的被连接零件套入紧固端,再套上垫圈,拧紧螺母。螺柱连接的比例画法如图 7.23(a)所示,简化画法如图 7.23(b)所示。

螺纹旋入端 b_m 的长度由被连接零件的材料而定。

旋入钢或青铜取 $b_m = d$,旋入铸铁中取 $b_m = 1.25d$,旋入材料的强度在铸铁和铝之间取 $b_m = 1.5d$,旋入铝合金中取 $b_m = 2d$。

当公称直径 d 和被连接件厚度 δ 已知时,螺柱公称长度 l 的确定可按公式 $l \geqslant \delta + h + m + a$ 计算,然后从附表 5 中选取相近的标准长度 l。

3. 螺钉连接

螺钉用来连接较小的或受力不大的零件。连接时,其中一个零件制出通孔或沉孔,另一个零件制成螺孔,将螺钉旋入直到钉头压紧被连接零件。图 7.24(a)为沉头螺钉连接的画法,简化画法如图 7.24(b)所示。

当板厚 δ 已知时,螺钉公称长度 l 的确定可按公式 $l \geqslant \delta + b_m$ 计算(b_m 的取值可参考螺柱连接),再从附表 8 中选取相近的标准长度 l。

(a) 比例画法　　　　　　　　　(b) 简化画法

图 7.23　螺柱连接的画法

(a) 比例画法　　　　　　　　　(b) 简化画法

图 7.24　沉头螺钉连接的画法

应当注意,螺钉头部的一字槽在投影为圆的视图上应画成与水平方向倾斜45°,如图7.24 所示。当一字槽槽宽 ≤ 2 mm 时,槽宽投影可涂黑表示,如图7.24(b) 所示。

螺钉除了起连接作用之外,还常用于固定两零件的相对位置,称为紧定螺钉。图7.25 为锥端紧定螺钉连接的画法。

图 7.25 紧定螺钉连接的画法

7.3 键、销及滚动轴承

7.3.1 键

1. 键的作用、种类和标记

为了使轮和轴一起转动,常在轴上和轮的轴孔内各加工一个键槽,然后装入键使轮与轴一起转动。键起传递扭矩的作用。

常用的键有普通平键、半圆键、钩头楔键等,此外还有花键,如图 7.26 所示。

普通平键又有 A 型(圆头)、B 型(方头)、C 型(单圆头) 三种类型,见附表14。

键属于标准件,它的结构和尺寸都已标准化。

标记示例:

GB/T 1096—2003 键 $16 \times 10 \times 80$ 表示 A 型普通平键,键宽 $b = 16$ mm,键高 $h = 10$ mm,键的公称长度 $L = 80$ mm。

GB/T 1099.1—2003 键 $6 \times 10 \times 25$ 表示半圆键,键宽 $b = 6$ mm,键高 $h = 10$ mm,键的直径 $D = 25$ mm。

普通平键的键和键槽尺寸可按轴的直径 d 查附表13、14。键长要按小于轮毂的长度选用附表14 中标准长度尺寸。

2. 普通平键、半圆键连接

普通平键和半圆键的侧面为工作表面,键的两侧面与轴、轮毂的键槽侧面相接触,键的底面与轴键槽底面相接触,均应画一条粗实线。键的顶面为非工作表面,它与轮毂的键槽顶面存在间隙,应画两条粗实线。普通平键连接的画法如图7.27所示。图7.28表示轴上键槽和轮孔内键槽的画法及尺寸标注。所注尺寸是按轴径 $\phi 15$ 从附表13中查得。图7.29为半圆键连接的画法。

图 7.26　键的种类

图 7.27　普通平键连接的画法

图 7.28　键槽的画法及尺寸标注

图 7.29　半圆键连接的画法

3. 花键连接

花键连接又称多键槽连接。它的特点是键和槽的数目较多,轴和键制成一体,适用于载荷较大和定心要求较高的连接上。花键按齿形可分为矩形花键、三角形花键和渐开线花键等,其中矩形花键最为常见。国家标准规定矩形花键的画法及标注如下。

(1)外花键:花键轴称为外花键。外花键在平行于花键轴线的投影面的视图中,大径用粗实线、小径用细实线绘制,并用断面画出其中一部分或全部齿形,如图 7.30 所示。其局部剖视和垂直于花键轴线的投影面的视图按图 7.31 绘制。

图 7.30　外花键的画法及标注

图 7.31　外花键剖视的画法及标注

花键工作长度的终止端和尾部长度末端均用细实线绘制,并与轴线垂直。尾部画成与轴线成30°的细斜线,如图 7.30 所示。

(2)内花键:花键孔称为内花键。内花键在平行于花键轴线的投影面的剖视图中,大径及小径均用粗实线绘制。在垂直于花键轴线的投影面上,画出一部分或全部齿形的局部视图,如图 7.32 所示。

图 7.32　内花键的画法及标注

矩形花键的尺寸一般标注齿形、齿键数 N、小径 d、大径 D 和键宽 b,可按图 7.30、图7.32 的形式注写。也可采用标准规定的标记代号标注,如图 7.31 所示。

花键长度应采用下列三种形式之一标注:

标注工作长度,如图 7.30 所示。

标注工作长度及全长,如图 7.31 所示。

标注工作长度及尾部长度,如图 7.33 所示。

图 7.33　花键长度尺寸的标注

(3)内、外花键连接的画法:花键连接用剖视表示时,其连接部分按外花键的画法绘制,如图 7.34 所示。在花键连接图中应标注花键标记代号。

(a)　　　　　　　　　　　　　　　　　　　(b)

图 7.34　花键连接的画法及标注

7.3.2 销

常用的销有圆柱销、圆锥销和开口销等,它们的结构形状和尺寸均已标准化,可参看附表 17 圆柱销(摘自 GB/T 119.1—2000)、附表 18 圆锥销(摘自 GB/T 117—2000)、附表 19 开口销(摘自 GB/T 91—2000)。

圆柱销常用于两零件的连接;圆锥销常用于两零件的定位,它们有时也用来传递较小的动力。开口销一般与槽形螺母配合使用,防止螺母松脱。

1. 销的标记

圆柱销的标记内容有:名称、标准号、结构形式、公称直径和长度。圆锥销的锥度常为 1∶50,小端直径为公称直径。

标记示例:

销 GB/T 119.1 6m6×30 表示公称直径 $d = 6$ mm,公差 m6,公称长度 $l = 30$ mm,不经淬火、不经表面处理的圆柱销。

销 GB/T 117 10×60 表示 A 型,公称直径 $d = 10$ mm,公称长度 $l = 60$ mm,材料为 35 钢,热处理 28 ~ 38HRC、表面氧化处理的圆锥销。

销 GB/T 91 5×50 表示公称直径 $d = 5$ mm,长度 $l = 50$ mm 材料为低碳钢、不经表面处理的开口销。

2. 销连接的画法

销连接的画法如图 7.35 所示。用圆柱销和圆锥销连接零件,销孔应在两零件装配后同时加工,并在零件上注明。

图 7.35　销连接的画法

7.3.3 滚动轴承

滚动轴承用于支承轴的旋转。因为它的结构紧凑、摩擦阻力小、效率高,所以是现代机器中广泛采用的标准部件。

1. 滚动轴承的结构及类型

滚动轴承的种类很多,但它们的结构大致相似,一般由外圈、内圈、滚动体和隔离圈四部分构成,如图 7.36 所示。

滚动体有球体和滚子两类。由于滚动体不同,滚动轴承分为球轴承和滚子轴承。

根据滚动体的排列方式又分为单列和双列滚动轴承。

滚动轴承按其承受的载荷方向又可分为:

向心轴承:主要承受径向载荷,如图7.36(a) 所示。

推力轴承:用于承受轴向载荷,如图 7.36(b) 所示。

(a) 深沟球轴承

(b) 推力球轴承

(c) 圆锥滚子轴承

图 7.36　滚动轴承

圆锥滚子轴承:用于同时承受径向和轴向载荷,如图 7.36(c) 所示。

2. 滚动轴承的代号

为便于选用,国家标准规定滚动轴承的结构、尺寸、公差等级和技术性能等特性用代号表示。

常用的滚动轴承代号由字母加数字组成。完整的代号包括前置代号,基本代号和后置代号三部分。基本代号、结构和尺寸,是轴承代号的基础。

(1) 基本代号的组成

常用的滚动轴承代号由轴承类型代号、尺寸系列代号和内径代号三部分自左至右顺序排列组成。

① 类型代号。类型代号用数字或字母。数字和字母含义见表 7.2。

表 7.2　滚动轴承的类型代号

代号	轴承类型	代号	轴承类型
0	双列角接触球轴承	N	圆柱滚子轴承
1	调心球轴承		双列或多列用字母 NN 表示
2	调心滚子轴承和推力调心滚子轴承	U	外球面球轴承
3	圆锥滚子轴承	QJ	四点接触球轴承
4	双列深沟球轴承		
5	推力球轴承		
6	深沟球轴承		
7	角接触球轴承		
8	推力圆柱滚子轴承		

② 尺寸系列代号。尺寸系列代号由轴承的宽（高）度系列代号（一位数字）和直径系列代号（一位数字）左右排列组成。它反映了同种轴承在内圈孔相同时内、外圈的宽度、厚度的不同及滚动体大小不同。显然,尺寸系列代号不同的轴承其外廓尺寸不同,承载能力也不同。向心轴承、推力轴承尺寸系列代号见表7.3。

③ 内径代号。内径代号表示滚动轴承内圈孔径。内圈孔径称为"轴承公称内径",因其与轴产生配合,是一个重要参数。内径代号见表7.4。

（2）基本代号示例

轴承 6208　　6— 类型代号,表示深沟球轴承;

　　　　　　　2— 尺寸系列代号,表示 02 系列（0 省略）;

　　　　　　　08— 内径代号,表示公称直径为 40 mm。

轴承 320/32　3— 类型代号,表示圆锥滚子轴承;

　　　　　　　20— 尺寸系列代号,表示 20 系列;

　　　　　　　32— 内径代号,表示公称直径为 32 mm。

轴承 51203　5— 类型代号,表示推力球轴承;

　　　　　　　12— 尺寸系列代号,表示 12 系列;

　　　　　　　03— 内径代号,表示公称直径为 17 mm。

轴承 N1006　N— 类型代号,表示外圈无挡边的圆柱滚子轴承;

　　　　　　　10— 尺寸系列代号,表示 10 系列;

　　　　　　　06— 内径代号,表示公称直径为 30 mm。

当只需表示类型时,常将右边的几位数字用0表示,如6000就表示深沟球轴承,30000表示圆锥滚子轴承等。

表 7.3　滚动轴承尺寸系列代号

直径系列代号	向心轴承								推力轴承			
	宽度系列代号								高度系列代号			
	8	0	1	2	3	4	5	6	7	9	1	2
	尺寸系列代号											
7	—	—	17	—	37	—	—	—	—	—	—	—
8	—	08	18	28	38	48	58	68	—	—	—	—
9	—	09	19	29	39	49	59	69	—	—	—	—
0	—	00	10	20	30	40	50	60	70	90	10	—
1	—	01	11	21	31	41	51	61	71	91	11	—
2	82	02	12	22	32	42	52	62	72	92	12	22
3	83	03	13	23	33	—	—	—	73	93	13	23
4	—	04	—	24	—	—	—	—	74	94	14	24
5	—	—	—	—	—	—	—	—	—	95	—	—

表 7.4　滚动轴承的内径代号

轴承公称内径 d/mm		内径代号	示例
0.6 ~ 10(非整数)		用公称内径毫米数直接表示,在其与尺寸系列代号之间用"/"分开。	深沟球轴承 618/2.5 $d = 2.5$ mm
1 ~ 9(整数)		用公称内径毫米数直接表示,对深沟及角接触球轴承 7,8,9 直径系列,内径与尺寸系列代号之间用"/"分开。	深沟球轴承 625、618/5 均为 $d = 5$ mm
10 ~ 17	10 12 15 17	00 01 02 03	深沟球轴承 6200 $d = 10$ mm
20 到 480 (22,28,32 除外)		公称内径除以 5 的商数,商数为个位数,需在商数左边加"0",如 08。	调心滚子轴承 23208 $d = 40$ mm
大于和等于 500 以及 22,28,32		用公称内径毫米数直接表示,但在与尺寸系列之间用"/"分开。	调心滚子轴承 230/500 $d = 500$ mm 深沟球轴承 62/22 $d = 22$ mm

关于代号的其他内容读者可查阅有关轴承手册。

3. 滚动轴承的画法

滚动轴承是标准部件,滚动轴承不必画零件图。在装配图中,滚动轴承可以用三种画法来绘制,这三种画法是通用画法、特征画法和规定画法。前两种属简化画法,在同一图样中一般只采用这两种简化画法中的一种。

对于这三种画法,国家标准《机械制图滚动轴承表示法》(GB/T 4459.7—2003)作了如下规定:

(1)通用画法、特征画法及规定画法中的各种符号、矩形线框和轮廓线均用粗实线绘制,如图 7.37 所示。

(2)绘制滚动轴承时,其矩形线框或外框轮廓的大小应与滚动轴承的外形尺寸(由手册中查出)一致,并与所属图样采用同一比例。

(3)在剖视图中,用通用画法和特征画法绘制滚动轴承时,一律不画剖面符号(剖面线)。采用规定画法绘制时,轴承滚动体不画剖面线,若轴承带有其他零件或附件(如偏心套、紧定套、挡圈等)时,其剖面线应与挡圈的剖面线呈不同方向或不同间隔,在不致引起误解时也允许不画,详见有关手册。

常见的滚动轴承特征画法和规定画法见表 7.5。

(a) 一面带防尘盖　　(b) 两面带密封圈　　(c) 外圈无挡边　　(d) 内圈有单挡边

图 7.37　通用画法

表 7.5　常用滚动轴承特征画法和规定画法

7.4　齿　　轮

7.4.1　齿轮的基本知识

齿轮是机器中应用很广的传动零件。齿轮传动不仅可以用来传递动力,而且还能改变运动方向、运动速度或运动方式。

常用的齿轮有:圆柱齿轮,用于两平行轴之间的传动,如图 7.38(a) 所示;圆锥齿轮,用于两相交轴之间的传动,如图 7.38(b) 所示;蜗轮、蜗杆,用于两交叉轴之间的传动,如图 7.38(c) 所示;齿轮、齿条,用于直线运动和旋转运动的相互转换,如图 7.38(d) 所示。

(a) 直齿圆柱齿轮传动　　　　　　　　(b) 直齿圆锥齿轮传动

(c) 涡轮蜗杆传动　　　　　　　　　　(d) 齿轮齿条传动

图 7.38　常见的齿轮传动

齿轮按轮齿方向可分为直齿、斜齿、人字齿及螺旋齿齿轮;按齿廓曲线可分为渐开线、摆线及圆弧齿轮等,一般机器中常用渐开线齿轮。

7.4.2　直齿圆柱齿轮

1. 直齿圆柱齿轮轮齿各部分名称及尺寸

(1) 齿顶圆:通过轮齿顶部的圆称为齿顶圆,其直径用 d_a 表示,如图 7.39 所示。

(2) 齿根圆:通过轮齿根部的圆称为齿根圆,其直径用 d_f 表示。

(3) 齿厚 s、槽宽 e:通过齿轮轮齿部分任作一个圆,该圆在齿廓间的弧长称为齿厚,用 s 表示;在齿槽间的弧长称为槽宽,用 e 表示。

（4）**分度圆**：在齿轮上存在一个齿厚弧长 s 和槽宽弧长 e 相等的假想圆，称为分度圆，其直径用 d 表示。

分度圆是设计、制造齿轮时计算各部分尺寸的一个重要数据。

图 7.39　齿轮各部分名称及代号

（5）**齿顶高**：齿顶圆与分度圆之间的径向距离，用 h_a 表示。

（6）**齿根高**：分度圆与齿根圆之间的径向距离，用 h_f 表示。

（7）**齿高**：齿顶圆与齿根圆之间的径向距离，用 h 表示，$h = h_a + h_f$。

（8）**齿距**：分度圆周上相邻两齿对应点之间的弧长，用 p 表示。$p = s + e$ 且 $s = e = p/2$。

（9）**模数**：分度圆的周长 $\pi d = pz$（z 为齿数），则分度圆直径 $d = \dfrac{pz}{\pi}$。式中 p/π 称为齿轮的模数，用 m 表示，单位为毫米。因 $m = p/\pi$，所以 $d = mz$。由上两式可见，模数 m 是反映齿距的一个参数。模数 m 越大，齿距和齿厚也越大，因而轮齿所能承受的力也越大。在使用中，模数大小是根据齿轮传递动力的大小而选定的。

一对啮合齿轮，其齿距应相等，因此它们的模数 m 也必相等。由于不同模数的齿轮须用相应齿轮刀具去加工，为了减少齿轮刀具的数量，国家标准对模数作了统一规定，见表 7.6。

表 7.6　圆柱齿轮模数的标准系列　　（摘自 GB/T 1357—1987）

第一系列	0.1	0.12	0.15	0.2	0.25	0.3	0.4	0.5	0.6	0.8	1
	1.25	1.5	2	2.5	3	4	5	6	8	10	12
	16	20	25	32	40	50					
第二系列	0.35	0.7	0.9	1.75	2.25	2.75	(3.25)	3.5	(3.75)	4.5	5.5
	(6.5)	7	9	(11)	14	18	22	28	(30)	36	45

注：① 对斜齿轮是指法向模数。

　　② 选取模数时，应优先选用第一系列，其次第二系列，括号内的模数尽可能不用。

（10）压力角:两个相啮合的轮齿齿廓在接触点 P 处的受力方向与运动方向的夹角，用 α 表示。标准齿轮 $\alpha = 20°$。

模数 m、齿数 z、压力角 α 是标准直齿圆柱齿轮的三个重要参数。设计齿轮时先确定模数和齿数，其他各部分尺寸都可由模数和齿数计算出来，计算公式见表 7.7。

表 7.7　标准直齿圆柱齿轮各基本尺寸的计算公式

各部分名称	代号	公式
分度圆直径	d	$d = mz$
齿顶高	h_a	$h_a = m$
齿根高	h_f	$h_f = 1.25m$
齿高	h	$h = 2.25m$
齿顶圆直径	d_a	$d_a = m(z + 2)$
齿根圆直径	d_f	$d_f = m(z - 2.5)$
齿距	p	$P = \pi m$
齿厚	s	$s = \dfrac{1}{2}\pi m$
中心距	a	$a = \dfrac{1}{2}(d_1 + d_2) = \dfrac{1}{2}m(z_1 + z_2)$

2. 直齿圆柱齿轮的画法

（1）单个齿轮画法:如图 7.40 所示，齿轮轮齿部分按下列规定绘制:

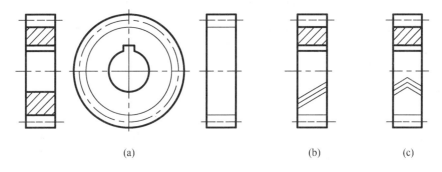

(a)　　　　　　(b)　　(c)

图 7.40　单个直齿圆柱齿轮的画法

① 齿顶圆和齿顶线用粗实线绘制;

② 分度圆和分度线用点画线绘制;

③ 齿根圆和齿根线用细实线绘制，也可省略不画。

在通过轴线剖切的视图上，轮齿部分按不剖处理，齿根线用粗实线绘制，如图 7.40(a)。

圆柱斜齿轮与人字齿轮的表示法如图 7.40(b)、(c)所示。

图 7.41 是直齿圆柱齿轮的零件图。图中除标注了该齿轮的尺寸和技术要求外，还在图样的右上角列一个参数表，以注明模数、齿数、压力角、精度等。

（2）两齿轮啮合的画法:一对正确安装的标准直齿轮啮合时，两轮齿廓在连心线上的

模数	m	2.5
齿数	z	18
压力角	α	20°
精度等级		7FL

图 7.41　　直齿圆柱齿轮的零件图

接触点称为节点,用 P 表示,如图 7.39 所示。过节点的圆称为节圆。此时节圆与分度圆重合,即两齿轮的节圆(分度圆) 相切。

啮合齿轮一般画两视图。

在投影为圆的视图上,两齿轮的节圆相切并用点画线画出;两个齿顶圆用粗实线画出。也可如图 7.42(b) 所示,啮合区齿顶圆不画。

两个齿根圆均用细实线绘制,如图 7.42(a) 所示;也可省略不画,如图 7.42(b) 所示。

在非圆视图上,当剖切平面通过两齿轮的轴线时,在啮合区内两条节线重合并用点画线画出;两齿根线用粗实线画出;对于齿顶线,一条画成粗实线,另一条由于齿顶被遮而画成虚线,如图 7.42(a) 所示。

一个齿轮的齿顶圆(或齿顶线)与另一个齿轮的齿根圆(或齿根线)之间的间隙为 $0.25m$。

图 7.42(c) 是非圆视图不剖的画法。这时啮合区的齿顶线不需画出,节线用粗实线绘制。图 7.42(d)、(e) 表示一对啮合齿轮为斜齿和人字齿齿轮。

3. 齿轮测绘

齿轮测绘就是根据实际的齿轮,确定其各部分的尺寸和参数,画出齿轮零件工作图。齿轮测绘是一个比较复杂的问题,这里只简单介绍确定直齿圆柱齿轮尺寸的方法。

如果测绘单个齿轮,可先数出齿数 z,再测量出齿顶圆直径 d_a(奇数齿和偶数齿测法不同),根据 $d_a = m(z + 2)$ 计算出模数 m,由表 7.7 中公式可计算出轮齿各部分尺寸。

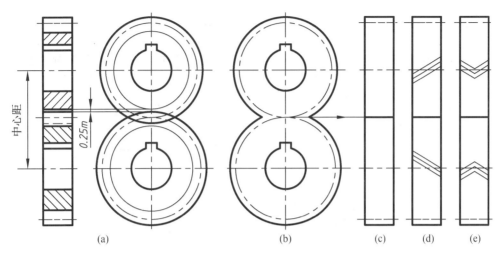

图 7.42 直齿圆柱齿轮啮合的画法

如果测绘一对啮合齿轮,可按下述步骤进行。

(1) 数出被测绘的一对啮合齿轮的齿数 z_1、z_2。

(2) 使两齿轮啮合,测出中心距 a,根据公式 $a = m/2(z_1 + z_2)$ 计算出模数 m。

(3) 根据齿轮模数 m 和齿数 z_1、z_2,按表 7.7 中的计算公式可算出两齿轮轮齿各部分尺寸。

如按上述方法计算出的模数值与表 7.6 所列模数不符时,应选取相近的标准模数作为所测齿轮模数。

7.5 弹 簧

弹簧是机器中常用的一种标准零件,可用来减震、夹紧、测力和储能等。其特点是当外力去掉后能立即恢复原状。

弹簧的种类很多,常用的有圆柱螺旋弹簧(包括压缩弹簧、拉伸弹簧、扭转弹簧)、平面蜗卷和板弹簧等,如图 7.43 所示。下面仅介绍应用最广的圆柱螺旋压缩弹簧。

(a) 压缩弹簧   (b) 拉伸弹簧   (c) 扭转弹簧   (d) 涡卷弹簧

图 7.43 弹簧的种类

7.5.1　圆柱螺旋压缩弹簧各部分名称和尺寸

圆柱螺旋压缩弹簧的主要参数如图7.44所示,其各部分名称和尺寸计算分述如下:

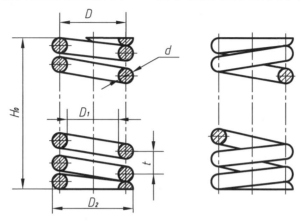

图 7.44　圆柱螺旋压缩弹簧

(1)弹簧丝直径 d:制造弹簧的纲丝直径,按标准选取。

(2)弹簧外径 D_2:弹簧的最大直径。

(3)弹簧内径 D_1:弹簧的最小直径。

(4)弹簧中径 D:弹簧的平均直径,按标准选取。

(5)节距 t:除两端的支承圈外,相邻两圈对应点的轴向距离,按标准选取。

(6)旋向:弹簧的螺旋方向,分右旋和左旋两种。

(7)支承圈数 n_2:为使弹簧在工作时受力均匀,支承平稳,弹簧两端要并紧磨平,称为支承圈。支承圈有 1.5、2、2.5 圈三种。

(8)有效圈数 n、总圈数 n_1:除支承圈之外的各圈都参与工作,且保持相同的节距,这些圈称为有效圈数,按标准选取。支承圈与有效圈数之和为总圈数 n_1,即 $n_1 = n + n_2$。

有效圈数按标准选取。

(9)自由高度 H_0:弹簧无负荷时的高度,$H_0 = nt + 2d$。

计算后取标准中相近值。圆柱螺旋压缩弹簧尺寸及参数查 GB/T 4459.4—2003 规定。

7.5.2　圆柱螺旋压缩弹簧的规定画法

(1)螺旋弹簧可以画成剖视图,也可以画成不剖视图,如图7.44所示。

(2)在平行于螺旋弹簧轴线的视图上,弹簧各圈的轮廓应画成直线。

(3)螺旋弹簧均可画成右旋。但左旋弹簧无论画成左旋或右旋,一定要注"左"字。

(4)有效圈数在四圈以上的螺旋弹簧,可以只画出两端一、二圈(支承圈除外),中间部分可以省略不画,用通过弹簧丝剖面中心的两条点画线表示。

(5)在装配图中,被弹簧挡住的结构一般不画,可见部分应从弹簧的外轮廓线或从弹簧钢丝剖面的中心线画起。型材直径或厚度在图形上等于或小于2 mm的螺旋弹簧,簧丝剖面可涂黑表示,当簧丝直径小于 1 mm 时,可按示意图形式绘制,如图 7.45 所示。

图 7.45　装配图中螺旋弹簧画法

如果已知圆柱压缩弹簧的自由高度 H_0、弹簧丝直径 d、弹簧外径 D_2、弹簧中径 D、总圈数 n_1、支承圈数 n_2,压缩弹簧的画图步骤如图 7.46 所示。

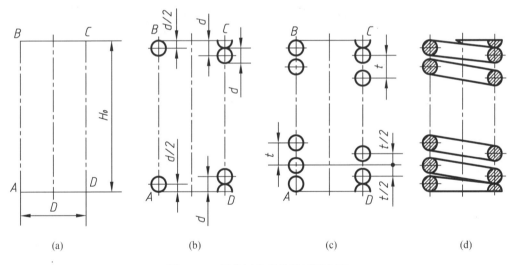

图 7.46　圆柱压缩弹簧的画图步骤

作图步骤:
(1)根据 D、H_0 画矩形 $ABCD$。
(2)根据 d 画支承圈。
(3)根据 t 画有效圈。
(4)按旋向用直线连接相应圆。
图 7.47 是圆柱螺旋压缩弹簧的零件图。

技术要求
1. 旋向　右。
2. 有效圈数　$n=5$。
3. 总圈数　$n_1=7\pm0.5$。
4. 弹簧表面应经喷丸处理。
5. 各圈之间节距不均匀度差0.08。

						60Mn			（单位名称）
标记	处数	分区	更改文件号	签名	年 月 日				弹簧
设计	（签名）	（年月日）	标准化	（签名）	（年月日）	阶段标记	重量	比例	
审核								1:1	（图样代号）
工艺			批准			共 张 第 张			

图7.47　圆柱压缩弹簧的零件图

7.5.3　圆柱螺旋压缩弹簧的标记

1. 标记方法

Y □　d×D×H₀- □　□ GB/T 4459.4 □- □　表面处理一般不表示。如要求镀锌、镀镉、磷
化等金属镀层及化学处理时，应在标记注明，
其标记方法应按GB 1238 的规定。
材料牌号
标准号
旋向代号(左旋应注明为左，右旋不表示)
精度代号(2级精度制造应注明"2"，3级不表示)
尺寸，单位为mm
型式代号"A"或"B"
圆柱螺旋压缩弹簧代号

2. 标记示例

YA 型弹簧，簧丝直径为 1.2 mm，弹簧中径为 8 mm，自由高度为 40 mm，刚度、外径、自由高度的精度为 2 级，材料为碳素弹簧钢丝 B 级，表面度锌处理的左旋弹簧的标记为：

YA1.2 × 8 × 40 - 2 左　GB/T 4459.4—2003B 级 - D - Zn

第 8 章

零 件 图

8.1　零件图的作用与内容

8.1.1　零件图的作用

任何一台机器或部件,都是由若干个零件按一定的装配关系和技术要求装配而成的,如图 8.1 所示的齿轮减速器,是机械上传动系统中用来减速的一个部件,它是由形状大小

定位

连接

传动

连接

容纳

支承

密封

图 8.1　减速器

各不相同的 34 个零件装配而成的,其中任何一个零件质量的好坏都将直接影响减速器的装配质量和使用性能。为了保证零件的质量,生产中必须依据图样来进行加工和检验,这种表达零件的图样称为零件工作图,简称零件图。零件图是设计部门提交给生产部门的重要技术文件。

8.1.2 零件图的内容

图 8.2 所示为轴的零件图,从图中可知,一幅完整的零件图应包括以下四方面内容:

图 8.2 轴

1.一组图形

用视图、剖视图、断面图及其他表达方法,将零件的结构形状,正确、完整、清晰地表达出来。

2.足够的尺寸

用一组尺寸正确、完整、清晰、合理地标注出零件各部分的结构大小及相对位置。

3.技术要求

用规定的符号、数字、字母和文字注出零件在制造和检验时必须达到的技术要求,如尺寸公差、形位公差、表面粗糙度、材料和热处理要求等内容。

4.标题栏

图样右下角有标题栏。栏内注明零件名称、材料、数量、图样编号及比例,绘图、审核者的姓名和日期等。

8.2 零件的结构分析

在组合体一章中,已经讨论过形体分析和线面分析方法,这些是组合体画图和读图的基本方法。而零件和组合体不完全相同,在零件中这些形体和线面都体现为一定的结构,因而在零件的画图与读图时,不仅要进行形体分析和线面分析,常常还要进行结构分析。

8.2.1 零件的结构分析

零件的结构分析就是从设计要求和工艺要求出发,对零件的结构形状进行分析。通过结构分析,可对零件上结构的作用加深认识,只有这样才能完整、清晰、简便地表达出零件的结构形状,齐全、合理地标注出零件的尺寸和技术要求。

从设计要求方面来看,零件在机器或部件中,可以起到支承、容纳、传动、配合、连接、安装、定位、密封和防松等一项或几项作用,这是决定零件主要结构的根据。

图 8.1 所示的齿轮减速器,其主要零件的功用在图中已经示出。

从工艺要求方面来看,为了使零件的毛坯制造、加工、测量以及装配和调整工作能进行得更顺利、更方便,它上面应设计出铸造圆角、拔模斜度、倒角、退刀槽和砂轮越程槽等结构,这是决定零件局部结构的依据。

图 8.3 所示为减速器底座,它主要用来容纳、支承轴和齿轮,并与减速器盖连接,其结构分析见表 8.1。

图 8.3 减速器底座

表 8.1 减速器底座的结构分析

名 称	功 用
空腔(主体)	用来容纳齿轮和润滑油
连接板	用于与减速器上盖连接
连接孔	用于穿入螺栓,以便连接减速器盖和底座
定位销孔	安放定位销,起定位作用
吊耳	考虑安装方便,以便用吊车搬动减速器
油针孔	用来插入油针,以便注入润滑油和观察油面高度
放油孔	用来排放润滑油
底板	用于安装减速器,以便使其固定在工作地点
安装孔	用于穿入螺栓,以便安装
轴承孔	用来安装轴承,以便支承轴
凸缘	用来支承轴承
肋板	因凸缘伸出太长,为减少变形,增加强度而设肋板
盖槽	用来装端盖
油沟	用于使润滑油流回油箱内
铸造圆角	铸造工艺要求
拔模斜度	铸造工艺要求,便于取木模
倒角	便于装配(图中未画出)

8.2.2 零件上常见的工艺结构

零件的结构形状,除满足它在机器或部件中的作用外,还应考虑在加工、装配等制造过程中,工艺的合理性。下面介绍一些常见的工艺结构。

图 8.4 拔模斜度

1. 铸造零件常见的工艺结构

(1)拔模斜度:铸件在造型时,为了拔模方便,在铸件的内、外壁,沿起模方向应当带有斜度。如图 8.4 所示。

拔模斜度通常取 1° ~ 3°,或取斜度 1∶20。在零件图中一般省略不画,也可不作说明。

(2)铸造圆角:铸件转角应当做成圆角,否则砂型在尖角处容易落砂,同时金属冷却收缩时,在尖角处容易产生裂纹或缩孔。圆角半径与铸件壁厚的关系如图 8.5(d)所示。一般情况下可取 3 ~ 5 mm,可直接标注在图形上或在技术要求中说明。

(a) 裂纹   (b) 缩孔   (c) 合理   (d)

$$R = (1/5 \sim 1/3)a$$
$$R_1 = a$$

图 8.5 铸造圆角

铸件上由于存在铸造圆角,而使铸件表面交线变得不明显,这时交线称为过渡线,常见过渡线的画法如图 8.6 所示。

图 8.6　常见过渡线画法

（3）铸件壁厚要均匀：为了保证铸件质量，防止产生缩孔和裂纹，铸件壁厚要均匀，并要避免突然改变壁厚和局部肥大现象，如图 8.7 所示。

(a) 不正确

(b) 正确

图 8.7　铸造壁厚要均匀

2. 机械加工零件上的一些结构特点

（1）倒角和倒圆：为了便于装配和操作安全,常在轴或孔的端面制成倒角,如图 8.8 所示。α 一般为 45°,也允许用 30° 或 60°。b 一般可取 1 ~ 2 mm。

图 8.8　倒角

为了避免应力集中,在轴肩处常制成倒圆,如图 8.9 所示。

好　　　　　　　不好

图 8.9　倒圆

（2）退刀槽和砂轮越程槽：在机械加工过程中,主要是在车螺纹和磨削时,为了便于退出刀具或使砂轮可稍微越过加工面,常在加工面的适当位置预先加工出退刀槽或砂轮越程槽,如图 8.10 所示。

（3）钻孔结构：用钻头钻出的不通孔,底部便有个顶角接近 120° 的圆锥面,如图 8.11(a) 所示。钻孔深度指的是圆柱部分的深,不包括圆锥部分在内。在阶梯钻孔的过

图 8.10　退刀槽和砂轮越程槽

渡处,也存在 120° 的钻头角,如图 8.11(b) 所示。用钻头钻孔时,钻头轴线应与被钻处的表面垂直,以保证钻孔的准确性和避免钻头折断,如图 8.12 所示。

图 8.11　钻孔结构(一)

不允许　　　　　正确　　　　　正确
(a)

不允许　　　　　正确　　　　　正确
(b)

图 8.12　钻孔结构(二)

(4) 凸台、凹坑和凹槽:零件的接触面一般都需要加工,为了减少加工面,常在被加工面上做出凸台、凹坑和凹槽,如图 8.13 所示。

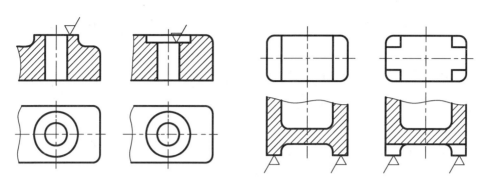

图 8.13　凸台与凹坑等结构

8.3　零件的视图选择

由于零件图是制造检验零件的依据,所以画零件图时,要根据零件的复杂程度,合理地选择表达方法。在把零件结构形状正确、完整、清晰地表达出来的前提下,应尽量考虑看图和画图的方便,下面就零件的一般表达方法提出几点基本要求。

8.3.1　零件主视图的选择

主视图是一组图形的核心,所以主视图选择得是否合理,直接关系到画图和看图是否方便。选主视图时应注意下列要求:

1. 确定主视图的投射方向

把最能显示零件的形状特征及反映零件上各部分形体相互位置关系的方向,作为主视图的投射方向。使人看了主视图就能了解零件的大致形状。

2. 确定零件放置的位置

在满足上述条件下,零件主视图的位置应考虑以下两点:

(1)按零件的加工位置放置:加工位置即在制造过程中,特别是在切削加工中零件的放置位置。如轴套、轮盘类零件,主要工序是在车床上加工,因此主视图轴线应水平放置,既便于看图,又有利于加工。

(2)按零件在机器或部件中的工作位置放置:零件在机器或部件中都有固定的工作位置。对加工工序较多的零件应尽量使零件的主视图与零件的工作位置一致,这样便于把零件和机器或部件联系起来,能更深入分析其工作原理及结构特征。

8.3.2　其他视图的选择

主视图选定之后,对其他视图的选择应考虑以下几点:

(1)要有足够的视图,以便能充分表达零件的各部分形状和结构,在表达清楚的前提下,视图的数量应尽可能少。

(2)照顾到零件内部和外部形状的完整,在一般情况下尽量取基本视图并在基本视图上取剖视,只是对那些在基本视图上仍未表示清楚的个别部分,才选用局部视图、斜视图等。

（3）合理布置所选用的各视图,既要充分利用图纸幅面,又要按照投影关系使有关视图尽量靠近。

8.3.3 典型零件的视图选择

根据零件的作用和结构特点,可将零件概括为以下四类:

1. 轴套类零件

（1）用途:轴类零件是机器中最常见的一种零件,主要是起支承和传递动力的作用。套类是指装在轴上,起轴向定位、支承和保护作用的零件。

（2）结构:主要结构是具有公共轴线的回转体,另外根据设计和工艺要求,轴上常有键槽、倒角、圆角、退刀槽、砂轮越程槽、轴肩、挡圈槽、销孔、螺纹以及小平面等,这些结构大多已标准化。

（3）加工方法:根据零件的结构特点,这类零件的毛坯多为铸件、锻件或型材,一般通过车、铣、钻、磨等加工。

（4）表达方法:为了加工时看图方便,轴类零件的主视图按其加工位置选择,一般将轴线水平放置,通常选用一个基本视图即可把轴套类零件的主体结构表达清楚。轴上的其他结构可采用断面图、局部剖视、局部放大等来表达,如图 8.2 所示。套类零件的表达方法大体同于轴类,不同之处是套类零件是中空的,这就需要根据其具体结构选择适当的剖视,如图 8.14 所示。

图 8.14　轴套的视图

2. 轮、盘、盖类零件

（1）用途:轮类零件,如手轮、齿轮等,一般用来传递运动和动力;盘类零件,如法兰盘,主要起连接作用;盖类零件,如端盖、箱盖等,主要用于密封、支承、定位等作用。

（2）结构:这类零件的主体结构大多为回转体,但盖类零件类型较多,其形体特征随类型不同而各异,如圆形、矩形、椭圆形等。这类零件上常见的结构有台阶、沉孔、止口、圆角、倒角、凸台、退刀槽、键槽、螺孔等。

（3）加工方法:这类零件的毛坯多为铸件,以车削为主,有的也需要刨、铣、镗、钻、磨等加工。

（4）表达方法:主视图按结构特征和加工位置,即轴线水平放置,并作适当剖视,再选左视图以表示零件的外形,有时也采用断面图或局部剖视表达断面或局部结构形状,如图 8.15、图 8.16 所示。

图 8.15　电机端盖的视图

图 8.16　法兰盘的视图

3. 叉架类零件

（1）用途：这类零件包括拨叉、连杆、支架等。拨叉用在各种机器的调速机构上，支架起支承作用。

（2）结构：这类零件形状比较复杂且不规则，一般外形又比内形复杂，主要结构由支承部分、工作部分及连接该两部分的结构组成，此外还有加强肋、通孔、螺孔等结构要素，如图 8.17(a) 所示。

（3）加工方法：这类零件的毛坯一般由铸造而成，然后再进行切削加工，如车、铣、刨、钻等多种工序。

（4）表达方法：这类零件往往工作位置不固定或倾斜，故主视图一般按形状特征和自然安放位置来考虑，通常都需两个以上的基本视图才能表达清楚。有时也采用局部视图、局部剖视图、斜视图、斜剖视、或断面图来表示某些结构，如图 8.17(b) 所示。

图 8.17　拨叉的视图

4.箱体类零件

（1）用途:这类零件一般是部件中的主体零件,主要起支承、包容和密封等作用。

（2）结构:这类零件通常内外结构均较复杂,多数为中空的壳体,所以有箱壁、安装用的凸缘、底板、轴孔、螺孔、肋板等。

（3）加工方法:箱体类零件坯料多为铸件,然后经过切削加工,如铣、刨、镗、钻等多种工序。

（4）表达方法:由于箱体工作位置是固定的,所以主视图通常根据零件的工作位置和形体特征确定。一般需要三个以上基本视图,并采用适当的剖视来表达,对局部结构常采用局部视图、局部剖视图或断面图等来表示,如图8.18所示。

图 8.18　蜗轮箱的视图

8.4　零件图中的尺寸标注

零件图中的尺寸是加工和检验零件的依据,零件图的尺寸标注必须符合国标、完整、清晰、合理,以满足生产需要。要做到合理地标注尺寸,必须具备较多的实践经验和有关专业知识,因此,本节仅对合理地标注尺寸的有关知识作简要介绍。

8.4.1　合理标注尺寸的基本方法

1.正确选择尺寸基准

尺寸标注合理,就是零件图上标注的尺寸,既符合设计要求又符合工艺要求(便于加工和测量),要达到这一要求,首先要正确地选择尺寸基准。

(1)尺寸基准的概念:尺寸基准就是标注尺寸及测量尺寸的起点。在生产中尺寸基准分为两种。

① 设计基准:在设计零件时,保证功能、确定结构形状和相对位置时所选定的基准,用来作为设计基准。大多是工作中确定零件在机器中位置的点、线、面。

② 工艺基准:在加工零件时,为保证加工精度和方便加工与测量而选定的基准,用来作为工艺基准。大多是加工时用做零件定位的和对刀起点及测量起点的点、线、面,如图8.19 所示。

图 8.19　齿轮泵

(2)尺寸基准的选择:所谓尺寸基准的选择,就是指在标注尺寸时,是选择设计基准还是工艺基准。从设计基准标注尺寸,可以满足设计要求,便于保证零件在机器或部件中的作用;而从工艺基准标注尺寸,可以满足工艺要求,便于加工和测量。合理的选择基准,应尽量使设计基准和工艺基准统一,如图中的径向尺寸基准。若两者有矛盾,应首先满足设计要求。

零件有长、宽、高三个方向尺寸,每个方向上都有主要基准,而且只能有一个主要基准,同时每个方向上,根据需要,还要选一个或几个基准为辅助基准,在基准之间一定要有尺寸联系。

2.重要尺寸直接标注

（1）重要尺寸：确定零件在机器中的位置及装配精度的尺寸。这些尺寸应从基准直接注出,并应注出极限偏差,以保证机器的使用性能,如图8.20(a)所示。

（2）自由尺寸：这些尺寸与相关零件无配合关系,不影响机器的精度及使用性能,如图8.20(b)所示。

图 8.20　重要尺寸和自由尺寸

3.按加工顺序标注尺寸

如阶梯轴的轴向尺寸应按加工顺序标注。用同一方法加工的同一结构尺寸尽可能集中标注,如键槽的尺寸,如图8.21所示。

4.不注封闭尺寸链

零件图中,尺寸的配置形式有三种,见表8.2。零件同一方向的各尺寸,按一定顺序依次连接起来排成的尺寸标注形式称为尺寸链,组成尺寸链的各个尺寸称为尺寸链的环。按加工顺序来说,总有一个尺寸是在加工最后自然得到的,这个尺寸称为封闭环,尺寸链中其他尺寸称为组成环,所有环都注上尺寸称为封闭尺寸链。见表8.2图例(1)。

图 8.21 齿轮轴的加工顺序

表 8.2 尺寸配置形式

图 例	说 明
 (1) 链状形式	链状形式:同一方向的尺寸依次注写成链状,前一尺寸的终止处是后一尺寸的基准。 优缺点:保证每一段尺寸的精度,但影响总体尺寸精度,生产中不宜采用。

续表 8.2

图　　例	说　　明
 (2) 坐标形式	坐标形式:同一方向尺寸都从一个选定的基准注出。 优缺点:保证了从基准注出的每段尺寸的精度,但两相邻尺寸之间的距离受该两尺寸误差的影响。生产中也不宜采用。
(3) 综合形式	综合形式:综合运用上述两种标注形式。取两者的优点,按照尺寸段的精度要求进行标注,是生产中常用的尺寸链形式。

　　由于在加工过程中,每段尺寸都会产生误差,结果形成积累误差,影响零件的精度,所以标注尺寸时应该将尺寸链中最不重要的尺寸作为封闭环,不注尺寸,形成开口环。见表8.2 图例(3)。

　　前面已经就零件图中尺寸标注的合理性进行了阐述,下面结合图 8.19 所示各有关零件在部件中的作用及装配关系,并结合零件的结构形状,对下面两个例子进行尺寸分析。

　　【例8.1】　泵座的尺寸分析,如图 8.22 所示。

　　(1) 尺寸基准

　　长度方向尺寸基准"Ⅴ",零件的左右对称平面;

　　宽度方向尺寸基准"Ⅳ",与泵体结合的端面;

　　高度方向尺寸基准,以安装基面为高度方向的主要基准"Ⅰ",由尺寸125注出的轴线为辅助基准"Ⅱ",通过尺寸 52 ±0.06 注出的轴线为另一辅助基准"Ⅲ"。

　　(2) 尺寸分析

　　重要尺寸:如两轴孔的距离 52 ±0.06,轴孔直径配合尺寸 $\Phi20H8$,两基准之间距离125,52 ±0.06,螺孔及螺柱光孔的中心圆 $\Phi40$,R45,及安装用螺栓孔的中心距100,28。

　　自由尺寸:如 $\Phi30,\Phi60,50,36$ 及外形尺寸等。

图 8.22　泵座尺寸分析

【例 8.2】　泵体的尺寸分析,如图 8.23 所示。

图 8.23　泵体尺寸分析

（1）尺寸基准

长度方向尺寸基准"Ⅳ"，零件的左右对称面；

宽度方向尺寸基准"Ⅲ"，与泵盖或泵座结合的端面；

高度方向尺寸基准，以输入轴轴孔的轴线为主要基准"Ⅰ"，通过 52 ± 0.06 注出的轴线为辅助基准"Ⅱ"。

（2）尺寸分析

重要尺寸：如两孔距离 52 ± 0.06，与齿轮配合的内腔 $\Phi 58^{+0.046}_{0}$，进出油孔的尺寸 $G3/4$，泵体宽度 $42^{-0.016}_{-0.034}$。

自由尺寸：如 $R60$，130 等。

8.4.2　零件上常见结构的尺寸注法

（1）倒角、退刀槽、砂轮越程槽的尺寸注法见表 8.3。

表 8.3　倒角、退刀槽和砂轮越程槽的尺寸注法

零件结构	标注方法	说　　明
倒角		45°倒角可按图（a）所示方式标注尺寸，非 45°倒角可按图（b）所示方式标注尺寸。图（c）所示为不画出倒角，而用"C"表示"45°倒角"，如"2×45°"写成"C2"即可，若轴两端倒角则写成 2×C2。
退刀槽		图（a）所示为"槽宽×直径"标注退刀槽的大小。图（b）所示为"槽宽×槽深"标注退刀槽的大小。

续表8.3

零件结构	标注方法	说　明
越程槽		砂轮越程槽常常用局部放大图表示，其尺寸数值可查零件手册。

（2）光孔、螺孔、锥销孔、沉孔、埋头孔的尺寸注法见表8.4。

表8.4　光孔、螺纹孔、锥销孔和埋头孔的尺寸注法

零件结构	标注方法	说　明
光孔		图(a)4×φ5表示有四个同样的孔，符号"下"表示"深度"，下10表示孔深度为10 mm。图(b)中的C1表示孔口有1×45°的倒角。
螺孔		图(a)4×M6表示有四个同样的螺孔，螺孔深度为8。钻孔深为12。图(b)表示螺孔为通孔，两端口有1×45°的倒角。
锥销孔		φ5为与锥销孔相配的圆锥销的小头直径。锥销孔一般在装配时与相配零件一起加工。

续表 8.4

零件结构	标注方法	说　明
沉孔	4×∅11　⌴∅18↧5　或　4×∅11　⌴∅18↧5	符号"⌴"表示"沉孔"(更大一些的圆柱孔)或锪平(孔端刮出一圆平面),此处为沉孔直径 18 沉孔深 5 mm,标注时若无深度要求,则表示刮出一指定直径的圆平面即可。
埋头孔	4×∅11　∨∅20×90°　或　4×∅11　∨∅20×90°	符号"∨"表示"埋头孔"(孔口作出倒圆锥台坡的孔)此处,锥台大头直径 20,锥台面顶角 90°。

注:指引线应从装配时的装入端或孔的圆形视图的中心引出;指引线所连的水平线(基准线)上方注写主孔尺寸,下方注写辅助孔尺寸等内容。

(3)常用简化注法见表 8.5。

表 8.5　常用简化注法

简化注法	说　明
	标注尺寸时,可使用单边箭头。
	标注尺寸时,可采用带箭头的指引线。

续表 8.5

简化注法	说 明
	标注尺寸时,也可采用不带箭头的指引线。"EQS"表示"均布(6 孔在 $\phi22$ 圆周上均匀分布)"。
	一组同心圆弧或圆心位于一条直线上的多个不同心圆弧的尺寸,可用共用的尺寸线箭头依次表示。在不引起误解时,除起始第一个箭头外,其余箭头可省略,但尺寸应以第一个箭头相应数值为首,依次表示。
	从同一基准出发的线性尺寸可按左图的形式标注。

续表 8.5

简化注法	说　明
	一组同心圆或尺寸较多的台阶孔的尺寸,也可用共用的尺寸线和箭头依次表示,以第一箭头相应数值为首,依次标出直径。
	在同一图形中,对于尺寸相同的孔、槽等成组要素,可仅在一个要素上注出其尺寸和数量。
	从同一基准出发的角度尺寸可按左图的形式标注。

注:1. 简化必须保证不致引起误解和不会产生理解的多意性。
　　2. 便于识图和绘图,注意简化的综合效果。

8.5　零件图中的技术要求

为了保证零件的质量及工作性能,零件图中还必须标注制造零件时应达到的技术要求。通常以符号、代号、标记和文字说明,注写在零件图上。其主要内容包括:表面结构、极限与配合、形状与位置公差、材料及热处理和表面处理等。本书扼要介绍表面结构、尺寸公差、极限与配合、材料及热处理等基本概念和在图上标注方法。

8.5.1 零件的表面结构

1.表面结构的基本概念

零件的实际表面看起来很光滑,但实际上都会存在一些凸凹不平的微小峰谷,如图8.24 所示为零件表面在显微镜下放大的景象。零件的实际表面的轮廓由粗糙度轮廓(R轮廓)、波纹度轮廓(W轮廓)和原始轮廓(P轮廓)组成,各种轮廓所具有的特性与零件的表面功能密切相关。

(1)粗糙度轮廓:粗糙度轮廓是指实际表面轮廓中具有较小间距和峰谷的那部分,它所具有的微观几何特性称为表面粗糙度。通常波距小于 1 mm,属于粗糙度轮廓,反映零件表面的微观形状误差。

(2)波纹度轮廓:波纹度轮廓是指实际表面轮廓不平度间距比粗糙度大得多的那部分轮廓,这种间距较大、随机或接近周期形式的成分构成的表面不平度称为表面波纹度。波距通常在 1 ~ 10 mm 为波纹度轮廓。

(3)原始轮廓:原始轮廓是指忽略了粗糙度轮廓和波纹度轮廓之后的总的轮廓。通常波距大于 10 mm 为原始轮廓,反映零件表面宏观形状误差。

零件的表面结构特性是指粗糙度、波纹度、原始轮廓特性的统称。它通过不同测量和计算方法得出的一系列参数进行表征,是评定零件表面质量和保证其表面功能的重要技术指标。

实际表面轮廓

粗糙度轮廓

波纹度轮廓

原始轮廓

图 8.24　零件表面轮廓

2.表面结构符号的含义及画法

国家标准 GB/T131—2006《产品几何技术规范(GPS) 技术产品文件中表面结构的表示法》规定了表面结构的符号的含义和画法,表面结构符号及含义如表 8.6 所示,表面结构符号的画法如图 8.25 所示。

表 8.6　表面结构符号及含义

符　　号	含义及说明
√	基本图形符号。表示未指定工艺方法的表面,没有补充说明时不能单独使用,仅适用于简化代号标注。

续表 8.6

符　号	含义及说明
	扩展图形符号。用去除材料的方法获得的表面。例如:车、铣、抛光、腐蚀、电火花加工、气割等;仅当其含义是"被加工表面"时可单独使用。
	扩展图形符号。不去除材料的方法获得的表面。例如:铸、锻、冲压变形、热轧、粉末冶金等;也可用于保持上道工序形成的表面,不管这种状况是通过去除材料或不去除材料形成的表面。
	完整图形符号。在上述三个符号的长边上均可加一横线,用于标注表面结构的补充信息。
	带有补充注释的图形符号。在上述三个符号上均可加一小圈,表示某个视图上构成封闭轮廓的各表面有相同的表面结构要求。

数字和字母高度 h(见 GB/T 14960)	2.5	3.5	5	7	10	14	20
符号线宽 d'	0.25	0.35	0.5	0.7	1	1.4	2
字母线宽 d'							
高度 H_1	3.5	5	7	10	14	20	28
高度 H_2(最小值)	7.5	10.5	15	21	30	42	60
符号的水平线的长度及高度 H_2 取决于所标注的内容的长度与高度							

图 8.25　表面结构符号的画法

8.5.2　表面粗糙度的常用评定参数、代号及标注方法

1. 表面粗糙度常用的参数

表面粗糙度(R 轮廓)的评定参数常用的有:轮廓算术平均偏差 Ra,轮廓最大高度 Rz。其中 Ra 为优先选用的评定参数。

(1)轮廓算术平均偏差 Ra:如图 8.26 所示,OX 为被测表面轮廓中线,它是用以评定表面粗糙度参数的基准线。轮廓算术平均偏差 Ra 是指在一个取样长度内,被测轮廓偏距绝对值的算术平均值,用数学公式可表示为

图 8.26　轮廓算数平均偏差 Ra 和轮廓最大高度 Rz

$$Ra = \frac{1}{lr}\int_{0}^{lr} |\, z(x)\, |\ \mathrm{d}x$$

或近似表示为

$$Ra = \frac{1}{n}\sum_{i=1}^{n} |\, z_i\, |$$

式中　　$Z(x)$——轮廓偏距值；

lr——取样长度；

n——取样数；

Z_i——第 i 点的轮廓偏距值。

（2）轮廓最大高度 Rz：在一个取样长度内，最大轮廓峰高和最大轮廓谷深之和的高度。

在实际应用中，轮廓算术平均偏差 Ra 用得最多。其数值规定见表 8.7。表中的第一系列为优先选用值。

表 8.7　轮廓算术平均偏差 Ra 数值表（GB/T 1031—1995）　　　　μm

第一系列	0.012	0.025	0.050	0.100	0.20	0.40
	1.60	3.2	6.3	12.5	25	50
第二系列	0.008	0.010	0.016	0.020	0.032	0.040
	0.080	0.125	0.160	0.25	0.32	0.50
	1.0	1.25	2.0	2.5	4.0	5.0
	10.0	16	20	32	40	63

2.表面粗糙度的代号及含义

表面粗糙度由参数代号（如 Ra，Rz）和参数值（极限值）组成，必要时应标注补充要求，其内容及注写位置见表 8.8。在图样标注时，若采用默认定义，并对其他方面不要求时，可采用简化注法，符号中的 b、c、d、e 各项不标注。在 a 位置注写的内容及格式：

传输带或取样长度	/	参数代号	参数极限值（单位 μm）

表 8.8　表面粗糙度的代号及其含义

代　号	含　义
	位置 a —— 注写表面结构的单一要求。 位置 a 和 b —— 注写第一表面结构要求； 　　　　　　 —— 注写第二表面结构要求。 位置 c —— 注写加工方法,如"车"、"磨"、"镀"等。 位置 d —— 注写表面纹理和方向,如" $=$ "、" X "、" M "。 位置 e —— 注写加工余量。

若采用默认传输带时,则 传输带或取样长度 一项不标注,如 Ra 3.2。表 8.9 是部分采用默认定义时表面粗糙度的代号及其含义。

说明:传输带是评定表面粗糙度时两个定义的滤波器之间的波长范围。

表 8.9　默认定义时表面粗糙度的代号及其含义

代号示例(旧标准)	代号示例(GB/T 131—2006)	含义／解释
3.2	Ra 3.2	表示不允许去除材料,单向上限值,Ra 的上限值为 3.2 μm。
3.2	Ra 3.2	表示去除材料,单向上限值,Ra 的上限值为 3.2 μm。
1.6max	Ra max1.6	表示去除材料,单向上限值,Ra 的最大值为 1.6 μm。
3.2 1.6	U 3.2 L 1.6	表示去除材料,双向极限值,上限值:Ra 为 3.2 μm。下限值:Ra 为 1.6 μm。
Rz 3.2	Rz 3.2	表示去除材料,单向上限值,Rz 的上限值为 3.2 μm。

注:仅规定一个参数时为上限值,同时规定两个参数值时称为上限值与下限值。

3. 表面粗糙度代号在图样中的标注

国家标准(GB/T 131—2006)规定了表面粗糙度在图样中的注法,其总的原则是:

(1)表面粗糙度对每一表面一般只标注一次,并尽可能在相应的尺寸及其公差的同一视图上。除非另有说明,所标注的表面粗糙度是对完工零件表面的要求。

(2)表面粗糙度的注写和读取方向与尺寸的注写和读取的方向一致。

(3)表面粗糙度可标注在轮廓线及其延长线上,其符号应从材料外指向并接触表面。必要时,表面粗糙度也可注在尺寸线及其延长线上、指引线和形位公差的框格上。

具体的标注示例见表 8.10。

表 8.10　表面粗糙度在图样中的注法

标注方法	说　明
	参数代号为大小写斜体。 表面粗糙度要求的注写和读取方向与尺寸的注写和读取方向一致。 表面粗糙度要求每一表面一般只注一次,并尽量注在与相应的尺寸及公差的同一视图上。
	表面粗糙度可标注在轮廓线及其延长线上,其符号应从材料外指出并接触表面。 必要时,表面粗糙度也用带箭头或黑点的指引线引出标注。
	表面粗糙度可以标注在尺寸线上(A – A 断面图)。 倒角的表面粗糙度要求注法见主视图。
	棱柱表面粗糙度要求只注一次,如果每个棱柱有不同的表面粗糙度要求,则应分别单独标注,如 Ra 6.3,Ra 3.2。
	当在图样某个视图上构成封闭轮廓的各表面具有相同的表面粗糙度时,应在完整图形符号上加一圆圈,标注在图样的封闭轮廓线上。如果标注会引起歧义时,各表面应分别标注。如图 1,2,3,4,5,6 构成封闭的轮廓,不包括前后面。

续表 8.10

标注方法	说　　明

如果工件的全部表面具有相同的表面粗糙度要求,则其要求可统一标注在图样的标题栏附近。

如果工件的多数表面具有相同的表面粗糙度要求,则其要求可统一标注在图样的标题栏附近。此时,表面粗糙度符号后面应有:
(1)在圆括号内给出无任何其他标注的基本符号(图(a));
(2)在圆括号内给出不同的表面粗糙度要求(图(b));
不同的表面粗糙度要求应直接标注在图形中(图(a),(b))。

多个表面具有相同的表面粗糙度要求或图样空间有限时,可采用简化注法:
(1)用带字母的完整符号,以等式的形式在图形或标题栏附近对有相同的表面粗糙度要求的表面进行简化标注(如(a));
(2)可用表面粗糙度符号,以等式的形式给出对多个表面共同的表面粗糙度要求(如(b),(c),(d))。

(1)齿轮齿廓表面粗糙度注法见图(a)。
(2)螺纹表面粗糙度注法见图(b)。
(3)同一表面不同粗糙度要求注法见图(c)。

4. 表面粗糙度 Ra 的选用

选用表面粗糙度时,一般根据零件表面的接触状态、相对滑动速度、配合要求及表面装饰等要求,同时还应考虑加工的经济性。常用的 Ra 值的加工方法和应用见表 8.11。

表 8.11 Ra 值与相应加工表面特征和应用举例

Ra/μm	表面特征	加工方法	应用举例
50	明显可见刀痕	粗加工面 粗车、粗铣、粗刨、钻孔等	一般很少应用
25	可见刀痕		钻孔表面、倒角、端面、沉孔和要求较低的非接触面
12.5	微见刀痕		
6.3	可见加工痕迹	半精加工面 精车、精铣、精刨、精镗、铰孔、粗磨等	要求较低的静止接触面
3.2	微见加工痕迹		要求紧贴的静止接触面以及较低配合面
1.6	看不见加工痕迹		有相对运动的零件接触面
0.80	可辨加工痕迹方向	精加工面 精磨、抛光、精铰、精拉等	要求很好密合的、相对运动速度较高的接触面,如滑动导轨面、高速工作的滑动轴承
0.40	微辨加工痕迹方向		
0.20	不可辨加工痕迹方向		
0.10	暗光泽面	光加工面 精磨、抛光、研磨	精密量具的表面、极重要零件的摩擦面,如汽缸的内表面、精密机床的主轴颈、坐标镗床的主轴颈等
0.05	亮光泽面		
0.025	镜状光泽面		
0.012	雾状镜面		
0.006	镜面		

8.5.3 极限与配合

极限与配合是工程图样的一项重要的技术要求,它将控制零件的功能尺寸精度,即将尺寸控制在不超过设定的最大极限值和最小极限值,以保证零件工作的精度。国家标准(GB/T 1800.3—1998、GB/T 1800.4—1999)等规定了极限与配合的基本术语及定义;公差、偏差与配合的代号、配合的分类;标准公差和基本偏差数值等。

1. 极限与配合的基本概念

(1) 零件的互换性:零件的互换性是指从按尺寸精度要求加工的一批相同机器或部件的零件中任取一件,不经选择和修理就能装到机器或部件上去,并能达到使用要求。

在现代化生产中,要求互相装配的零件都具有互换性。这样既保证了产品的质量又提高了生产率。

(2) 极限:为了保证零件具有互换性,必须控制零件尺寸的最大和最小极限值。以图8.27 所示的轴、孔配合为例进行说明。

① 基本尺寸:设计时给定的尺寸。通过它应用上、下偏差可算出极限尺寸的尺寸。基本尺寸可以是一个整数或一个小数。

② 实际尺寸:通过测量获得的某一孔、轴的尺寸。

图 8.27　公差术语简介图

③极限尺寸:一个孔或轴允许的尺寸的两个极端。实际尺寸应位于其中,也可达到极限尺寸。

最大极限尺寸:孔或轴允许的最大尺寸。

最小极限尺寸:孔或轴允许的最小尺寸。

④极限偏差:极限尺寸减其基本尺寸所得的代数差。

上偏差:最大极限尺寸减去基本尺寸所得的代数差。

下偏差:最小极限尺寸减去基本尺寸所得的代数差。

规定 ES、EI 表示孔的上、下偏差,es、ei 表示轴的上、下偏差,如图 8.27 所示。

⑤尺寸公差(简称公差):最大极限尺寸减最小极限尺寸之差,或上偏差减下偏差之差。它是允许尺寸的变动量。

尺寸公差是一个没有符号的绝对值,如图 8.28 所示。

图 8.28　公差带示意图

⑥零线:在极限与配合图解中,表示基本尺寸的一条直线,以其为基准确定偏差和公差。通常,零线沿水平方向绘制,正偏差位于其上,负偏差位于其下。

⑦公差带:图 8.28 为公差带示意图。在此图中,由代表上偏差和下偏差或最大极限尺寸和最小极限尺寸的两条直线所限定的一个区域,它由公差大小和其相对零线的位置

确定。

⑧ 标准公差:GB/T 1800 系列标准极限与配合中所规定的任一公差,用符号 IT 表示(字母 IT 为"国际公差"的符号)。

标准公差的数值由基本尺寸和公差等级决定。其中公差等级确定精确程度。标准公差等级为 20 级,每个标准公差等级用一个标准公差等级代号表示。标准公差等级代号用符号 IT 和数字组成。即 IT01,IT0,IT1,…,IT18,其中 IT01 级最高,IT18 级最低。在生产中 IT01 ~ IT11 用于配合尺寸,IT12 ~ IT18 用于非配合尺寸。当基本尺寸确定之后,各级标准公差数值见表 8.12 和表 8.13。

表 8.12 标准公差数值

基本尺寸 /mm		标准公差等级																
		IT1	IT2	IT3	IT4	IT5	IT6	IT7	IT8	IT9	IT10	IT11	IT12	IT13	IT14	IT15	IT16	IT17	IT18
大于	至	μm											mm						
—	3	0.8	1.2	2	3	4	6	10	14	25	40	60	0.1	0.14	0.25	0.4	0.6	1	1.4
3	6	1	1.5	2.5	4	5	8	12	18	30	48	75	0.12	0.18	0.3	0.48	0.75	1.2	1.8
6	10	1	1.5	2.5	4	6	9	15	22	36	58	90	0.15	0.22	0.36	0.58	0.9	1.5	2.2
10	18	1.2	2	3	5	8	11	18	27	43	70	110	0.18	0.27	0.43	0.7	1.1	1.8	2.7
18	30	1.5	2.5	4	6	9	13	21	33	52	84	130	0.21	0.33	0.52	0.84	1.3	2.1	3.3
30	50	1.5	2.5	4	7	11	16	25	39	62	100	160	0.25	0.39	0.62	1	1.6	2.5	3.9
50	80	2	3	5	8	13	19	30	46	74	120	190	0.3	0.46	0.74	1.2	1.9	3	4.6
80	120	2.5	4	6	10	15	22	35	54	87	140	220	0.35	0.54	0.87	1.4	2.2	3.5	5.4
120	180	3.5	5	8	12	18	25	40	63	100	160	250	0.4	0.63	1	1.6	2.5	4	6.3
180	250	4.5	7	10	14	20	29	46	72	115	185	290	0.46	0.72	1.15	1.85	2.9	4.6	7.2
250	315	6	8	12	16	23	32	52	81	130	210	320	0.52	0.81	1.3	2.1	3.2	5.2	8.1
315	400	7	9	13	18	25	36	57	89	140	230	360	0.57	0.89	1.4	2.3	3.6	5.7	8.9
400	500	8	10	15	20	27	40	63	97	155	250	400	0.63	0.97	1.55	2.5	4	6.3	9.7
500	630	9	11	16	22	32	44	70	110	175	280	440	0.7	1.1	1.75	2.8	4.4	7	11
630	800	10	13	18	25	36	50	80	125	200	320	500	0.8	1.25	2	3.2	5	8	12.5

续表 8.12

基本尺寸 /mm		标准公差等级																	
		IT1	IT2	IT3	IT4	IT5	IT6	IT7	IT8	IT9	IT10	IT11	IT12	IT13	IT14	IT15	IT16	IT17	IT18
大于	至	μm											mm						
800	1000	11	15	21	28	40	56	90	140	230	360	560	0.9	1.4	2.3	3.6	5.6	9	14
1000	1250	13	18	24	33	47	66	105	165	260	420	660	1.05	1.65	2.6	4.2	6.6	10.5	16.5
1250	1600	15	21	29	39	55	78	125	195	310	500	780	1.25	1.95	3.1	5	7.8	12.5	19.5
1600	2000	18	25	35	46	65	92	150	230	370	600	920	1.5	2.3	3.7	6	9.2	15	23
2000	2500	22	30	41	55	78	110	175	280	440	700	1100	1.75	2.8	4.4	7	11	17.5	28
2500	3150	26	36	50	68	96	135	210	330	540	860	1350	2.1	3.3	5.4	8.6	13.5	21	33

注:① 基本尺寸大于 500 mm 的 IT1 至 IT5 的标准公差值为试行的。

② 基本尺寸小于或等于 1 mm 时,无 IT14 至 IT18。

表 8.13 IT01 和 IT0 的标准公差数值

基本尺寸 mm		标准公差等级	
		IT01	IT0
大于	至	μm	
—	3	0.3	0.5
3	6	0.4	0.6
6	10	0.4	0.6
10	18	0.5	0.8
18	30	0.6	1
30	50	0.6	1
50	80	0.8	1.2
80	120	1	1.5
120	180	1.2	2
180	250	2	3
250	315	2.5	4
315	400	3	5
400	500	4	6

⑨ 基本偏差:在 GB/T 1800 系列标准极限与配合制中,规定公差带相对零线位置最近的那个极限偏差为基本偏差。它可以是上偏差或下偏差。

国家标准中对孔和轴分别规定了 28 种基本偏差,如图 8.29 所示。每种基本偏差用一个基本偏差代号表示,代号为一个或两个拉丁字母,孔用大写字母 $A,B,\cdots,ZC$ 表示;轴用

小写字母 $a, b, \cdots, zc$ 表示。这 28 种基本偏差形成系列,图 8. 29(a) 为孔的基本偏差系列;图 8.29(b) 为轴的基本偏差系列。

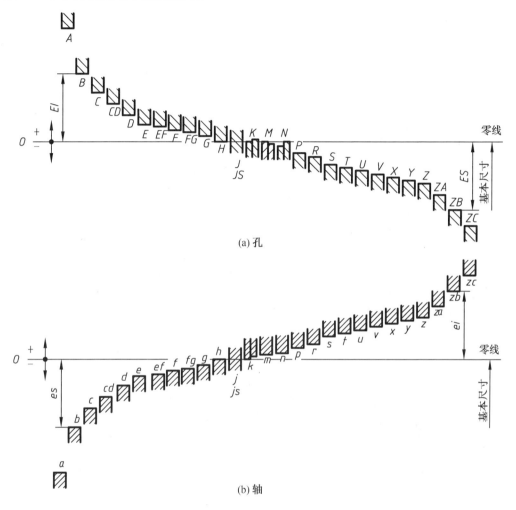

图 8.29　基本偏差系列

轴的基本偏差位置,从 $a \sim h$ 公差带在零线之下,上偏差为基本偏差,其值为"负",从 $j \sim zc$ 公差带在零线之上,下偏差为基本偏差,其值为"正",js 的公差带对零线为对称分布,没有基本偏差,h 的基本偏差为零,其值见表 8.14。

孔的基本偏差位置,从 $A \sim H$ 公差带在零线之上,下偏差为基本偏差,其值为"正",从 $J \sim ZC$ 公差带在零线之下,上偏差为基本偏差,其值为"负",JS 的公差带对零线为对称分布,没有基本偏差,H 的基本偏差为零,其值见表 8.15。

孔和轴的另一极限偏差值,可从孔或轴的极限偏差表中直接查得,也可以由基本偏差和标准公差计算得到。

⑩ 公差带代号:孔、轴公差带代号,用基本偏差代号的字母和标准公差等级代号的数字组成,并用同一大小的字体书写。

表 8.14　常用及优先

基本尺寸 mm 大于	至	a 11	b 11	b 12	c 9	c 10	c (11)	d 8	d (9)	d 10	d 11	e 7	e 8	e 9
—	3	-270	-140	-140	-60	-60	-60	-20	-20	-20	-20	-14	-14	-14
		-330	-200	-240	-85	-100	-120	-34	-45	-60	-80	-24	-28	-39
3	6	-270	-140	-140	-70	-70	-70	-30	-30	-30	-30	-20	-20	-20
		-345	-215	-260	-100	-118	-145	-48	-60	-78	-105	-32	-38	-50
6	10	-280	-150	-150	-80	-80	-80	-40	-40	-40	-40	-25	-25	-25
		-370	-240	-300	-116	-138	-170	-62	-76	-98	-130	-40	-47	-61
10	14	-290	-150	-150	-95	-95	-95	-50	-50	-50	-50	-32	-32	-32
14	18	-400	-260	-330	-138	-165	-205	-77	-93	-120	-160	-50	-59	-75
18	24	-300	-160	-160	-110	-110	-110	-65	-65	-65	-65	-40	-40	-40
24	30	-430	-290	-370	-162	-194	-240	-98	-117	-149	-195	-61	-73	-92
30	40	-310	-170	-170	-120	-120	-120	-80	-80	-80	-80	-50	-50	-50
		-470	-330	-420	-182	-220	-280	-119	-142	-180	-240	-75	-89	-112
40	50	-320	-180	-180	-130	-130	-130	-80	-80	-80	-80	-50	-50	-50
		-480	-340	-430	-192	-230	-290	-119	-142	-180	-240	-75	-89	-112
50	65	-340	-190	-190	-140	-140	-140	-100	-100	-100	-100	-60	-60	-60
		-530	-380	-490	-214	-260	-330	-146	-174	-220	-290	-90	-106	-134
65	80	-360	-200	-200	-150	-150	-150	-100	-100	-100	-100	-60	-60	-60
		-550	-390	-500	-224	-270	-340	-146	-174	-220	-290	-90	-106	-134
80	100	-380	-220	-220	-170	-170	-170	-120	-120	-120	-120	-72	-72	-72
		-600	-440	-570	-257	-310	-390	-174	-207	-260	-340	-107	-126	-159
100	120	-410	-240	-240	-180	-180	-180	-120	-120	-120	-120	-72	-72	-72
		-630	-460	-590	-267	-320	-400	-174	-207	-260	-340	-107	-126	-159
120	140	-460	-260	-260	-200	-200	-200	-145	-145	-145	-145	-85	-85	-85
		-710	-510	-660	-300	-360	-450	-208	-245	-305	-395	-125	-148	-185
140	160	-520	-280	-280	-210	-210	-210	-145	-145	-145	-145	-85	-85	-85
		-770	-530	-680	-310	-370	-460	-208	-245	-305	-395	-125	-148	-185
160	180	-580	-310	-310	-230	-230	-230	-145	-145	-145	-145	-85	-85	-85
		-830	-560	-710	-330	-390	-480	-208	-245	-305	-395	-125	-148	-185
180	200	-660	-340	-340	-240	-240	-240	-170	-170	-170	-170	-100	-100	-100
		-950	-630	-800	-355	-425	-530	-242	-285	-355	-460	-146	-172	-215
200	225	-740	-380	-380	-260	-260	-260	-170	-170	-170	-170	-100	-100	-100
		-1030	-670	-840	-375	-445	-550	-242	-285	-355	-460	-146	-172	-215
225	250	-820	-420	-420	-280	-280	-280	-170	-170	-170	-170	-100	-100	-100
		-1110	-710	-880	-395	-465	-570	-242	-285	-355	-460	-146	-172	-215
250	280	-920	-480	-480	-300	-300	-300	-190	-190	-190	-190	-110	-110	-110
		-1240	-800	-1000	-430	-510	-620	-271	-320	-400	-510	-162	-191	-240
280	315	-1050	-540	-540	-330	-330	-330	-190	-190	-190	-190	-110	-110	-110
		-1370	-860	-1060	-460	-540	-650	-271	-320	-400	-510	-162	-191	-240
315	355	-1200	-600	-600	-360	-360	-360	210	-210	210	-182	-125	-125	-125
		-1560	-960	-1170	-500	-590	-720	299	-350	-440	-570	-182	-214	-265
355	400	-1350	-680	-680	-400	-400	-400	210	-210	210	-182	-125	-125	-125
		-1710	-1040	-1250	-540	-630	-760	299	-350	-440	-570	-182	-214	-265
400	450	-1500	-760	-760	-440	-440	-440	-230	-230	-230	-230	-135	-135	-135
		-1900	-1160	-1390	-595	-690	-840	-327	-385	-480	-630	-198	-232	-290
450	500	-1650	-840	-840	-480	-480	-480	-230	-230	-230	-230	-135	-135	-135
		-2050	-1240	-1470	-635	-730	-880	-327	-385	-480	-630	-198	-232	-290

注:基本尺寸小于 1 mm 时,各级的 a 和 b 均不采用。

轴公差带极限偏差（摘自 GB/T 1800.4—1999） μm

（带括号者为优先公差带）

f					g			h							
5	6	(7)	8	9	5	(6)	7	5	(6)	(7)	8	(9)	10	(11)	12
−6	−6	−6	−6	−6	−2	−2	−2	0	0	0	0	0	0	0	0
−10	−12	−16	−20	−31	−6	−8	−12	−4	−6	−10	−14	−25	−40	−60	−100
−10	−10	−10	−10	−10	−4	−4	−4	0	0	0	0	0	0	0	0
−15	−18	−22	−28	−40	−9	−12	−16	−5	−8	−12	−18	−30	−48	−75	−120
−13	−13	−13	−13	−13	−5	−5	−5	0	0	0	0	0	0	0	0
−19	−22	−28	−35	−49	−11	−14	−20	−6	−9	−15	−22	−36	−58	−90	−150
−16	−16	−16	−16	−16	−6	−6	−6	0	0	0	0	0	0	0	0
−24	−27	−34	−43	−59	−14	−17	−24	−8	−11	−18	−27	−43	−70	−110	−180
−20	−20	−20	−20	−20	−7	−7	−7	0	0	0	0	0	0	0	0
−29	−33	−41	−53	−72	−16	−20	−28	−9	−13	−21	−33	−52	−84	−130	−210
−25	−25	−25	−25	−25	−9	−9	−9	0	0	0	0	0	0	0	0
−36	−41	−50	−64	−87	−20	−25	−34	−11	−16	−25	−39	−62	−100	−160	−250
−30	−30	−30	−30	−30	−10	−10	−10	0	0	0	0	0	0	0	0
−43	−49	−60	−76	−104	−23	−29	−40	−13	−19	−30	−46	−74	−120	−190	−300
−36	−36	−36	−36	−36	−12	−12	−12	0	0	0	0	0	0	0	0
−51	−58	−71	−90	−123	−27	−34	−47	−15	−22	−35	−54	−87	−140	−220	−350
−43	−43	−43	−43	−43	−14	−14	−14	0	0	0	0	0	0	0	0
−61	−68	−83	−106	−143	−32	−39	−54	−18	−25	−40	−63	−100	−160	−250	−400
−50	−50	−50	−50	−50	−15	−15	−15	0	0	0	0	0	0	0	0
−70	−79	−96	−122	−165	−35	−44	−61	−20	−29	−46	−72	−115	−185	−290	−460
−56	−56	−56	−56	−56	−17	−17	−17	0	0	0	0	0	0	0	0
−79	−88	−108	−137	−186	−40	−49	−69	−23	−32	−52	−81	−130	−210	−320	−520
−62	−62	−62	−62	−62	−18	−18	−18	0	0	0	0	0	0	0	0
−87	−98	−119	−151	−202	−43	−54	−75	−25	−36	−57	−89	−140	−230	−360	−570
−68	−68	−68	−68	−68	−68	−20	−20	0	0	0	0	0	0	0	0
−95	−108	−131	−165	−223	−47	−60	−83	−27	−40	−63	−97	−155	−250	−400	−630

续表 8.14

基本尺寸 mm		常用及优选公差带															
		js			k			m			n			p			
大于	至	5	6	7	5	(6)	7	5	6	7	5	(6)	7	5	(6)	7	
—	3	±2	±3	±5	+4 0	+6 0	+10 0	+6 +2	+8 +2	+12 +2	+4 +8	+10 +4	+14 +4	+10 +6	+12 +6	+16 +6	
3	6	±2.5	±4	±6	+6 +1	+9 +1	+13 +1	+9 +4	+12 +4	+16 +4	+13 +8	+16 +8	+20 +8	+17 +12	+20 +12	+24 +12	
6	10	±3	±4.5	±7	+7 +1	+10 +1	+16 +1	+12 +6	+15 +6	+21 +6	+16 +10	+19 +10	+25 +10	+21 +15	+24 +15	+30 +15	
10	14	±4	±5.5	±9	+9 +1	+12 +1	+19 +1	+15 +7	+18 +7	+25 +7	+20 +12	+23 +12	+30 +12	+26 +18	+29 +18	+36 +18	
14	18																
18	24	±4.5	±6.5	±10	+11 +2	+15 +2	+23 +2	+17 +8	+21 +8	+29 +8	+24 +15	+28 +15	+36 +15	+31 +22	+35 +22	+43 +22	
24	30																
30	40	±5.5	±8	±12	+13 +2	+18 +2	+27 +2	+20 +9	+25 +9	+34 +9	+28 +17	+33 +17	+42 +17	+37 +26	+42 +26	+51 +26	
40	50																
50	65	±6.5	±9.5	±15	+15 +2	+21 +2	+32 +2	+24 +11	+30 +11	+41 +11	+33 +20	+39 +20	+50 +20	+45 +32	+51 +32	+62 +32	
65	80																
80	100	±7.5	±11	±17	+18 +3	+25 +3	+38 +3	+28 +13	+35 +13	+48 +13	+38 +23	+45 +23	+58 +23	+52 +37	+59 +37	+72 +37	
100	120																
120	140	±9	±12.5	±20	+21 +3	+28 +3	+43 +3	+33 +15	+40 +15	+55 +15	+45 +27	+52 +27	+67 +27	+61 +43	+68 +43	+83 +43	
140	160																
160	180																
180	200	±10	±14.5	±23	+24 +4	+33 +4	+50 +4	+37 +17	+46 +17	+63 +17	+54 +31	+60 +31	+77 +31	+70 +50	+79 +50	+96 +50	
200	225																
225	250																
250	280	±11.5	±16	±26	+27 +4	+36 +4	+56 +4	+43 +20	+52 +20	+72 +20	+57 +34	+66 +34	+86 +34	+79 +56	+88 +56	+108 +56	
280	315																
315	355	±12.5	±18	±28	+29 +4	+40 +4	+61 +4	+46 +21	+57 +21	+78 +21	+62 +37	+73 +37	+94 +37	+87 +62	+98 +62	+119 +62	
355	400																
400	450	±13.5	±20	±31	+32 +5	+45 +5	+68 +5	+50 +23	+63 +23	+86 +23	+67 +40	+80 +40	+103 +40	+95 +68	+108 +68	+131 +68	
450	500																

μm

（带括号者为优先公差带）

r			s			t			u		v	x	y	z
5	6	7	5	(6)	7	5	6	7	(6)	7	6	6	6	6
+14/+10	+16/+10	+20/+10	+18/+14	+20/+14	+24/+14	—	—	—	+24/+18	+28/+18	—	+26/+20	—	+32/+26
+20/+15	+23/+15	+27/+15	+24/+19	+27/+19	+31/+19	—	—	—	+31/+23	+35/+23	—	+36/+28	—	+43/+35
+25/+19	+28/+19	+34/+19	+29/+23	+32/+23	+38/+23	—	—	—	+37/+28	+43/+28	—	+43/+34	—	+51/+42
+31/+23	+34/+23	+41/+23	+36/+28	+39/+28	+46/+28	—	—	—	+44/+33	+51/+33	—	+51/+40	—	+61/+50
						—	—	—			+50/+39	+56/+45	—	+71/+60
+37/+28	+41/+28	+49/+28	+44/+35	+48/+35	+56/+35	—	—	—	+54/+41	+62/+41	+60/+47	+67/+54	+76/+63	+86/+73
						+50/+41	+54/+41	+62/+41	+61/+48	+69/+48	+68/+55	+77/+64	+88/+75	+101/+88
+45/+34	+50/+34	+59/+34	+54/+43	+59/+43	+68/+43	+59/+48	+64/+48	+73/+48	+76/+60	+85/+60	+84/+68	+96/+80	+110/+94	+128/+112
						+65/+54	+70/+54	+79/+54	+86/+70	+95/+70	+97/+81	+113/+97	+130/+114	+152/+136
+54/+41	+60/+41	+71/+41	+66/+53	+72/+53	+83/+53	+79/+66	+85/+66	+96/+66	+106/+87	+117/+87	+121/+102	+141/+122	+163/+144	+191/+172
+56/+43	+62/+43	+73/+43	+72/+59	+78/+59	+89/+59	+88/+75	+94/+75	+105/+75	+121/+102	+132/+102	+139/+120	+174/+155	+193/+174	+229/+210
+66/+51	+73/+51	+86/+51	+86/+71	+93/+71	+106/+71	+106/+91	+113/+91	+126/+91	+146/+124	+159/+124	+168/+146	+200/+178	+236/+214	+280/+258
+69/+54	+76/+54	+89/+54	+94/+79	+101/+79	+114/+79	+119/+104	+126/+104	+139/+104	+166/+144	+179/+144	+194/+172	+232/+210	+276/+254	+332/+310
+81/+63	+88/+63	+103/+63	+110/+92	+117/+92	+132/+92	+140/+122	+147/+122	+162/+122	+195/+170	+210/+170	+227/+202	+273/+248	+325/+300	+390/+365
+83/+65	+90/+65	+105/+65	+118/+100	+125/+100	+140/+100	152/+134	+159/+134	+174/+134	+215/+190	+230/+190	+253/+228	+305/+280	+365/+340	+440/+415
+86/+68	+93/+68	+108/+68	+126/+108	+133/+108	148/+108	+164/+146	+171/+146	+186/+146	+235/+210	+250/+210	+277/+252	+335/+310	+405/+380	+490/+465
+97/+77	+106/+77	+123/+77	+142/+122	+151/+122	+168/+122	+186/+166	+195/+166	+212/+166	+265/+236	+282/+236	+313/+284	+379/+350	+454/+425	+549/+520
+100/+80	+109/+80	+126/+80	+150/+130	+159/+130	+176/+130	+200/+180	+209/+180	+226/+180	+287/+258	+304/+258	+339/+310	+414/+385	+499/+470	+604/+575
+104/+84	+113/+84	+130/+84	+160/+140	+169/+140	+186/+140	+216/+196	+225/+196	+242/+196	+313/+284	+330/+284	+369/+340	+454/+425	+549/+520	+669/+640
+117/+94	+126/+94	+146/+94	+181/+158	+190/+158	+210/+158	+241/+218	+250/+218	+270/+218	+347/+315	+367/+315	+417/+385	+507/+475	+612/+580	+742/+710
+121/+98	+130/+98	+150/+98	+193/+170	+202/+170	+222/+170	+263/+240	+272/+240	+292/+240	+382/+350	+402/+350	+457/+425	+557/+525	+682/+650	+822/+790
+133/+108	+144/+108	+165/+108	+215/+190	+226/+190	+247/+190	+293/+268	+304/+268	+325/+268	+426/+390	+447/+390	+511/+475	+626/+590	+766/+730	+936/+900
+139/+114	+150/+114	+171/+114	+233/+208	+244/+208	+265/+208	+319/+294	+330/+294	+351/+294	+471/+435	+492/+435	+566/+530	+696/+660	+856/820	+1036/+1000
+153/+126	+166/+126	+189/+126	+259/+232	+272/+232	+295/+232	+357/+330	+370/+330	+393/+330	+530/+490	+553/+490	+635/+595	+780/+740	+960/+920	+1140/+1100
+159/+132	+172/+132	+195/+132	+279/+252	+292/+252	+315/+252	+387/+360	+400/+360	+423/+360	+580/+540	+603/+540	+700/+660	+860/+820	+1040/+1000	+1290/+1250

表 8.15　常用及优先

| 基本尺寸 mm | | 常用及优选公差带 | | | | | | | | | | | | | |
大于	至	A11	B11	C12	C(11)	D8	D(9)	D10	D11	E8	E9	F6	F7	F(8)	F9
—	3	+330/+270	+200/+140	+240/+140	+120/+60	+34/+20	+45/+20	+60/+20	+80/+20	+28/+14	+39/+14	+12/+6	+16/+6	+20/+6	+31/+6
3	6	+345/+270	+215/+140	+260/+140	+145/+70	+48/+30	+60/+30	+78/+30	+105/+30	+38/+20	+50/+20	+18/+10	+22/+10	+28/+10	+40/+10
6	10	+370/+280	+240/+150	+300/+150	+170/+80	+62/+40	+76/+40	+98/+40	+130/+40	+47/+25	+61/+25	+22/+13	+28/+13	+35/+13	+49/+13
10	14	+400/+290	+260/+150	+330/+150	+205/+95	+77/+50	+93/+50	+120/+50	+160/+50	+59/+32	+75/+32	+27/+16	+34/+16	+43/+16	+59/+16
14	18	+400/+290	+260/+150	+330/+150	+205/+95	+77/+50	+93/+50	+120/+50	+160/+50	+59/+32	+75/+32	+27/+16	+34/+16	+43/+16	+59/+16
18	24	+430/+300	+290/+160	+370/+160	+240/+110	+98/+65	+117/+65	+149/+65	+195/+65	+73/+40	+92/+40	+33/+20	+41/+20	+53/+20	+72/+20
24	30	+430/+300	+290/+160	+370/+160	+240/+110	+98/+65	+117/+65	+149/+65	+195/+65	+73/+40	+92/+40	+33/+20	+41/+20	+53/+20	+72/+20
30	40	+470/+310	+330/+170	+420/+170	+280/+120	+119/+80	+142/+80	+180/+80	+240/+80	+89/+50	+112/+50	+41/+25	+50/+25	+64/+25	+87/+25
40	50	+480/+320	+340/+180	+430/+180	+290/+130	+119/+80	+142/+80	+180/+80	+240/+80	+89/+50	+112/+50	+41/+25	+50/+25	+64/+25	+87/+25
50	65	+530/+340	380/+190	+490/+190	+330/+140	+146/+100	+170/+100	+220/+100	+290/+100	+106/+60	+134/+60	+49/+30	+60/+30	+76/+30	+104/+30
65	80	+550/+360	+390/+200	+500/+200	+340/+150	+146/+100	+170/+100	+220/+100	+290/+100	+106/+60	+134/+60	+49/+30	+60/+30	+76/+30	+104/+30
80	100	+600/+380	+440/+220	+570/+220	+390/+170	+174/+120	+207/+120	+260/+120	+340/+120	+126/+72	+159/+72	+58/+36	+71/+36	+90/+36	+123/+36
100	120	+630/+410	+460/+240	+590/+240	+400/+180	+174/+120	+207/+120	+260/+120	+340/+120	+126/+72	+159/+72	+58/+36	+71/+36	+90/+36	+123/+36
120	140	+710/+460	+510/+260	+660/+260	+450/+200	+208/+145	+245/+145	+305/+145	+395/+145	+148/+85	+185/+85	+68/+43	+83/+43	+106/+43	+143/+43
140	160	+770/+520	+530/+280	+680/+280	+460/+210	+208/+145	+245/+145	+305/+145	+395/+145	+148/+85	+185/+85	+68/+43	+83/+43	+106/+43	+143/+43
160	180	+830/+580	+560/+310	+710/+310	+480/+230	+208/+145	+245/+145	+305/+145	+395/+145	+148/+85	+185/+85	+68/+43	+83/+43	+106/+43	+143/+43
180	200	+950/+660	+630/+340	+800/+340	+530/+240	+242/+170	+285/+170	+355/+170	+460/+170	+172/+100	+215/+100	+79/+50	+96/+50	+122/+50	+165/+50
200	225	+1030/+740	+670/+380	+840/+380	+550/+260	+242/+170	+285/+170	+355/+170	+460/+170	+172/+100	+215/+100	+79/+50	+96/+50	+122/+50	+165/+50
225	250	+1110/+820	+710/+420	+880/+420	+570/+280	+242/+170	+285/+170	+355/+170	+460/+170	+172/+100	+215/+100	+79/+50	+96/+50	+122/+50	+165/+50
250	280	+1240/+920	+800/+480	+1000/+480	+620/+300	+271/+190	+320/+190	+400/+190	+510/+190	+191/+110	+240/+110	+88/+56	+108/+56	+137/+56	+186/+56
280	315	+1370/+1050	+860/+540	+1060/+540	+650/+330	+271/+190	+320/+190	+400/+190	+510/+190	+191/+110	+240/+110	+88/+56	+108/+56	+137/+56	+186/+56
315	355	+1560/+1200	+960/+600	+1170/+600	+720/+360	+299/+210	+350/+210	+440/+210	+570/+210	+214/+125	+265/+125	+98/+62	+119/+62	+151/+62	+202/+62
355	400	+1710/+1350	+1040/+680	+1250/+680	+760/+400	+299/+210	+350/+210	+440/+210	+570/+210	+214/+125	+265/+125	+98/+62	+119/+62	+151/+62	+202/+62
400	450	+1900/+1500	+1160/+760	+1390/+760	+840/+440	+327/+230	+385/+230	+480/+230	+630/+230	+232/+135	+290/+135	+108/+68	+131/+68	+165/+68	+223/+68
450	500	+2050/+1650	+1240/+840	+1470/+840	+880/+480	+327/+230	+385/+230	+480/+230	+630/+230	+232/+135	+290/+135	+108/+68	+131/+68	+165/+68	+223/+68

注:基本尺寸小于 1 mm 时,各级的 A 和 B 均不采用。

孔公差带的极限偏差(GB/T 1800.4—1999)　　　　　　　　　　　　　　　μm

（带括号者为优先公差带）

G 6	G (7)	H 6	H (7)	H (8)	H (9)	H 10	H (11)	H 12	Js 6	Js 7	Js 8	K 6	K (7)	K 8	M 6	M 7	M 8
+8 / +2	+12 / +2	+6 / 0	+10 / 0	+14 / 0	+25 / 0	+40 / 0	+60 / 0	+100 / 0	±3	±5	±7	0 / -6	0 / -10	0 / -14	-2 / -8	-2 / -12	-2 / -16
+12 / +4	+16 / +4	+8 / 0	+12 / 0	+18 / 0	+30 / 0	+48 / 0	+75 / 0	+120 / 0	±4	±6	±9	+2 / -6	+3 / -9	+5 / -13	-1 / -9	0 / -12	+2 / -16
+14 / +5	+20 / +5	+9 / 0	+15 / 0	+22 / 0	+36 / 0	+58 / 0	+90 / 0	+150 / 0	±4.5	±7	±11	+2 / -7	+5 / -10	+6 / -16	-3 / -12	0 / -15	+1 / -21
+17 / +6	+24 / +6	+11 / 0	+18 / 0	+27 / 0	+43 / 0	+70 / 0	+110 / 0	+180 / 0	±5.5	±9	±13	+2 / -9	+6 / -12	+8 / -19	-4 / -15	0 / -18	+2 / -25
+20 / +7	+28 / +7	+13 / 0	+21 / 0	+33 / 0	+52 / 0	+84 / 0	+130 / 0	+210 / 0	±6.5	±10	±16	+2 / -11	+6 / -15	+10 / -23	-4 / -17	0 / -21	+4 / -29
+25 / +9	+34 / +9	+16 / 0	+25 / 0	+39 / 0	+62 / 0	+100 / 0	+160 / 0	+250 / 0	±8	±12	±19	+3 / -13	+7 / -18	+12 / -27	-4 / -20	0 / -25	+5 / -34
+29 / +10	+40 / +10	+19 / 0	+30 / 0	+46 / 0	+74 / 0	+120 / 0	+190 / 0	+300 / 0	±9.5	±15	±23	+4 / -15	+9 / -21	+14 / -32	-5 / -24	0 / -30	+5 / -41
+34 / +12	+47 / +12	+22 / 0	+35 / 0	+54 / 0	+87 / 0	+140 / 0	+220 / 0	+350 / 0	±11	±17	±27	+4 / -18	+10 / -25	+16 / -38	-6 / -28	0 / -35	+6 / -48
+39 / +14	+54 / +14	+25 / 0	+40 / 0	+63 / 0	+100 / 0	+160 / 0	+250 / 0	+400 / 0	±12.5	±20	±31	+4 / -21	+12 / -28	+20 / -43	-8 / -33	0 / -40	+8 / -55
+44 / +15	+61 / +15	+29 / 0	+46 / 0	+72 / 0	+115 / 0	+185 / 0	+290 / 0	+460 / 0	±14.5	±23	±36	+5 / -24	+13 / -33	+22 / -50	-8 / -37	0 / -46	+9 / -63
+49 / +17	+69 / +17	+32 / 0	+52 / 0	+81 / 0	+130 / 0	+210 / 0	+320 / 0	+520 / 0	±16	±26	±40	+5 / -27	+16 / -36	+25 / -56	-9 / -41	0 / -52	+9 / -72
+54 / +18	+75 / +18	+36 / 0	+57 / 0	+89 / 0	+140 / 0	+230 / 0	+360 / 0	+570 / 0	±18	±28	±44	+7 / -29	+17 / -40	+28 / -61	-10 / -46	0 / -57	+11 / -78
+60 / +20	+83 / +20	+40 / 0	+63 / 0	+97 / 0	+155 / 0	+255 / 0	+400 / 0	+630 / 0	±20	±31	±48	+8 / -32	+18 / -45	+29 / -68	-10 / +50	0 / -63	+11 / -86

续表 8.15

基本尺寸 mm		常用及优先公差带(带括号者为优先公差带)										
		N			P		R		S		T		U
大于	至	6	(7)	8	6	(7)	6	7	6	(7)	6	7	(7)
—	3	−4 / −10	−4 / −14	−4 / −18	−6 / −12	−6 / −16	−10 / −16	−10 / −20	−14 / −20	−14 / −24	—	—	−18 / −28
3	6	−5 / −13	−4 / −16	−2 / −20	−9 / −17	−8 / −20	−12 / −20	−11 / −23	−16 / −24	−15 / −27			−19 / −31
6	10	−7 / −16	−4 / −19	−3 / −25	−12 / −21	−9 / −24	−16 / −25	−13 / −28	−20 / −29	−17 / −32			−22 / −37
10	14	−9 / −20	−5 / −23	−3 / −30	−15 / −26	−11 / −29	−20 / −31	−16 / −34	−25 / −36	−21 / −39			−26 / −44
14	18	−9 / −20	−5 / −23	−3 / −30	−15 / −26	−11 / −29	−20 / −31	−16 / −34	−25 / −36	−21 / −39			−26 / −44
18	24	−11 / −24	−7 / −28	−3 / −36	−18 / −31	−14 / −35	−24 / −37	−20 / −41	−31 / −44	−27 / −48	—	—	−33 / −54
24	30	−11 / −24	−7 / −28	−3 / −36	−18 / −31	−14 / −35	−24 / −37	−20 / −41	−31 / −44	−27 / −48	−37 / −50	−33 / −54	−40 / −61
30	40	−12 / −28	−8 / −33	−3 / −42	−21 / −37	−17 / −42	−29 / −45	−25 / −50	−38 / −54	−34 / −59	−43 / −59	−39 / −64	−51 / −76
40	50	−12 / −28	−8 / −33	−3 / −42	−21 / −37	−17 / −42	−29 / −45	−25 / −50	−38 / −54	−34 / −59	−49 / −65	−45 / −70	−61 / −86
50	65	−14 / −33	−9 / −39	−4 / −50	−26 / −45	−21 / −51	−35 / −54	−30 / −60	−47 / −66	−42 / −72	−60 / −79	−55 / −85	−76 / −106
65	80	−14 / −33	−9 / −39	−4 / −50	−26 / −45	−21 / −51	−37 / −56	−32 / −62	−53 / −72	−48 / −78	−69 / −88	−64 / −94	−91 / −121
80	100	−16 / −38	−10 / −45	−4 / −58	−30 / −52	−24 / −59	−44 / −66	−38 / −73	−64 / −86	−58 / −93	−84 / −106	−78 / −113	−111 / −146
100	120	−16 / −38	−10 / −45	−4 / −58	−30 / −52	−24 / −59	−47 / −69	−41 / −76	−72 / −94	−66 / −101	−97 / −119	−91 / −126	−131 / −166
120	140	−20 / −45	−12 / −52	−4 / −67	−36 / −61	−28 / −68	−56 / −81	−48 / −88	−85 / −110	−77 / −117	−115 / −140	−107 / −147	−155 / −195
140	160	−20 / −45	−12 / −52	−4 / −67	−36 / −61	−28 / −68	−58 / −83	−50 / −90	−93 / −118	−85 / −125	−127 / −152	−119 / −159	−175 / −215
160	180	−20 / −45	−12 / −52	−4 / −67	−36 / −61	−28 / −68	−61 / −86	−53 / −93	−101 / −126	−93 / −133	−139 / −164	−131 / −171	−195 / −235
180	200	−22 / −51	−14 / −60	−5 / −77	−41 / −70	−33 / −79	−68 / −97	−60 / −106	−113 / −142	−105 / −151	−157 / −186	−149 / −195	−219 / −265
200	225	−22 / −51	−14 / −60	−5 / −77	−41 / −70	−33 / −79	−71 / −100	−63 / −109	−121 / −150	−113 / −159	−171 / −200	−163 / −209	−241 / −287
225	250	−22 / −51	−14 / −60	−5 / −77	−41 / −70	−33 / −79	−75 / −104	−67 / −113	−131 / −160	−123 / −169	−187 / −216	−179 / −225	−267 / −313
250	280	−25 / −57	−14 / −66	−5 / −86	−47 / −79	−36 / −88	−85 / −117	−74 / −126	−149 / −181	−138 / −190	−209 / −241	−198 / −250	−295 / −347
280	315	−25 / −57	−14 / −66	−5 / −86	−47 / −79	−36 / −88	−89 / −121	−78 / −130	−161 / −193	−150 / −202	−231 / −263	−220 / −272	−330 / −382
315	355	−26 / −62	−16 / −73	−5 / −94	−51 / −87	−41 / −98	−97 / −133	−87 / −144	−179 / −215	−169 / −226	−257 / −293	−247 / −304	−369 / −426
355	400	−26 / −62	−16 / −73	−5 / −94	−51 / −87	−41 / −98	−103 / −139	−93 / −150	−197 / −233	−187 / −244	−283 / −319	−273 / −330	−414 / −471
400	450	−27 / −67	−17 / −80	−6 / −103	−55 / −95	−45 / −108	−113 / −153	−103 / −166	−219 / −259	−209 / −272	−317 / −357	−307 / −370	−467 / −530
450	500	−27 / −67	−17 / −80	−6 / −103	−55 / −95	−45 / −108	−119 / −159	−109 / −172	−239 / −279	−229 / −292	−347 / −387	−337 / −400	−517 / −580

例如:*H7*

其中:*H7* —— 孔的公差带代号

　　　H —— 孔的基本偏差代号

　　　7 —— 公差等级代号

又如:*r7*

其中:*r7* —— 轴的公差带代号

　　　r —— 轴的基本偏差代号

　　　7 —— 公差等级代号

2. 配合

基本尺寸相同,相互结合的孔和轴公差带之间的关系称为配合。

(1) 间隙和过盈

间隙:孔的尺寸减去相配合轴的尺寸之差为正,如图 8.30(a) 所示。

过盈:孔的尺寸减去相配合轴的尺寸之差为负,如图 8.30(b) 所示。

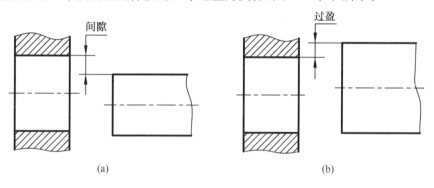

图 8.30　间隙和过盈

(2) 配合种类:根据设计要求,孔和轴配合分为间隙配合、过盈配合、过渡配合三类,见表 8.16。

(3) 基准制:GB/T1800 系列中规定了两种不同的基准制度,即基孔制配合和基轴制配合。

① 基孔制:基本偏差为一定的孔的公差带,与不同基本偏差的轴的公差带形成各种配合的一种制度。在基孔制配合中选作基准的孔为基准孔,国家标准选下偏差为零的孔作基准孔,*H* 代表基准孔,如图 8.31(a) 所示。

在基孔制配合中,基本偏差从 *a* 到 *h* 用于间隙配合,从 *j* 到 *zc* 用于过渡配合和过盈配合。

② 基轴制:基本偏差为一定的轴的公差带,与不同基本偏差的孔的公差带形成各种配合的一种制度。在基轴制配合中选作基准的轴称为基准轴,国家标准选上偏差为零的轴作基准轴,*h* 代表基准轴,如图 8.31(b) 所示。

在基轴制配合中,基本偏差从 *A* 到 *H* 用于间隙配合,从 *J* 到 *ZC* 用于过渡配合和过盈配合。

表 8.16　配合的种类

名称	公差带图例		说明
	孔公差带	轴公差带	
间隙配合			孔的公差带在轴的公差带之上,任取一对轴和孔相配,都有间隙,包括间隙为零的极限情况。
过盈配合			孔的公差带在轴的公差带之下,任取一对轴和孔相配,都有过盈,包括过盈为零的极限情况。
过渡配合			孔和轴的公差带相互交叠,任取一对轴和孔相配,可能具有过盈,也可能具有间隙。

图 8.31　基孔制与基轴制配合

（4）配合代号:配合代号由相互配合的孔和轴的公差带代号组成,写成分数形式,分子为孔公差带代号,分母为轴公差带代号。如 $H7/r6$、$P7/h6$ 等。

（5）常用配合与优先配合:国家标准 GB/T 1801—1999 规定了常用配合和优先配合。见表 8.17 和表 8.18。

表8.17　基本尺寸至 500 mm 的基孔制优先和常用配合(摘自 GB/T 1801—1999)

基准孔	a	b	c	d	e	f	g	h	js	k	m	n	p	r	s	t	u	v	x	y	z
	间隙配合								过渡配合				过盈配合								
H6						$\frac{H6}{f6}$	$\frac{H6}{g5}$	$\frac{H6}{h5}$	$\frac{H6}{js5}$	$\frac{H6}{k5}$	$\frac{H6}{m5}$	$\frac{H6}{n5}$	$\frac{H6}{p5}$	$\frac{H6}{r5}$	$\frac{H6}{s5}$	$\frac{H6}{t5}$					
H7						$\frac{H7}{f6}$	$\frac{H7}{g6}$▲	$\frac{H7}{h6}$▲	$\frac{H7}{js6}$	$\frac{H7}{k6}$▲	$\frac{H7}{m6}$	$\frac{H7}{n6}$▲	$\frac{H7}{p6}$▲	$\frac{H7}{r6}$	$\frac{H7}{s6}$▲	$\frac{H7}{t6}$	$\frac{H7}{u6}$▲	$\frac{H7}{v6}$	$\frac{H7}{x6}$	$\frac{H7}{y6}$	$\frac{H7}{z6}$
H8				$\frac{H8}{d8}$	$\frac{H8}{e7}$　$\frac{H8}{e8}$	$\frac{H8}{f7}$▲　$\frac{H8}{f8}$	$\frac{H8}{g7}$	$\frac{H8}{h7}$▲　$\frac{H8}{h8}$	$\frac{H8}{js7}$	$\frac{H8}{k7}$	$\frac{H8}{m7}$	$\frac{H8}{n7}$	$\frac{H8}{p7}$	$\frac{H8}{r7}$	$\frac{H8}{s7}$	$\frac{H8}{t7}$	$\frac{H8}{u7}$				
H9			$\frac{H9}{c9}$	$\frac{H9}{d9}$▲	$\frac{H9}{e9}$	$\frac{H9}{f9}$		$\frac{H9}{h9}$▲													
H10			$\frac{H10}{c10}$	$\frac{H10}{d10}$				$\frac{H10}{h10}$													
H11	$\frac{H11}{a11}$	$\frac{H11}{b11}$	$\frac{H11}{c11}$▲	$\frac{H11}{d11}$				$\frac{H11}{h11}$▲													
H12		$\frac{H12}{b12}$						$\frac{H12}{h12}$													

注：1. $\frac{H6}{n5}$、$\frac{H7}{p6}$ 在基本尺寸小于或等于3mm和 $\frac{H8}{r7}$ 在基本尺寸小于或等于100mm时，为过渡配合。2.标注 ▲ 的配合为优先选用配合。

表8.18　基本尺寸 500 mm 的基轴制优先、常用配合(摘自GB/T 1801—1999)

孔

基准轴	间隙配合								过渡配合				过盈配合								
	A	B	C	D	E	F	G	H	JS	K	M	N	P	R	S	T	U	V	X	Y	Z
h5						$\frac{F6}{h5}$	$\frac{G6}{h5}$	$\frac{H6}{h5}$	$\frac{JS6}{h5}$	$\frac{K6}{h5}$	$\frac{M6}{h5}$	$\frac{N6}{h5}$	$\frac{P6}{h5}$	$\frac{R6}{h5}$	$\frac{S6}{h5}$	$\frac{T6}{h5}$					
h6						$\frac{F7}{h6}$	$\frac{G7}{h6}$▼	$\frac{H7}{h6}$▼	$\frac{JS7}{h6}$	$\frac{K7}{h6}$▼	$\frac{M7}{h6}$	$\frac{N7}{h6}$▼	$\frac{P7}{h6}$▼	$\frac{R7}{h6}$	$\frac{S7}{h6}$▼	$\frac{T7}{h6}$	$\frac{U7}{h6}$▼				
h7					$\frac{E8}{h7}$	$\frac{F8}{h7}$▼		$\frac{H8}{h7}$▼	$\frac{JS8}{h7}$	$\frac{K8}{h7}$	$\frac{M8}{h7}$	$\frac{N8}{h7}$									
h8				$\frac{D8}{h8}$	$\frac{E8}{h8}$	$\frac{F8}{h8}$		$\frac{H8}{h8}$													
h9				$\frac{D9}{h9}$▼	$\frac{E9}{h9}$	$\frac{F9}{h9}$		$\frac{H9}{h9}$▼													
h10				$\frac{D10}{h10}$				$\frac{H10}{h10}$													
h11	$\frac{A11}{h11}$	$\frac{B11}{h11}$	$\frac{C11}{h11}$▼	$\frac{D11}{h11}$				$\frac{H11}{h11}$▼													
h12		$\frac{B12}{h12}$						$\frac{H12}{h12}$													

注: 标注▼的配合为优先配合

3. 极限与配合在图样中的标注方法及查表

（1）在装配图上的标注：一般轴、孔配合时，标注的形式为

基本尺寸 $\dfrac{\text{孔的公差带代号}}{\text{轴的公差带代号}}$（如：$\phi 18 \dfrac{H\,8}{f\,7}$）或基本尺寸、孔的公差带代号／轴的公差带代号（如：$\phi 18 H\,8/f\,7$）。

图 8.32 是在装配图上标注配合的实例，从图上可知，此配合的基本尺寸为 $\phi 18$；孔（分子）的公差带代号是 $H8$，轴（分母）的公差带代号是 $f7$，说明配合是属基孔制间隙配合。若要由代号查找出极限偏差的具体数值，可查阅表 8.14 和表 8.15。

例如 $\phi 18 H\,8$，由表 8.15 中可找到 $H8$ 和基本尺寸大于 14 ～ 18 段，得到上偏差为 ＋ 27 μm，即 ＋ 0.027 mm，下偏差为 0。对于轴 $\phi 18 f\,7$，则从表 8.14 中可找出 $f7$ 和基本尺寸大于 14 ～ 18 段，得到上偏差为 － 0.016，下偏差为 － 0.034。

图 8.32　配合的标注

在装配图中也可标注偏差数值。

（2）在零件图上的标注：在零件图中有三种较常见的标注方法。

① 标注公差带代号：这种方法是在基本尺寸后面直接标注出公差带代号，如图 8.33（a）所示。

② 标注极限偏差数值：这种方法是在基本尺寸后面直接标注出上偏差与下偏差数值（以 mm 为单位），如图 8.33（b）所示。

③ 公差带代号与极限偏差数值同时标注：如图 8.33（c）所示，在公差带代号后面的括号中同时注出上、下偏差数值。

(a) 注公差带代号　　　　(b) 注极限偏差数值　　　　(c) 注公差带代号及极限偏差数值

图 8.33　零件图上的标注方法

注写偏差数值时要注意以下几点：

（1）上、下偏差绝对值不同时，偏差数值字高比基本尺寸字高小一号，下偏差应与基本尺寸注在同一底线上，上偏差注在下偏差上方，上、下偏差小数点对齐。

（2）上、下偏差小数点后的位数必须相同，位数不同时，位数少的用数字"0"补齐。

（3）某一偏差为"零"时，用数字"0"标出，并与另一偏差的个位数字对齐。

（4）上、下偏差绝对值相同时，仅写一个数值，字高与基本尺寸相同，数值前注写"±"，如 $\phi100 \pm 0.2$。

8.5.4 零件材料及热处理

在机器制造业中需要用到金属材料（如钢、铸铁、有色金属）和非金属材料等多种材料。本节仅介绍一些常用的材料及其热处理、表面处理方法。

1. 金属材料

（1）钢：包括普通碳素结构钢（GB/T 700—1988）、优质碳素结构钢（GB/T 699—1999）、合金结构钢（GB/T 3077—1999）、碳素工具钢（GB/T 1298—1986）、一般工程用铸造碳钢（GB/T 11352—1989）。钢的牌号、说明及应用见表8.19。

表8.19 钢的牌号、说明及结构

名称	牌号		应用举例	说明
普通碳素结构钢	Q215	A 级 B 级	金属结构件、拉杆、套圈、铆钉、螺栓、短轴、心轴凸轮（载荷不大的）、垫圈、渗碳零件及焊接件。	"Q"为碳素结构钢屈服点"屈"字的汉语拼音首位字母，后面数字表示屈服点数值。如 Q235 表示碳素结构钢屈服点为 235 N/mm^2。 新旧牌号对照： Q215 ~ A2（A2F） Q235 ~ A3 Q275 ~ A5
	Q235	A 级 B 级 C 级 D 级	金属结构件、心部强度要求不高的渗碳或氰化零件、吊钩、拉杆、套圈、汽缸、齿轮、螺栓、螺母、连杆、轮轴、楔、盖及焊接件。	
	Q275		轴、轴销、刹车杆、螺母、螺栓、垫圈、连杆、齿轮及其他强度较高的零件。	
优质碳素结构钢	10 15 20 25 35 40 45 50 55 60		拉杆、卡头、垫圈、焊件； 渗碳件、紧固件、冲模锻件、化工贮器； 杠杆、轴套、钩、螺钉、渗碳件与氰化件； 轴、辊子、连接器、紧固件中的螺栓、螺母； 曲轴、摇杆、拉杆、键、销、螺栓； 齿轮、齿条、链轮、凸轮、轧辊、曲柄轴； 齿轮、轴、联轴器、衬套、活塞销、链轮； 活塞杆、轮轴、齿轮、不重要的弹簧； 齿轮、连杆、扁弹簧、轧辊、偏心轮、轮圈、轮缘； 偏心轮、弹簧圈、垫圈、调整片、偏心轴等。	牌号的两位数字表示平均含碳量，称碳的质量分数。45 号钢即表示碳的质量分数为 0.45%，表示平均含碳量为 0.45%。 碳的质量分数小于等于 0.25% 的碳钢属低碳钢（渗碳钢）； 碳的质量分数在（0.25 ~ 0.6）% 之间的碳钢属中碳钢（调质钢）； 碳的质量分数大于等于 0.6% 的碳钢属高碳钢。
	20Mn 40Mn 60Mn		活塞销、凸轮轴、拉杆、铰链、焊管、钢板； 万向联轴器、分配轴、曲轴、高强度螺栓、螺母； 弹簧、发条。	锰的质量分数较高的钢，须加注化学元素符号"Mn"。

续表 8.19

名称	牌号	应用举例	说明
合金结构钢	20Mn2 45Mn2 15Cr 40Cr 35SiMn 20CrMnTi	渗碳小齿轮、小轴、柴油机套筒、活塞销、钢套等； 齿轮、蜗杆、曲轴； 凸轮、凸轮轴、活塞销、螺栓等； 用于较重要的调质零件，如连杆、螺栓、进气阀等； 轴、齿轮、紧固件等； 汽车、拖拉机上重要齿轮等。	钢中加入一定量的元素，提高了钢的力学性能和耐磨性，也提高了钢在热处理时的淬透性，保证金属在较大截面上获得好的力学性能。
碳素工具钢	T7 T7A	能承受震动和冲击的工具，硬度适中时有较大的韧性。用于制造凿子、钻软岩石的钻头，冲击式打眼机钻头，大锤等。	用"碳"或"T"后附以平均含碳量的千分数表示，有 T7 ~ T13。高级优质碳素工具钢须在牌号后加注"A"。平均含碳量均为 0.7% ~ 0.13%。
	T8 T8A	有足够的韧性和较高的硬度，用于制造能承受震动的工具，如钻中等硬度岩石钻头，简单模子，钻头等。	
一般工程用铸造碳钢	ZG200 – 400 ZG230 – 450	各种形状的机件，如机座、箱壳； 铸造平坦的零件，如机座、机盖、箱体、铁钻台，工作温度在 450 ℃ 以下的管路附件等，焊接性良好；	ZG230 – 450 表示工程用铸钢，屈服点为 230 N/mm^2，抗拉强度为 450 N/mm^2。
	ZG270 – 500	各种形状的铸件，如飞轮、机架、联轴器等，焊接性能尚可；	
	ZG310 – 570	各种形状的机件，如齿轮、齿圈、重负荷机架等；	
	ZG340 – 640	起重、运输机中的齿轮、联轴器等重要的机件。	

（2）铸铁：灰铸铁（GB/T 9439—1988）、球墨铸铁（GB/T 1348—1988）、可锻铸铁（GB/T 9440—1988）。铸铁的牌号、说明及应用见表 8.20。

表 8.20　铸铁的牌号、说明及应用

名称	牌号	应用举例	说明
灰铸铁	HT100 HT150	用于低强度铸件，如盖、手轮、支架等； 用于中强度铸件，如底座、刀架、轴承座、胶带轮、端盖等。	"HT"表示灰铸铁，后面的数字表示抗拉强度值（N/mm^2）。
	HT200 HT250	用于高强度铸件，如床身、机座、齿轮、凸轮、汽缸泵体、连轴器等。	
	HT300 HT350	用于高强度耐磨铸件，如齿轮、凸轮、重载荷床身、高压泵、阀壳体、锻摸、冷冲压模等。	

续表 8.20

名称	牌号	应用举例	说明
球墨铸铁	QT800 - 2 QT700 - 2 QT600 - 2	具有较高强度,但塑性低,用于曲轴、凸轮轴、齿轮、汽缸、缸套、轧辊、水泵轴、活塞环、摩擦片等零件。	"QT"表示球墨铸铁,其后第一组数字表示抗拉强度值(N/mm^2),第二组数字表示延伸率(%)。
	QT500 - 5 QT420 - 10 QT400 - 17	具有较高的塑性和适当的强度,用于承受冲击负荷的零件。	
可锻铸铁	KTH300 - 06 KTH330 - 08 KTH350 - 10 KTH370 - 12	黑心可锻铸铁,用于承受冲击震动的零件,如汽车、拖拉机、农机铸件。	"KT"表示可锻铸铁,"H"表示黑心,"B"表示白心。第一组数字表示抗拉强度值(N/mm^2),第二组数字表示延伸率(%)。 "KTH300 - 06适用于气密性零件。KTH330 - 08、KTH370 - 12为推荐牌号。
	KTB350 - 04 KTB380 - 12 KTB400 - 05 KTB450 - 07	白心可锻铸铁,韧性较低,但强度高,耐磨性、加工性好。可代替低、中碳钢及低合金钢的重要零件,如曲轴、连杆、机床附件等。	

（3）有色金属及其合金：普通黄铜（GB/T 5232—1985）、铸造铜合金（GB/T 1176—1987）、铸造铝合金（GB/T 1173—1995）、铸造轴承合金（GB/T 1174—1992）、硬铝（GB/T 3190—1996）。有色金属、合金的牌号说明及应用见表8.21。

表 8.21   有色金属、合金的牌号、说明及应用

合金牌号	合金名称 （或代号）	铸造方法	应用举例	说明
普通黄铜（GB/T 5232—1985）及铸造铜合金（GB/T 1176—1987）				
H62	普通黄铜		散热器、垫圈、弹簧、各种网、螺钉等。	"H"表示黄铜,后面数字表示平均含铜量的百分数。
ZCuSn5pb5zn5	5 - 5 - 5 锡青铜	S、J Li、La	较高负荷、中速下工作的耐磨耐蚀件,如轴瓦、衬套、缸套及蜗轮等。	
ZCuSn10P1	10 - 1 锡青铜	S J Li La	高负荷(20 MPa以下)和高滑动速度(8 m/s)下工作的耐磨件,如连杆、衬套、轴瓦、蜗轮等。	"Z"为铸造汉语拼音的首位字母、各化学元素后面的数字表示该元素含量的百分数。
ZCuSn10Pb5	10 - 5 锡青铜	S J	耐蚀、耐酸件及破碎机衬套、轴瓦等。	
ZCuPb17Sn4Zn4	17 - 4 - 4 铅青铜	S J	一般耐磨件、轴承等。	
ZCuAL10Fe3	10 - 3 ZCuSn5pb5zn 铝青铜	S J Li、La	要求强度高、耐磨、耐蚀的零件,如轴套、螺母、蜗轮、齿轮等。	
ZCuZn38	38 黄铜	S J	一般结构件和耐蚀件,如法兰盘、阀座、螺母等。	
ZCuZn38Mn2pb2	38 - 2 - 2 锰黄铜	S J	一般用途的结构件,如套筒、衬套、轴瓦、滑块等耐磨零件。	

续表 8.21

合金牌号	合金名称（或代号）	铸造方法	应用举例	说明
铸造铝合金（GB/T 1173—1995）				
ZAISil2	ZLI02 铝硅合金	SB,JB RB,KB J	气缸活塞以及高温工作的承受冲击载荷的复杂薄壁零件。	ZL102 表示含硅10% ~ 13%、余量为铝的铝硅合金。
ZAISi9Mg	ZL104 铝硅合金	S,J,R,K J SB,RB,KB J,JB	形状复杂的高温静载荷或受冲击作用的大型零件,如扇风机叶片、水冷气缸头。	
ZAlMg5sil	ZL303 铝镁合金	S,J,R,K	高耐蚀性或在高温度下工作的零件。	
ZAlZn11si7	ZL401 铝锌合金	S,R,K J	铸造性能较好、可不热处理,用于形状复杂的大型薄壁零件,耐蚀性差。	
铸造轴承合金（GB/T 1174—1992）				
ZSnSb12Pb10Cu4 ZSnSb11Cu6 ZSnSb8Cu4	锡基轴承合金	J J J	汽轮机、压缩机、机车、发电机、球墨机、轧机减速器、发动机等各种机器的滑动轴承衬。	各化学元素后面的数字表示该元素含量的百分数。
ZPbSb16Sn16Cu2 ZPbSb15Sn10 ZPbSb15Sn5	铅基轴承合金	J J J		
硬铝（GB/T 3190—1996）				
LY13	硬铝		适用于中等强度的零件,焊接性能好。	含铜、镁和锰的合金。

注:铸造方法代号:S— 砂型铸造;J— 金属型铸造;Li— 离心铸造;La— 连续铸造;R— 熔模铸造;K— 壳型铸造;B— 变质处理。

2. 常用热处理工艺

常用的热处理及表面处理方法见表8.22。

表 8.22　常用热处理及表面处理方法

名词	代号	说明	应用
退火	5111	将钢件加热到临界温度以上(一般是 710 ～ 715 ℃,个别合金钢 800 ～ 900 ℃)30 ～ 50 ℃,保温一段时间,然后缓慢冷却(一般在炉中冷却)。	用来消除铸、锻、焊零件的内应力,降低硬度,便于切削加工,细化金属晶粒,改善组织,增加韧性。
正火	5121	将钢件加热到临界温度以上,保温一段时间,然后用空气冷却,冷却速度比退火为快。	用来处理低碳和中碳结构钢及渗碳零件,使其组织细化,增加强度与韧性,减少内应力,改善切削性能。
淬火	5131	将钢件加热到临界温度以上,保温一段时间,然后在水、盐水或油中(个别材料在空气中)急速冷却,使其得到高硬度。	用来提高钢的硬度和强度极限。但淬火会引起内应力使钢变脆,所以淬火后必须回火。
淬火和回火	5141	回火是将淬硬的钢件加热到临界点以下温度,保温一段时间,然后在空气中或油中冷却下来。	用来消除淬火后的脆性和内应力,提高钢的塑性和冲击韧性。
调质	5151	淬火后在 450 ～ 650 ℃ 进行高温回火,称为调质。	用来使钢获得高的韧性和足够的强度。重要的齿轮、轴及丝杆等零件是调质处理的。
表面淬火和回火	5210	用火焰或高频电流将零件表面迅速加热至临界温度以上,急速冷却。	使零件表面获得高硬度,而心部保持一定的韧性,使零件既耐磨又能承受冲击。表面淬火常用来处理齿轮等。
渗碳	5310	在渗碳剂中将钢件加热到 900 ～ 950 ℃,停留一定时间,将碳渗入钢表面,深度约为 0.5 ～ 2 mm,再淬火后回火。	增加钢件的耐磨性能,表面硬度,抗拉强度及疲劳极限。 适用于低碳、中碳($w(C) < 0.40\%$)结构钢的中小型零件。
渗氮	5330	渗氮是在 500 ～ 600 ℃ 通入氨的炉子内加热,向钢的表面渗入氮原子的过程。氮化层为 0.025 ～ 0.8 mm,氮化时间需 40 ～ 50 h。	增加钢件的耐磨性能,表面硬度,疲劳极限和抗蚀能力。 适用于合金钢、碳钢、铸铁件、如机床主轴、丝杆以及在潮湿碱水和燃烧气体介质的环境中工作的零件。

续表 8.22

名词	代号	说明	应用
氰化	Q59(氰化淬火后,回火至 56 ～ 62HRC)	820 ～ 860 ℃ 炉内通入碳和氮,保温 1 ～ 2 h,使钢件的表面同时渗入碳、氮原子,可得到 0.2 ～ 0.5 mm 的氰化层。	增加表面硬度、耐磨性、疲劳强度和耐蚀性。用于要求硬度高、耐磨的中、小型及薄片零件和刀具等。
时效	时效处理	低温回火后,精加工之前,加热到 100 ～ 160 ℃,保持 10 ～ 40 h。对铸件也可用天然时效(放在露天中一年以上)。	使工件消除内应力和稳定形状,用于量具、精密丝杆、床身导轨、床身等。
发蓝发黑	发蓝或发黑	将金属零件放在很浓的碱和氧化剂溶液中加热氧化,使金属表面形成一层氧化铁所组成的保护性薄膜	防腐蚀、美观。用于一般连接的标准件和其他电子类零件。
镀镍	镀镍	用电解方法,在钢件表面镀一层镍。	防腐蚀、美化。
镀铬	镀铬	用电解方法,在钢件表面镀一层铬。	提高表面硬度、耐磨性和耐蚀能力,也用于修复零件上磨损了的表面。
硬度	HB(布氏硬度)	材料抵抗硬的物体压入其表面的能力称"硬度"。根据测定的方法不同,可分布氏硬度、洛氏硬度和维氏硬度。硬度的测定是检验材料经热处理后的机械性能 —— 硬度。	用于退火、正火、调质的零件及铸件的硬度检验。
	HRC(洛氏硬度)		用于经淬火、回火及表面渗碳、渗氮等处理的零件硬度检验。
	HV(维氏硬度)		用于薄层硬化零件的硬度检验。

注:热处理工艺代号尚可细分,如空冷淬火代号为 5131a,油冷淬火代号为 5131e,水冷淬火代号为 5131w 等。本附录不再罗列,详情请查阅 GB/T 12603—1990。

3. 非金属材料

常用的非金属材料见表 8.23。

表 8.23　常用的非金属材料

材料名称	牌号	说明	应用举例
耐油石棉橡胶板		有厚度为 0.4 ～ 3.0 mm 的十种规格。	供航空发动机用的煤油、润滑油及冷气系统结合处的密封衬垫材料。
耐酸碱橡胶板	2030 2040	较高硬度 中等硬度	具有耐酸碱性能，在温度为 − 30 ～ + 60 ℃ 的 20% 浓度的酸碱液体中工作，用做冲制密封性能较好垫圈。
耐油橡胶板	3001 3002	较高硬度	可在一定温度的机油、变压器油、汽油等介质中工作，适用冲制各种形状的垫圈。
耐热橡胶板	4001 4002	较高硬度 中等硬度	可在 − 30 ～ + 100 ℃、且压力不大的条件下，于热空气、蒸汽介质中工作，用做冲制各种垫圈和隔热垫板。
酚醛层压板	3302 − 1 3302 − 2	3320 − 1 的机械性能比 3320 − 2 高。	用做结构材料及用以制造各种机械零件。
聚四氟乙烯树脂	SFL − 4 ～ 13	耐腐蚀、耐高温(+ 250 ℃)，并具有一定的强度，能切削加工成各种零件。	用于腐蚀介质中，起密封和减磨作用，用做垫圈等。
工业有机玻璃		耐盐酸、硫酸、草酸、烧碱和纯碱等一般酸碱以及二氧化硫、臭氧等气体腐蚀。	适用于耐腐蚀和需要透明的零件。
油浸石棉盘根	YS450	盘根形状分 F(方形)、Y(圆形)、N(扭制) 三种，按需选用。	适用于回转轴、往复活塞和阀门杆上做密封材料，介质为蒸汽、空气、工业用水、重质石油产品。
橡胶石棉盘根	XS450	该牌号盘根只有 F(方形)。	适用于做蒸汽机、往复泵的活塞和阀门杆上做密封材料。
工业用平面毛毡	112 − 44 232 − 36	厚度为 1 ～ 40 mm。112 − 44 表示白色细毛块毡，密度为 0.04 g/cm³。232 − 36 表示灰色粗毛块毡，密度为 0.36 g/cm³。	用做密封、防漏油、防震、缓冲衬垫等。按需要选用细毛、半粗毛、粗毛。

续表 8.23

材料名称	牌号	说明	应用举例
软钢纸板		厚度为 0.5 ~ 3.0 mm。	用做密封连接处的密封垫片。
尼龙	尼龙 6 尼龙 9 尼龙 66 尼龙 610 尼龙 1010	具有优良的机械强度和耐磨性。可以使用成形加工和切削加工制造零件,尼龙粉末还可喷涂于各种零件表面提高耐磨性和密封性。	广泛用做机械、化工及电气零件,例如:轴承、齿轮、凸轮、滚子、辊轴、泵叶轮、风扇叶轮、蜗轮、螺钉、螺母、垫圈、高压密封圈、阀座、输油管、储油容器等。尼龙粉末还可喷涂于各种零件表面。
MC 尼龙 (无填充)		强度特高。	适于制造大型齿轮、蜗轮、轴套、大型阀门密封面、导向环、导轨、滚动轴保持架、船尾轴承、起重汽车吊索绞盘蜗轮、柴油发动机燃料泵齿轮、矿山铲掘机轴承、水压机立柱导套、大型轧钢机辊道轴瓦等。
聚甲醛 (均聚物)		具有良好的磨擦性能和抗磨损性能,尤其是优越的干摩擦性能。	用于制造轴承、齿轮、凸轮、滚轮、辊子、法兰、垫片、泵叶轮、鼓风机叶片、弹簧、管道等。
聚碳酸酯		具有高的冲击韧性和优异的尺寸稳定性。	用于制造齿轮、蜗轮、蜗杆、齿条、凸轮、心轴、轴承、滑轮、铰链、传动链、螺栓、螺母、垫圈、铆钉、泵叶轮、汽车化油器部件、节流阀、各种外壳等。

8.6　零件测绘

　　根据已有的机械零件,通过测量,徒手绘制零件草图,然后再根据草图和有关资料整理并绘出零件工作图,这个过程称为零件测绘。

　　零件测绘是在生产中经常遇到的一项技术性工作,如在机器维修中,需要更换机器中的某一零件而又无备件和图样时,就需对该零件进行测绘,画出零件图,作为加工的依据。此外,还可为机器的仿造、改装及新产品设计提供技术资料。因而测绘这项工作,是产品设计、仿造、改装和修配等工作中不可缺少的一种技术手段。

8.6.1　画零件草图的基本方法

　　测绘工作经常是在施工现场进行。为了提高速度,零件草图一般都是徒手画出。零件草图是画零件图的依据,所以除了根据目测,按比例徒手画图之外,图样中其他内容和要求均与零件图完全相同。零件草图中必须投影正确、图线清晰、比例匀称、字体工整。

画草图时,一般是在方格纸上进行。这不仅易于把直线画直,而且容易控制图形的大小和各视图的投影关系,因此应充分利用方格纸上的格线。例如:应使轴线、中心线、对称线与格线重合;并尽量沿格线画视图的轮廓;金属剖面符号沿格线的对角线画出;圆的画法如图 8.34 所示。

图 8.34　画草图的方法

8.6.2　零件测绘的一般步骤

1.分析零件

(1)了解该零件的名称、作用、材料、制造方法及与其他零件的关系。

(2)对零件进行形体分析和结构分析,明确所属零件类别(轴套、轮盘、叉架和箱体等)。

(3)对零件进行工艺分析。因为同一零件可以用不同的方法制造,故其结构形状的表达,基准的选择和尺寸的标注也不一样。

(4)根据上述分析,确定零件的表达方案。

2.画零件草图

(1)根据选定的视图表达方案,在方格纸上匀称地布置各视图,在各视图上画出基准线、中心线、轴线、对称线等,如图 8.35(a)所示。安排各视图位置时,要考虑到各视图间应有标注尺寸的空挡。

(2)完整、清晰地表达零件的内外结构形状,各类图线要明显有别,如图 8.35(b)所示。

(a) 画出框图、标题栏及视图的基准线、轴线、中心线；

(b) 打底稿：画出零件内、外结构；

(c) 画出尺寸界线、尺寸线、箭头、剖面线，注写表面粗糙度代号；

(d) 注写尺寸数字、公差、技术要求，加深图线，填写标题栏

图 8.35　端盖草图的作图步骤

（3）选择尺寸基准,分析功能尺寸和非功能尺寸,画出尺寸界线、尺寸线、箭头、注写表面粗糙度和其他技术要求,如图8.35（c）所示。

（4）逐个测量并标注尺寸数字、公差等,填写标题栏,如图8.35（d）所示。

3. 画零件草图注意事项

（1）零件上因铸造时留下的某些缺陷,或因磨损所形成的某些沟槽、划痕等不应画出。

（2）零件上的工艺结构,如铸造圆角、倒角、圆角、退刀槽、凸台、凹坑等要素要给以重视,应参照相应标准核准。

（3）图中所注尺寸应细致检查,以免遗漏或重复,对于相互配合的孔和轴,一般只在一个零件上测量,然后分别标在两个零件的草图上;对一些重要尺寸,测量之后,还要通过计算来校验,如一对齿轮的中心距等;对自由尺寸若测量为小数,可取整;对于一些标准件、常用件、标准结构,要查有关手册来核对。

4. 画零件工作图

（1）要仔细审核零件草图,表达方案是否完整、清晰、简便;尺寸标注是否正确、完整、清晰、合理;技术要求是否满足零件的性能要求,又比较经济。

（2）选比例,定图幅,完成零件工作图的绘制。

8.6.3　常用量具及尺寸的测量方法

尺寸的测量是零件测绘工作中很重要的一个环节,正确地使用测量工具,可以减少尺寸测量的误差,提高测绘速度,保证测绘质量。

1. 常用测量工具

常用测量工具分为普通量具,如钢尺、卷尺、内外卡钳等,精密量具有各种游标卡尺、千分尺等,特殊量具有圆角规、螺纹规等,如图8.36所示。

2. 常用测量方法

（1）长度尺寸:可直接用钢尺测量,如图8.37所示,或用游标卡尺测量。

（2）内、外圆直径:用内外卡钳和钢尺联合测量,如图8.38所示,或用游标卡尺测量,如图8.39所示。

（3）两圆孔中心距:用内、外卡钳和钢尺联合测量,如图8.40所示,或用游标卡尺测量。

（4）孔的轴线到基准面的距离:用内、外卡钳和钢尺联合测量,如图8.41所示。

（5）箱体类零件的壁厚:用内、外卡钳和钢尺联合测量,如图8.42所示。

（6）内、外螺纹:用螺纹规测量,如图8.43所示。

（7）零件上的内、外圆角半径:用圆角规测量,如图8.44所示。

（8）曲线和曲面轮廓的测量方法

①拓印法:拓印法适合于测绘平面曲线。此法是在被测零件部位涂上红色印泥或其他醒目的颜色,然后将该部分拓印在纸上,从而显示出曲线形的轮廓,如图8.45所示。

②铅丝法:还可用铅丝法测量曲面曲线,如图8.46所示。撤出铅丝时应防止铅丝变形,沿铅丝绘出曲线并分段求得各段圆弧中心,定出其半径。

(a) 钢尺

(b) 游标卡尺

(c) 内外卡钳

(d) 千分尺

(e) 圆角规

(f) 螺纹规

图 8.36　常用量具

图 8.37　用钢尺测量长度

图 8.38　用内、外卡钳和钢尺测量内、外圆直径　　　图 8.39　用游标卡尺测量内、外圆直径

图 8.40　测量孔的中心距　　　　　　　　　图 8.41　测量孔的定位尺寸

X=A-B　　　　　Y=C-D　　　　　Z=F-E

图 8.42　测量壁厚

图 8.43　测量螺纹牙型和螺距

图 8.44　测量圆角半径

图 8.45　拓印法

图 8.46　铅丝法测量曲面曲线

8.7　读零件图

零件图是指导生产的重要技术资料之一,因此读零件图是从事工业生产人员必须具备的基本技能。本节是在前面已讲述读物体视图的基础上,结合生产实际,进一步研究读零件图的方法和步骤。

8.7.1　读零件图的方法和步骤

1.读标题栏

从标题栏中知悉零件的名称、材料、重量、比例等。从零件的名称就可知道零件的类别、功用,并大体上能了解该零件的结构特点。

2.阅读视图

从主视图开始分析,找出各视图之间的关系及其表达的目的。当采用剖视图或断面图时,必须弄清楚剖切平面的位置及表达目的。若有辅助视图、局部放大图及简化画法时,应搞清它们的位置、投射方向。运用形体分析、结构分析,根据各视图之间的投影关系,将零件的外部形状进行分解,确定组成零件的各基本形体的结构特征,各结构的作用和各基本形体之间的相对位置关系。运用形体分析、结构分析,结合各剖视图、断面图,分析零件内部结构特征,各结构的作用及相互位置关系。运用线面分析,对各基本体相关表面的相互关系及某些局部结构进行分析。

通过上述分析,想出零件的完整形状。

3.分析尺寸

零件图中的尺寸是制造和检验零件的依据,对零件图中的尺寸分析应给予重视。根据零件的结构特征及图中所标注的尺寸找出各方向的主要基准和辅助基准。根据形体分析和结构分析,找出功能尺寸和非功能尺寸,各形体的定形尺寸、定位尺寸和总体尺寸等。

4.看技术要求

技术要求是保证零件质量的重要内容之一,通过图形内、外的符号和文字注解,可以进一步明确在制造、检验时的要求。零件图中的技术要求内容很多,如表面粗糙度、尺寸公差、形位公差及热处理等,分析合理的加工方法。

5.总结归纳

综合上述几步,并加以归纳总结,就可以了解到零件的完整形象,真正看懂零件图。

8.7.2　读图举例

读图 8.47 所示减速箱体的零件图。

1.读标题栏

从标题栏得知该零件是箱体。因此就能联想起,它是一个起支承和密封作用的箱体零件,材料为灰铸铁 HT200 号的铸造件,应具有铸造工艺要求的结构,如铸造圆角、拔模斜度等。绘图比例为 1∶3,从而可想象零件实物的大小。

2.表达方案分析

该箱体由六个视图表达,其中主视图和左视图分别用阶梯局部剖和全剖视,主要表达三轴孔的相对位置。俯视图表达顶部和底板的结构形状以及蜗杆轴的轴孔。C 向视图表达左面箱壁凸台的形状和螺孔配置。$B-B$ 局部剖视表达圆锥齿轮轴孔的内部凸台圆弧部分的形状。D 向视图表示底板底部凸台的形状。通过这几个视图已把箱体的全部结构

图 8.47　箱体零件

表达清楚。

3. 进行形体分析和结构分析

从总的外形看,箱体由两大部分组成,一部分是底板,另一部分是在底板上面的方箱。同时根据使用要求,无论是底板还是方箱均有附加结构。为了便于箱体安装,底板上有四个安装孔 $\phi 8.5$。为了使箱体安装平稳,并且减少加工面,底板上面有四个凸台(看 D 向)。再看方箱,为了更好地支承轴承和转轴,在箱壁上有传动轴的轴承孔,并且每个孔壁向外或向内加宽加厚,以使轴承安装得更可靠。在箱壁右侧有两个螺孔,M16 × 1.5 用来装油标;M8 × 1 用来装排油孔的螺塞。箱体顶部有四个凸台和螺孔用来连接箱盖。在看图时,我们可以利用"长对正,高平齐,宽相等"的原则逐个看懂各部分。

4. 进行尺寸分析

箱体的结构比较复杂,尺寸数量较多,这里主要分析它的尺寸基准,轴孔的定位尺寸和主要尺寸。

(1)箱体尺寸基准分析:减速箱的底面是安装基面,以此作为高度方向的设计基准,此外,箱体在机械加工时首先加工底面,然后以底面为基准加工各轴孔和其他平面,因此底面又是工艺基准。长度方向以蜗轮轴线为基准,宽度方向以前后对称面为基准。

(2)轴孔及其定位尺寸:上边的 $\phi 35$ 的位置由 92(以底面为基准,是高度方向的定位尺寸)和 25(以前后对称面为基准的宽度方向定位尺寸)确定。下边三个孔都在相同的高度上,与上边孔的距离为 $440^{+0.06}_{0}$。从 C 向可以看出,孔 $\phi 35^{+0.007}_{-0.018}$ 和孔 $\phi 48^{+0.025}_{0}$ 前后相距 42。

(3)其他重要尺寸:箱体上与其他零件有配合关系或装配关系的尺寸,应注意零件间尺寸的协调。如箱体底板上安装孔的中心距 100 和 126,应与机床台面钻孔的中心距一致。又如各轴承孔的直径尺寸应与相应的滚动轴承外径一致。箱壁上凸台的直径和螺孔的定位尺寸应与轴承盖相应尺寸相同。箱体顶部四螺孔的中心距 90 和 102 应与箱盖上沉孔的中心距协调一致。

5. 进行工艺、技术要求分析

箱体是组成机器或部件的主要零件之一。其内部须装配各种零件,因此,它的结构较复杂,一般的箱体均为铸件。箱体的各轴孔均装有滚动轴承或轴承套,为了保证配合质量,各轴孔均注有尺寸公差。轴孔间的相对位置由同轴度和垂直度给予保证。各轴孔的表面粗糙度要求也很严,Ra 为 0.8 μm,其他几个接触面 Ra 为 3.2 或 6.3 μm。底板与螺钉搭接面 Ra 为 12.5 μm,其余都是不去除材料表面。为了保证箱体加工后不致因变形而影响装配质量,箱体需要人工时效处理。

图 8.48 是减速箱的立体图,供读箱体零件图时参考。

中空部分

蜗杆轴
安装位置

轴承孔

凸台

轴承孔
蜗轮轴
安装位置

安装孔

圆锥齿轮
轴安装位置

底板凸台

油标孔

螺塞孔

图 8.48　箱体结构图

第 9 章

装 配 图

一台机器或部件是由很多零件组成的。表达一台机器或部件的工作原理、各零件间的相对位置、装配关系等内容的工程图样,称为装配图。图 9.1 就是一张滑动轴承的装配图。本章将介绍装配图的有关内容。

9.1 装配图的作用与内容

9.1.1 装配图的作用

在机械工业生产中,新机器或部件的设计及老产品的仿制,都应该首先画出装配图,然后再根据装配图进一步设计绘制出各个零件的零件图。根据零件图将全部零件加工完成后,再根据装配图的要求将各零件组装成机器或部件。在机器或部件的调试、使用和维修过程中,也都需要通过装配图,掌握其工作原理、装配关系等,以便正确地使用、操作和确保拆装、修理、保养工作的正常进行。在大量的技术交流活动中,装配图起到了其他图样无法替代的作用。因此,在设计、制造、检验、安装、使用、维修中,装配图都在发挥着它应有的作用,它是机械工业生产中重要的技术文件。

9.1.2 装配图的内容

一张完整的装配图,一般应包括如下内容:

1. 一组视图
用来表达机器或部件的工作原理、各零件间的相对位置、装配关系、连接方式、传动路线及零件的主要结构形状等内容的一组图形。

2. 必要的尺寸
装配图上所注的尺寸一般为与机器或部件性能、规格、配合、安装及外形有关的尺寸和其他重要尺寸。

拆去轴承盖等

技术要求

下轴瓦与轴承座用着色法检查接触情况，接触面积不少于整个面积的50%，上轴瓦与轴承盖的接触面积不少于40%。

8	H5	下　轴　瓦	1	ZQSn6-6-3	
7	H4	上　轴　瓦	1	ZQSn6-6-3	
6	GB/T 1154	油　杯 B12	1		
5	H3	轴 瓦 固 定 套	1	Q235-A	
4	GB/T 5780	螺　栓 M10×90	2	Q235-A	
3	GB/T 6170	螺　母 M10	4	Q235-A	
2	H2	轴　承　盖	1	HT150	
1	H1	轴　承　座	1	HT150	
序号	代　号	名　　称	数量	材料	备注

滑动轴承	第　张	图号	
	共　页	比例	1:2
制图		（设计单位）	
审核			

图 9.1　滑动轴承装配图

3. 技术要求

用文字或符号说明机器或部件的性能、装配、安装、调试、检验、使用、保养等方面的要求。

4. 零件的序号、明细栏和标题栏

在装配图中，要对每种零件、组件都进行编号，编制明细栏，在明细栏中填写零件名称、数量、材料、标准件代号等，以便看图。图纸的右下角绘制标题栏，标题栏中注明机器或部件名称、图号、绘图比例及绘图单位和有关人员签名等内容。

9.2 装配图的表达方法

前面第 6 章所介绍的机件的各种表达方法，如视图、剖视、断面及其他表达方法在表达机器或部件时也同样适用。由于两种图样的作用不同，因此表达的重点也不同。在国家《机械制图》标准中，对装配图提出了一些规定画法和特殊表达方法。

9.2.1 规定画法

根据装配图是表达若干个零件的装配关系这一特点，为明显区分各个零件，并正确表示出它们之间的装配关系，画装配图时应遵守如下规定：

（1）相邻两个零件的接触面和配合面只画一条线，非接触表面必须画两条线。如图 9.2 所示。

图 9.2 装配图的规定画法

（2）两相邻零件的剖面线倾斜方向应相反或方向相同，但间隔不同，如图 9.2 所示。同一零件的剖面线倾斜方向、间隔在各视图中必须一致。

（3）当剖切平面通过紧固件以及轴、拉杆、手柄、球、键等实心件的轴线或对称平面时，这些零件均按不剖绘制。如图 9.1 中的螺栓、螺母和图 9.3 中的轴、螺钉、螺母、垫圈、平键、钢球等。若它们上面有孔或槽需要表达，可用局部剖视画出。如剖切平面垂直上述零件的轴线时，则应画出剖面线，如图 9.1 俯视图所示。

9.2.2　特殊表达方法

1.沿零件的结合面剖切和拆卸画法

在装配图上,为了使某些被遮住的部分表达清楚,可假想沿着某些零件的结合面进行剖切,或假想拆去某些零件(必要时可说明拆去 ×× 件) 后再绘图的方法进行。沿结合面剖切时,结合面上不画剖面符号,而其他被剖切的零件则要画剖面符号。如图 9.1 中俯视图的右半部分,就是沿轴承盖与轴承座的结合面剖开,拆去上面部分加以表达的。

2.简化画法

(1)零件上的某些工艺结构,如圆角、倒角、退刀槽等允许不画,螺栓头部、螺母的倒角及其表面曲线允许省略,如图9.3 所示。

(2)在同一视图中重复出现的某些相同结构(如相同的螺栓连接),允许详细地画一处或几处,其余的用点画线表示其中心位置即可,如图9.3 所示的螺钉连接。

(3)当剖切平面通过某些标准组合件,而该组合件已由其他图形表示清楚的情况下,可只画出其外形,如图 9.1 中的油杯。

(4)滚动轴承等可以按规定的画法画出投影的一侧,而另一侧只需用粗实线画出其轮廓范围,并在其内画一十字线代替其投影,如图 9.3 所示。

图 9.3　装配图的规定画法及简化画法

3.夸大画法

在装配图中,对直径很小的孔、很薄的垫片、细丝弹簧、较小的斜度和锥度等,可不按原绘图比例绘制,而适当夸大画出,如图 9.3 中的垫片。

4.假想画法

在装配图中,为了表达某些零件的运动范围和极限位置,或为了表示本机器或部件与相邻零件的相互关系时,可用双点画线假想将它们的有关投影画出,如图9.4所示。

5. 展开画法

为了表示传动机构的传动路线和装配关系,假想按传动顺序沿着各轴线作剖切,并依次展开,使剖切平面展平到与选定的投影面平行后,再画出其剖视图。这种画法称为展开画法,如图9.4的左视图。

图9.4 三星齿轮传动机构

6. 单独表达零件的画法

为了便于看图和了解机器或部件的工作原理,以及各零件的装配关系,主要结构等,可将个别零件用视图、剖视、断面来单独表达,并加以标注,如图9.5中件$4B-B$和件$2C$。

件2C

件4B-B

135°

技术要求

件3阀芯与件1阀座的柱面须配合研磨

7	螺母 M24	1	Q235-A	GB/T 6170
6	垫圈 24	1	Q235-A	GB/T 97.1
5	扳 手	1	HT20-40	
4	阀 芯	1	ZQSn6-6-3	
3	堵 头	1	Q235-A	
2	螺 塞	1	Q235-A	
1	阀 座	1	HT20-40	
序号	名 称	数量	材 料	备 注

折 角 阀		比 例	1:5
		图 号	
制图		日 期	（设计单位）
审核		日 期	

图 9.5　折角阀装配图

9.3 常见装配结构简介

选择合理的装配结构,能保证部件的装配质量并便于安装和拆卸。因此,在设计机器或部件时,应考虑到零件之间装配结构的合理性,下面介绍几种常见的装配结构。

9.3.1 接触面的合理配置

(1)两个接触的零件在同一方向上一般只能有一对接触面,否则会给加工和装配带来困难,如图 9.6 所示。

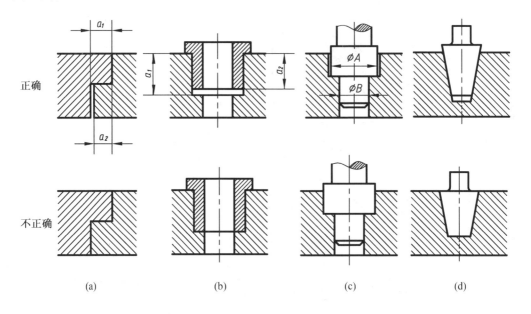

|(a)|(b)|(c)|(d)|

图 9.6 接触面的合理结构

(2)当两个零件必须在两个互相垂直的表面同时接触时,应在转角处制出倒角、凹槽或不同半径的圆角,以保证两垂直表面都接触良好,如图 9.7 所示。

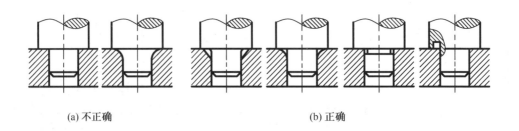

(a) 不正确   (b) 正确

图 9.7 接触面转角处的合理结构

9.3.2 便于零件装、拆的合理结构

在采用螺纹紧固件连接时,要考虑装、拆的可能和方便,如图 9.8 所示,图 9.8(a) 表示装、拆螺母时必须留有扳手的活动空间。图 9.8(b) 表示装、拆螺栓时要有足够的空间使螺栓通过。

不合理　　　　　　合理　　　　　　不合理　　　　　　合理

(a)　　　　　　　　　　　　　　　　(b)

图 9.8　用螺纹紧固件时的合理结构

9.4　机器或部件测绘

在生产实际中,对现有的机器或部件进行分析与测量,绘制出全部非标准零件的草图,再根据零件草图整理绘制出装配图和零件图,这个过程称为机器或部件测绘。这是在先进产品仿制、旧产品的改进和维修时经常要进行的一项工作。本节介绍测绘的方法和步骤。

9.4.1 了解测绘对象

在测绘机器或部件前,要对测绘对象进行了解和分析,通过观察实物、参阅产品说明书和听取使用者介绍等方式,初步了解机器或部件的名称、性能、工作原理、结构特点以及零件之间的装配关系和拆装顺序等。

现以图 9.1 所示滑动轴承为例进行分析,它的作用是承载轴并使之在其中转动。中间轴孔直径是代表其规格的尺寸。滑动轴承由轴承座、轴承盖、上轴瓦、下轴瓦、螺栓、螺母、轴瓦固定套和油杯等八种件组成,如图 9.9 所示。其中螺栓、螺母和油杯是标准件。轴承的上、下轴瓦正好合成一个圆柱体,中间为圆孔,其外圆柱面与轴承座、轴承盖的半圆孔配合装在一起。轴瓦两端凸缘卡在座与盖的两边端面上,防止其轴向移动。为了避免盖与座在左右方向上有偏移,它们之间有平面形的止口配合。轴瓦固定套则起到防止轴瓦在座与盖的孔中转动的作用。六角头螺栓连接轴承的上下部分,每个螺栓上采用双螺母旋紧,起到防松作用。在油杯中加注润滑脂,可进入轴瓦内,起到润滑作用。

图9.9　滑动轴承轴测图

9.4.2　画装配示意图

　　为了记录机器或部件上各个零件的位置和装配关系,便于拆卸后重新装配,在拆卸之前,应画出机器或部件的装配示意图。它可以反映机器或部件的工作原理、传动路线、装配关系等情况。装配示意图是按照 GB 4460—1984 规定的机构运动简图符号,用单线条画出来的。图 9.10 即是滑动轴承的装配示意图。

1	——	轴承座	1 件
2	——	轴承盖	1 件
3	——	螺母	4 件
4	——	螺栓	2 件
5	——	轴瓦固定套	1 件
6	——	油杯	1 件
7	——	上轴瓦	1 件
8	——	下轴瓦	1 件

图 9.10　滑动轴承装配示意图

9.4.3　拆卸零件

从机器或部件上拆卸零件时应注意以下几点:

(1) 制定拆卸顺序。用适当的工具合理拆卸,拆卸时进一步了解各零件间的装配关系、作用和结构特点,特别要注意零件之间的配合关系,对配合精度较高的零件,过盈配合的零件,一般不应拆开。

(2) 拆卸过程中要将所有零件进行编号和登记,给每个零件挂一个对应的标签。要保存好所有的零件,当零件数较多时,可将零件按部件、组件进行分组,以防丢失。并且要注意防止碰坏、锈蚀,以便测绘后重新装配时,仍能保证其性能和要求。

9.4.4　画零件草图

零件草图是绘制装配图和零件图的依据,绘制零件草图的方法在第 8 章中已经介绍,这里不再赘述,仅对测绘机器或部件时应注意的事项加以说明。

(1) 标准件只需确定其规格,注出规定标记,不需画零件草图。

(2) 草图不要画得太小,否则会影响图形的清晰度,也不便于标注尺寸。

(3) 测量零件尺寸时,对两零件的配合尺寸和结合面的相关尺寸,测量后要同时注在两零件的相应部分,如轴承盖与轴承座的止口配合尺寸 70、螺栓孔中心距尺寸 65 等,如图 9.11 和图 9.14 所示。

(4) 根据零件在机器或部件中的位置及作用,制定零件的各项技术要求,如尺寸公差、表面粗糙度、形状和位置公差、材料及热处理等要求。

9.4.5　绘制装配图

根据已掌握的技术资料和测绘的草图及装配示意图,绘制机器或部件的装配图,如图

9.1 所示。最后根据画好的装配图和零件草图画出零件图,完成机器或部件测绘。图 9.11 ~ 图 9.15 为滑动轴承非标准件的零件图。

图 9.11 轴承座图

图 9.12 下轴瓦图

图 9.13　上轴瓦图

图 9.14　轴承盖图

图 9.15　轴瓦固定套图

9.5　画装配图的步骤

现仍以滑动轴承为例,说明画装配图的方法和步骤。

9.5.1　确定表达方案

装配图应侧重表达机器或部件的工作原理和零件间的装配关系,因此,装配图的视图表达应遵循下面原则:

1.主视图的选择原则

(1)将机器或部件按工作位置放置,尽量使机器或部件的装配干线或主要安装面处于水平位置或铅垂位置。

(2)能较好地反映机器或部件的工作原理、装配关系和形状特征。

(3)一般要沿着装配干线作全剖、半剖或局部剖。

滑动轴承的工作位置如图 9.1 所示。选取正面作为主视图,可以很清楚地反映各组成零件之间的装配关系和整体形状特征。因轴承是左、右对称的,故在主视图上采用半剖视。

2.其他视图的选择原则

(1)补充主视图有关工作原理、装配及连接关系、传动路线和主要零件结构形状等尚未表达清楚的内容。

(2)便于看图、标注尺寸、排列序号及合理利用图纸等。

如滑动轴承主视图确定之后,为了表明一些零件的对称配置,同时将主要零件的结构形状表达清楚,再选一俯视图,俯视图上沿结合面取半剖视,此部件的表达就比较完整、清晰了。

9.5.2　确定绘图比例和图幅

表达方案确定之后,要根据机器或部件的大小和复杂程度选定绘图比例。比例确定之后,可按确定好的表达方案来估算所用的图幅大小,估算时应考虑到标题栏、明细栏、尺寸标注、零件编号和技术要求等所需的图纸空间。

9.5.3　绘制底稿

（1）画各视图的主要基准线、中心线等。

（2）从装配干线的核心零件开始"由内向外"画,按各零件的相对位置和装配关系,绘制各零件的视图。也可以从机座或壳体画起,"由外向内"画,将其他零件按次序逐个装上去。画图时,各视图应同时进行,以保证投影关系的正确。要做到表达清楚,投影关系准确,且尽量提高画图速度。滑动轴承采用从底座画起的方法,先画底座,再把下轴瓦、上轴瓦装上,再装轴承盖,其步骤如图 9.16(a) ~ (d) 所示。

（a）　画出轴线、中心线、基准线

（b） 画底座

（c） 画上轴瓦、下轴瓦

（d）　画轴承盖

图 9.16

9.5.4　检查、描深

　　完成底稿后,要认真细致地检查。检查工作原理是否表达清楚,装配关系是否正确、合理,投影关系是否正确,各零件的主要结构是否表达清楚,检查无误后,加深全图,画剖面符号,标注尺寸,编排序号、明细栏和注写技术要求,填写标题栏。最后完成的滑动轴承装配图,如图 9.1 所示。

9.6　装配图的尺寸标注和技术要求

9.6.1　装配图的尺寸标注

　　装配图在生产中的作用与零件图不同,故对其标注尺寸的要求也不同。在零件图上需注出零件的全部尺寸,而装配图一般只需标注以下几类尺寸。

1. 规格、性能尺寸

　　表明机器或部件的性能和规格的尺寸。这类尺寸在设计初始就已确定,它是设计、了解和选用机器或部件的依据。如滑动轴承的轴孔直径 $\phi30H8$。

2. 配合尺寸

　　表明机器或部件中有关零件的配合关系、配合性质的尺寸。如滑动轴承座与轴瓦的

配合尺寸 ϕ40H8/k7、50H9/f 9 等。

3. 相对位置尺寸

装配机器或部件时,零件间需要保证的相对位置尺寸,如重要的距离、间隙等。如滑动轴承盖与轴承座的间隙尺寸 2。

4. 外形尺寸

表明机器或部件的总长、总宽和总高。为机器或部件的安装、包装和运输等提供的原始尺寸。如滑动轴承外形尺寸为 180、60、130。

5. 安装尺寸

表示机器安装到基座上或部件安装到机器上所需要的尺寸。如滑动轴承底座上安装孔的尺寸 ϕ13 和安装孔的中心距尺寸 140。

6. 其他重要尺寸

在设计过程中,经过计算确定或选定的尺寸以及一些必须保证的尺寸。如齿轮的模数、齿数,传动螺纹的参数、运动件的极限位置尺寸以及与实现部件功能有直接关系的关键结构尺寸等。如图 9.5 折角阀出油孔中心高尺寸 100 即为关键结构尺寸。

9.6.2 装配图的技术要求

为了保证产品的设计性能和质量,在装配图中需注明有关机器或部件的性能、装配与调整、试验与验收、使用与运输等方面的指标、参数和要求。不同性能的机器或部件,其技术要求也不相同,一般可以从以下几个方面来考虑:

1. 装配要求

(1)装配后必须保证达到机器或部件的运动精度要求。

(2)需要在装配时加工的说明及装配时的要求。

(3)指定的装配方法。

2. 检验要求

(1)基本性能的检验方法和要求。

(2)为了达到机器或部件的运动精度要求而采用的检验方法的说明。

(3)其他检验要求。

3. 使用要求

对产品的基本性能、维护和保养的要求以及使用、操作和运输时的注意事项。

上述各项内容,并不是每张装配图全部填写,要根据具体情况而定。已在零件图中提出的要求,在装配图中可以不必注写。

技术要求可以用数字、代号直接在视图上注明或用文字书写在明细栏上方或图纸下方的空白处,也可以另编技术文件作为图纸的附件。

9.7　装配图的零件序号和明细栏

为了便于读图、装配机器或部件以及进行图纸管理,需要在装配图上对所有零件或组件编写序号,同时编制相应的明细栏。

9.7.1　编写零件序号的方法和规定

(1)装配图中所有零件或组件都必须编写序号,相同的零件只编一个序号,且只标注一次。对标准组件,如油杯、滚动轴承等可看做是一个整体,只编一个序号。

(2)序号应编注在视图轮廓线之外。其方法是先在被编注零件的可见轮廓线内画一圆点,然后自圆点开始画指引线,在指引线顶端画一水平线或一小圆,在水平线上或小圆内用阿拉伯数字写上零件序号。指引线和水平线或小圆,均用细实线绘制。若所指的零件很薄,不宜画圆点时,可画箭头指向该零件的轮廓,如图 9.17(a)所示。

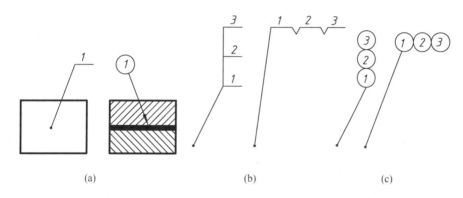

图 9.17　序号的编注形式

(3)指引线尽可能分布均匀,且不要彼此相交。指引线通过剖面线区域时,不应与剖面线平行。必要时允许将指引线画成折线,但只能折一次。一组紧固件或装配关系清楚的零件组,允许采用公共的指引线。如图 9.17(b)、(c)所示。

(4)序号在图样中应按水平或垂直方向整齐排列。序号数字应比装配图中所注尺寸数字大一号或大两号。

9.7.2　明　细　栏

明细栏应画在标题栏上方,其格式如图 9.18 所示。若零件较多,标题栏上方安排不下时,可移到标题栏左侧。

明细栏中序号一栏,自下而上顺序填入,并与视图中的零件序号一致。对标准件应在"代号"一栏中填写相应的国标代号,在名称一栏中同时注明该标准件的规格尺寸,如"螺栓 M10 × 90"。

图 9.18　明细栏的格式

"备注"一栏中可填写某些常用件的重要参数,如齿轮的模数、齿数等。以及需要说明的内容。

9.8　读装配图及拆画零件图

9.8.1　读装配图的要求

在生产实践中,无论是设计、制造、装配,还是使用、维修以及技术交流,都常遇到读装配图的问题,因此,工程技术人员必须具备正确、熟练地读装配图的能力。读懂一张装配图必须了解如下内容:

(1)了解装配图所表达的机器或部件的性能、用途、规格及工作原理。

(2)了解各组成零件间的相对位置、装配关系、连接方式、配合种类与传动路线等。

(3)了解各组成件的作用和主要结构形状。

(4)了解机器或部件的使用方法、拆装顺序和有关技术要求。

9.8.2　读装配图的方法和步骤

1. 概括了解

通过标题栏、明细栏和产品说明书,了解机器或部件的名称、性能、工作原理和用途等。大致浏览所有视图、尺寸和技术要求。根据总体尺寸了解机器或部件的大小,对机器或部件有一个概括了解。

2. 分析视图,了解工作原理

分析清楚装配图共用了几个视图,采用了哪些表达方法,找出剖视图的剖切位置,分析各视图间的投影关系和所要表达的重点内容。分析视图时,应从主视图入手,结合其他视图全面分析机器或部件工作原理,有运动的则要分析动力和运动是怎样传入的,按照什么路线传递的,弄清机器或部件的运动情况。

3. 了解装配关系、装配结构和连接方式

从机器或部件的传动系统入手,分析出各零件间的装配关系及其连接和定位方式,分析各零件间互相配合的松紧程度、运动件的润滑和密封形式等内容。也可以从主要装配干线入手,进行上述分析。

4. 分析零件,弄清各零件的结构形状

根据零件的指引线及序号,将零件在各视图中的位置找到,可按投影关系及剖面线的方向和间距进行分析。分析零件一般从主要零件入手,因为一些小的或次要零件,往往在分析装配关系和分析主要零件的过程中,就可以把它们的结构形状分析清楚。当某些零件的结构形状在装配图中表达不够完整时,可先分析相邻零件的结构形状,根据它和周围零件的关系和作用,再来确定该零件的结构形状。

5. 归纳总结

在上述分析的基础上,还应将机器或部件的作用、结构、装配、操作、维修等方面的问题联系起来研究,进行归纳总结。如结构有何特点? 工作要求怎样实现? 装配顺序如何? 操作维修是否方便等。这样,对机器有一个全面了解,达到了读图的基本要求。

9.8.3　读装配图举例

【例 9.1】　现以图 9.19 所示快换钻夹头为例,说明读装配图的方法和步骤。

（1）概括了解

从说明书中可知,快换钻夹头是摇臂钻床上的一个部件,在钻床转速不高的情况下,不需要停车就可以更换钻头、扩孔钻、铰刀等。

从明细栏可以看出快换钻夹头共有6种零件,图中的尺寸257和ϕ84决定了快换钻夹头的使用规格。

（2）分析视图,了解工作原理

快换钻夹头共采用了两个视图,一个主视图,一个移出断面图。主视图上取局部剖视,主要表达零件的装配关系及每个零件的主要结构。移出断面是为了表达钢球在夹头体中与可换套之间的关系。

快换钻夹头的工作原理是:当要换下钻头时,用手握住外压环并向上推至上弹簧环,此时,两钢球沿夹头体两侧的锥孔向外滑到外压环下部内壁处,可换套可取出,随后,可以装上备好的可换套,再放开外压环,它靠自重下滑至下弹簧环,靠夹头体锥面迫使两钢球向轴心移动陷入可换套的承窝中,这时刀具又可以切削了。

（3）了解装配关系、装配结构及连接方式

快换钻夹头靠夹头体上端的钻柄安装在钻床上。 夹头体与可换套的配合关系是$H7/f7$,即基孔制间隙配合,由钢球将它们连接在一起。夹头体与外压环的配合关系是$H9/f9$,也是基孔制间隙配合,由弹簧环将外压环固定在夹头体上。

图 9.19　快换钻夹头装配图

6		外　压　环	1	T8A	
5		钢球 ⌀12.7	2		外购
4		可　换　套	1	T8A	
3		可　换　套	1	T8A	
2		弹　簧　环	2	65Mn	
1		夹　头　体	1	45	
序号	代号	名　　　称	数量	材料	备注

快换钻夹头

（单位名称）

（4）分析零件形状

通过上述分析可知夹头体是一个主要零件，它起着包容和连接其他零件的作用。它的主体是一个空心圆柱体，上端是带有 1 号莫氏锥度的柄，下端外表面有两条装弹簧环的半圆环沟槽，从移出断面图中可以看出它的左右两端还有装钢球的锥孔。夹头体外表面与外压环配合，而内表面与可换套相互配合。其他零件分析从略。

（5）归纳总结

快换钻夹头主要由夹头体、外压环、可换套组成。为提高工作效率，它备有两个可换套，在转速不高的情况下可以实现调换钻头或铰刀。它的拆卸顺序也比较简单，只要拆除下弹簧环、外压环、钢球、可换套，即可使快换钻夹头分解。

【例 9.2】　读图 9.20 所示铣床分度头尾座装配图。

（1）概括了解

铣床分度头尾座用于铣床上支承工件。从明细栏中可以看出它由 9 种零件组成，其

图9.20　铣床分度头尾座装配图

9	GB/T 6170	螺母	2	Q235-A	
8	0.105	螺栓	2	Q235-A	
7	0.104	导块	5	Q235-A	
6	GB/T 91.1	垫圈 A12	5		
5	GB/T 5780	螺钉 M12×40	1	35	
4	0.103	底座	1	HT200	
3	0.102	顶尖	1	45	
2	GB/T 119.1	销 4n6×8	1	45	
1	0.101	旋杆	1	35	
序号	代号	名称	数量	材料	备注
铣床分度头尾座		图号			1:3
		比例			
制图		共　张		（设计单位）	
审核		第　张			
日期		日期			

中非标准件 5 种。其大小由外形尺寸 190、100 和 160 所确定。

（2）分析视图、了解工作原理

铣床分度头尾座装配图采用了三个基本视图和一个 $C - C$ 全剖视图及一个 $D - D$ 局部剖视图。主视图按尾座的工作位置放置，取局部剖视，主要表达松夹工件的顶紧结构以及该部件固定在铣床工作台上的方式。左视图通过螺栓轴线取 $B - B$ 阶梯局部剖，主要表达升降结构的情况。$C - C$ 剖视主要补充顶紧结构的锁紧机构。俯视图主要表达外形。$D - D$ 局部剖视主要表达底座的形状。

铣床分度头尾座的工作原理是：当松开螺钉 5 后，转动旋杆 1，由于螺纹 M12 × 1 的作用，可使顶尖 3 在导块 7 槽内沿轴线方向移动，因而能顶紧或松开工件。销 2 起到防止顶尖旋转的作用，当顶紧工件后，再将螺钉 5 旋紧。

当需要调整顶尖高度时，松开螺母 9，导块 7 在底座 4 的槽中上、下移动，调整适当后，再旋紧螺母 9 将其夹紧。

（3）了解装配关系、装配结构及连接方式

① 松夹工件结构中各零件的装配关系：由主视图看出，旋杆 1 和顶尖 3 靠旋杆左端轴肩与顶尖的间隙配合 $5H7/f6$ 连接在一起，旋杆与导块 7 靠螺纹旋合在一起，导块用螺栓 8 固定在底座 4 上，顶尖与导块采用间隙配合 $\phi 26H7/f6$，销钉 2 与导块 7 采用间隙配合 $\phi 4H7/f6$ 后进入顶尖槽内，从而实现当旋转旋杆 1 时，旋杆 1 带动顶尖 3 在导块 7 槽内做轴向移动。

② 调整顶尖高度结构中，各零件的装配关系：从 $B - B$ 剖视图看出，顶尖 3 高度是靠导块 7 在底座 4 槽内上下移动而调节的。因此，导块 7 与底座 4 采用间隙配合 $40H9/f9$，导块 7 与螺栓 8 连接在一起，采用间隙配合 $\phi 13H7/f6$。

③ 尾座与工作台的连接方式：从主视图和 $D - D$ 剖视图看出，尾座通过底座 4 底板上左、右两侧 U 形槽，用螺栓（图中未画出）固定在铣床工作台上。

（4）分析零件结构形状

由上述分析可知，底座是一个主要零件，它起着支承、包容其他零件的作用，是分度头尾座的主体。它的基本形体是一个 U 形架，底板上有两个 U 形槽，两侧立板上分别有两个长圆形孔。其他零件的分析从略。

（5）归纳总结

铣床分度头尾架中，底座、导块、顶尖是主要零件，为松夹零件采用了螺纹结构，操作简单，使用方便。它的拆卸顺序请读者自行分析。

9.8.4 由装配图拆画零件图

在设计过程中，一般是根据设计要求首先画好装配图，再根据装配图拆画各零件图（简称拆图），拆图是产品设计过程中的一项重要工作。拆图必须在全面读懂装配图、弄清零件的结构形状的基础上进行，按照零件图的内容和要求，画出零件图。现就拆图时应注意的几个问题简述如下：

1. 零件结构形状的处理

在装配图上不可能把所有零件的结构都表达清楚,因此在拆图时,对未表达清楚的结构,要根据零件的作用,主要结构及与相邻零件的关系来确定。在装配图中省略的某些工艺结构,如倒角、圆角、退刀槽等,在拆图时必须完整、清楚地在零件图上补画出来。

2. 零件的视图选择

装配图与零件图的作用不同,表达重点也不同。因此,装配图中所画的某个零件的视图不一定适合于零件图的表达需要。在拆图时,应根据零件的具体结构特征,按照零件图的视图选择原则,重新制定表达方案。有的可能与装配图的表达吻合,有的则需要作适当的调整和补充。如拆画图 9.19 所示快换钻夹头中的可换套零件图,它在装配图中主视图是处于工作位置。在零件图中,则考虑其主要加工工序是在车床上进行的,因此,主视图按加工位置选取,如图 9.21 所示。在拆画图 9.20 所示铣床分度头尾座中的底座零件图时,其表达方案中各视图与装配图吻合,如图 9.22 所示。

图 9.21　可换套零件图

3. 零件的尺寸

零件图是加工制造零件的依据,尺寸标注要求正确、齐全、清晰、合理。而装配图中零

图9.22 底座零件图

件的尺寸是不够的,因此在拆图过程中,零件的尺寸应从以下几方面来考虑确定。

(1)在装配图中所注的与该零件有关的尺寸都要直接抄到零件图上,不得随意改动。对注有配合代号的尺寸,还应在零件图上注出其上、下偏差或公差代号。如图9.21可换套的尺寸$\phi 44^{-0.025}_{-0.050}$和图9.22底座尺寸$40H9$,即是由装配图中得到的。

(2)零件上已标准化和规格化的结构,如螺纹、键槽、倒角、退刀槽等,应查阅有关标准和手册后注出标准尺寸。

(3)有些尺寸还需要通过计算确定。如齿轮的分度圆直径,应根据给定的模数和齿数计算确定。

(4)除上述尺寸外,对零件上尚未确定的尺寸,可以从装配图中按绘图比例直接量取,并调整为整数后标注。

(5)对有装配关系的零件,应特别注意使其相关尺寸和尺寸基准协调一致,以保证它们之间的正确装配。

4.零件的技术要求

对于零件图上的表面粗糙度、尺寸公差、形状位置公差、热处理和其他技术要求,可根据零件的作用,工作条件,配合要求,加工方法,检验和装配要求等,查阅手册或参考有关图纸资料来确定。技术要求制定得是否正确,会影响零件的加工质量和使用性能,因此,必须认真考虑填写。

第10章

换 面 法

10.1 概 述

画法几何讨论的作图问题主要归结为两类:一是定位问题,即在投影图上确定空间几何元素(点、线、面)和几何体的投影;二是度量问题,即根据几何元素和几何体的投影确定它们的实长、实形、角度、距离等。

由前述内容可知,当空间的直线、平面对投影面处于特殊位置 —— 平行或垂直时,上述两类问题的作图较为简便。本章将研究如何改变空间几何元素相对于投影面的位置,以达到有利于解题的目的。

空间几何元素保持不动,用新的投影面替换原有的某个投影面,使空间几何元素对新投影面处于有利于解题的位置,称为换面法。

更换投影面时,新投影面的位置并不是任意的。首先,空间几何元素在新投影面上的投影要有利于解题;此外,新投影面还要垂直于原来的某个投影面,构成新的两投影面体系,如图 10.1 所示,以便运用正投影原理由原来的投影作出新投影。

由于新投影面的位置选择受到上述限制,解答某些问题时,更换一个投影面有时不能使空间几何元素与新投影面达到预期的相对位置,从而得不到有利于解题的新投影。这时需连续进行两次或多次换面,但每次只能更换一个投影面。如图 10.2 所示,先换 V 面,再换 H 面。也可以先换 H 面再换 V 面。

图 10.1 一次换面

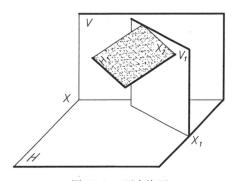

图 10.2 两次换面

10.2 点的投影变换规律

任何形体都可以看做点的集合,所以,研究运用换面法解决某些作图问题之前,首先要讨论点的新投影作法。

10.2.1 一次换面

图 10.3 所示为更换正立投影面 V 时,点的投影变换规律。

设给出 V、H 投影面体系(以后简称 V/H 体系)中的点 A 及其投影 a、a'。新投影面 V_1 垂直于原投影面 H,组成新投影面体系 V_1/H。原投影面体系 V/H 更换 V 面变成 V_1/H,称为更换正立投影面。其中,H 面称为保留投影面,V 面称为被替换投影面,V_1 面称为新投影面。H 与 V_1 面的交线 X_1 称为新投影轴,简称新轴。原投影轴 X 称为旧轴。将点 A 向 V_1 面作正投射,得到新投影 a_1'。在新、旧投影面体系中,由于 H 面保持不动,所以点 A 到 H 面的距离(Z 坐标)不变,因而有 $a_1'a_{X1} = a'a_X$。

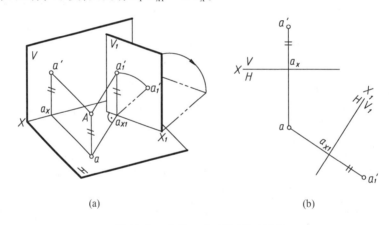

| (a) | (b) |

图 10.3 点的一次变换(换 V 面)

若使 V_1 面绕新轴 X_1 旋转重合于 H 面,则得到图 10.3(b)所示的投影图。在投影图上有:$aa_1' \perp X_1$;$a_1'a_{X1} = a'a_X$。其中 a 称为保留投影;a' 称为被替换投影;a_1' 称为新投影。

由上述分析可得出给定新轴 X_1 的位置后求点 A 的新投影 a_1' 的作图步骤:

(1)过保留投影 a 作直线 $aa_{X1} \perp X_1$,得垂足 a_{X1}。

(2)自 a_{X1} 在垂线上截取 $a_1'a_{X1} = a'a_X$ 得点 a_1',a_1' 即是点 A 在 V_1 面上的新投影。

图 10.4 表示更换 H 面。取新投影面 H_1,使 $H_1 \perp V$,原投影面体系 V/H 变换成 V/H_1。V 面为保留投影面;H 面为被替换投影面;H_1 面为新投影面。

设点 A 在 H_1 面上的投影为 a_1,此时,点 A 到 V 面的距离(y 坐标)不变,所以有 $a_1a_{X1} = aa_x$。

当新投影面 H_1 绕 X_1 轴旋转重合于 V 面后,在投影图上有 $a'a_1 \perp X_1$;$a_1a_{X1} = aa_X$。

综合上述更换投影面的两种情况,得如下投影规律:

（1）点的新投影与保留投影的连线垂直于新轴。

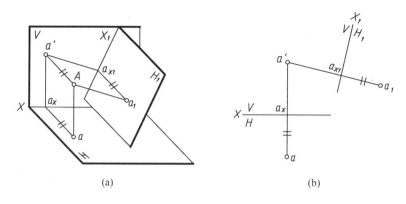

图 10.4　点的一次变换（换 H 面）

（2）新投影到新轴的距离等于被替换投影到旧轴的距离。

当新投影面的位置（新轴的位置）确定后，由点的原来投影作其新投影的步骤为：

（1）过点的保留投影作直线垂直于新轴，得一垂足，并延长到新投影面内。

（2）在新投影面上，自垂足在所作垂线的延长线上截取线段等于被替换投影到旧轴的距离，截得的点即为所求新投影。

直线或平面的变换，可归结为直线上的两点或平面上三点的变换，其方法、步骤与上述相同。

10.2.2　两次换面

图 10.5 表示更换两次投影面时求作点的新投影的方法，其作图原理与更换一次投影面相同。在 V/H 体系中，先用 V_1 替换 V，$V_1 \perp H$，组成 V_1/H 投影面体系（H 为保留投影面），求出 a_1'。

再把 V_1/H 当做原投影面体系，用新投影面 H_1 替换 H，$H_1 \perp V_1$，组成新的 V_1/H_1 投影

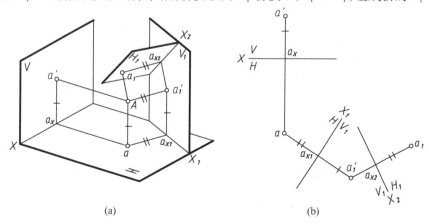

图 10.5　点的两次变换

面体系,求出新投影 a_1。此时 V_1 面为保留投影面,被替换投影面则指 H 面。V_1、H_1 面的交线为新轴 X_2,而 X_1 在第二次换面时被称为旧轴。

二次换面时,点的投影变换规律仍适用,即 $a_1{'}a_1 \perp X_2$;$a_1a_{X2} = aa_{X1}$,如图 10.5(b) 所示。

在换面顺序上可以有两种方案,即 $V/H \rightarrow V_1/H \rightarrow V_1/H_1$ 或 $V/H \rightarrow V/H_1 \rightarrow V_1/H_1$,由需要而定。

10.3 基本作图问题

用换面法解答各类定位与度量问题时,均可归结为下列四个基本作图问题。

10.3.1 把一般位置直线变换成新投影面平行线

由前述规则可知,要把一般位置直线变换成新投影面平行线,所选新投影面应与直线平行,同时又垂直于保留的原投影面,从而新轴应平行于直线的保留投影。

如图 10.6(a) 所示,AB 为 V/H 体系中的一般位置直线。若更换 V 面,把 AB 变换成 V_1 面的平行线,则新投影面 V_1 应平行于 AB 且垂直于 H。此时新轴 X_1 应平行于 AB 的水平投影 ab。直线的投影可由其上任意两点确定,故新轴确定后,可按点的新投影的作法作出直线 AB 的新投影 $a_1{'}b_1{'}$,AB 变换成 V_1/H 体系内的平行线。

作图步骤:

(1) 如图 10.6(b) 所示,作新轴 $X_1 \parallel ab$,作出点 A 及点 B 在 V_1 面上的新投影 $a_1{'}b_1{'}$。

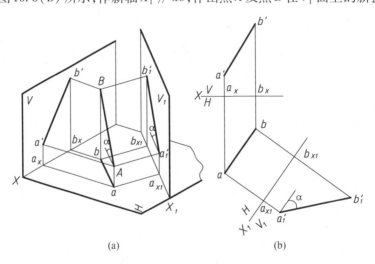

图 10.6 一般位置直线变 V_1 面平行线图

(2) $a_1{'}b_1{'}$ 反映线段 AB 的实长,它与 X_1 轴的夹角 α 为直线 AB 对 H 面的倾角。

若更换 H 面,可将 AB 变换成 H_1 面的平行线,如图 10.7 所示。此时 $X_1 \parallel a'b'$,a_1b_1 反映 AB 的实长,a_1b_1 与 X_1 轴的夹角 β 即为 AB 对 V 面的倾角。

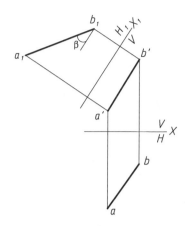

图 10.7　一般位置直线变 H_1 面平行线

10.3.2　把一般位置直线变换成新投影面垂直线

要把一般位置直线变换成新投影面垂直线,只更换一个投影面显然不行。因为找不到一个新投影面,既与一般位置直线垂直,又与一个原投影面垂直。但如果所给直线是投影面平行线,要将其变换成新投影面垂直线,更换一次投影面即可完成。

如图 10.8(a) 所示,直线 AB 为 V/H 体系内的正平线,若将其变换成新投影面垂直线,需设新投影面 $H_1 \perp AB$。又因为 $AB \parallel V$,所以 H_1 必定垂直于 V 面。AB 变换为 V/H_1 体系内的垂直线。

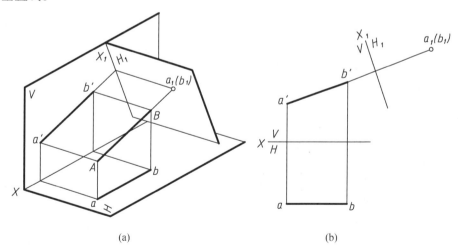

(a)　　　　　　　　　　　　(b)

图 10.8　平行线变新投影面垂直线

作图步骤:

作新轴 $X_1 \perp a'b'$,并作出 AB 在 H_1 面上的新投影 $a_1(b_1)$。a_1、(b_1) 重影为一点,图 10.8(b) 为其投影图。

综上可知,要把一般位置直线变换成新投影面垂直线,必须两次更换投影面。如图 10.9(a) 所示,把 V/H 体系内的一般位置直线 AB 先换成 V_1/H 体系内的平行线,再换成

V_1/H_1 体系内的垂直线,作图过程如图 10.9(b) 所示。

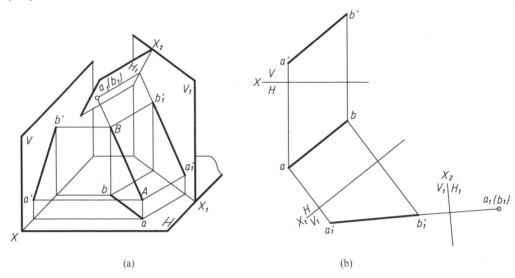

(a)   (b)

图 10.9   一般位置直线变新投影面垂直线

10.3.3   把一般位置平面变换成新投影面垂直面

如图 10.10(a) 所示,平面 $\triangle ABC$ 在 V/H 体系内为一般位置平面。若把它变换成新投影面垂直面,可设新投影面 V_1 替换原投影面 V,并使 V_1 垂直于 $\triangle ABC$ 内的一直线 L。为保证 V_1 同时垂直于 H 面,应取 $L \parallel H$,即 L 为 $\triangle ABC$ 内的水平线。根据投影性质,新轴 $X_1 \perp l$。

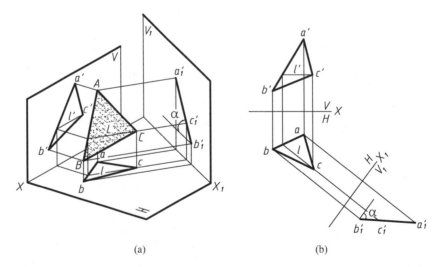

(a)   (b)

图 10.10   一般位置平面变 V_1 面的垂直面

作图步骤:

(1) 在 $\triangle ABC$ 内取水平线 $L(l、l')$。

(2) 作 $X_1 \perp l$,按点新投影作法,作出 $\triangle ABC$ 各顶点在 V_1 面上的新投影 $a_1'、b_1'、c_1'$。

由于 $L \perp V_1$，$\triangle ABC \perp V_1$，所以 $a_1{}'b_1{}'c_1{}'$ 成一直线。

$a_1{}'b_1{}'c_1{}'$ 与 X_1 轴的夹角为 $\triangle ABC$ 对 H 面的倾角。

同理，也可以更换 H 面把 $\triangle ABC$ 变换为 V/H_1 体系内的垂直面，如图 10.11 所示。此时，$a_1b_1c_1$ 与 X_1 轴的夹角为 $\triangle ABC$ 对 V 面的倾角。

10.3.4　把一般位置平面变换成新投影面平行面

要把一般位置平面变换成新投影面平行面，必须两次更换投影面。第一次把一般位置平面变成新投影面垂直面，原理与作图方法如前所述。第二次把垂直面再换成新投影面平行面。

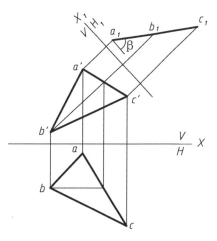

图 10.11　一般位置平面变 H_1 面的垂直面

如图 10.12(a) 所示，平面 $\triangle ABC \perp V_1$，再设新投影面 $H_1 \parallel ABC$，且 $H_1 \perp V_1$。根据平行面的投影性质，新轴 $X_2 \parallel a_1{}'b_1{}'c_1{}'$。在 H_1 面上作出 $\triangle ABC$ 顶点的新投影 a_1、b_1、c_1，$\triangle a_1 b_1 c_1$ 为 $\triangle ABC$ 的实形。

图 10.12(b) 所示为一般位置平面两次变换为新投影面平行面的作图过程。

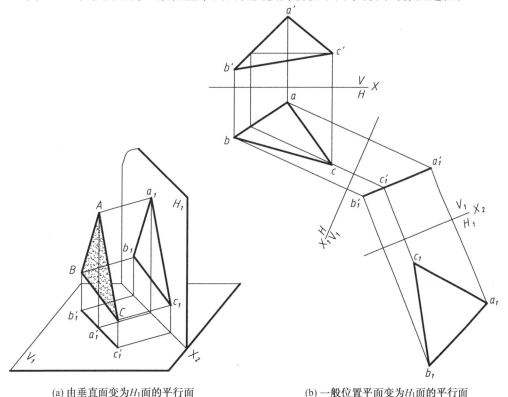

(a) 由垂直面变为 H_1 面的平行面　　　　　(b) 一般位置平面变为 H_1 面的平行面

图 10.12　平面的两次变换

应当注意,两次或多次换面时,不能连续更换一个投影面,而应两个投影面交替更换。

上述四个基本作图题综合运用,可以解决多种定位与度量问题。

10.3.5 解题举例

【例10.1】 试过点 A 作直线与已知直线 BC 垂直相交,如图10.13所示。

分析:当直线 BC 平行于某投影面时,由直角投影定理可知,与 BC 垂直的直线在该投影面上的投影反映其垂直关系。将直线 BC 由一般位置变换为某投影面平行线,须更换一次投影面。

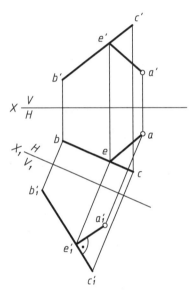

图10.13 过点 A 作 AE 垂直于 BC

作图步骤:

(1)用 V_1 替换 V(也可以用 H_1 替换 H),将 BC 换成 V_1 面的平行线。

(2)点 A 随同直线 BC 一起变换,得新投影 a_1'。

(3)过 a_1' 向 $b_1'c_1'$ 作垂线,垂足为 e_1'。e_1' 为两线垂直相交后的交点 E 在 V_1 面上的投影。

(4)将 e_1' 逆变换返回到 V/H 体系,求出 e 及 e'。连接 ae、$a'e'$ 即为所求。

讨论:此题也可以将点 A 及直线 BC 看成同一平面。将平面 ABC 变换成新投影面平行面,在反映实形的新投影上作出点 A 到直线 BC 的距离 AE,然后返回到原投影面体系即可。同样方法也可以求出两平行直线间的距离、两相交直线间的夹角、作角平分线等。因此凡属同一平面内几何元素的定位、度量问题,均可将此平面变换成新投影面平行面加以解决。

【例10.2】 求点 K 到平面 $P(ABCD)$ 的距离。

分析:如图10.14(a)所示,若过点 K 向平面 P 引垂线,则点 K 到垂足 L 的距离就是 K 到平面 P 的距离。如果平面 P 是某投影面垂直面,则垂线 KL 就是该投影面的平行线,距离可直接反映在投影图上。

由于 P 平面属一般位置,故本题需更换一次投影面,将其变换成新投影面垂直面。

作图步骤:

(1) 更换 V 面,把平面 P 变换成 V_1 面的垂直面。作新轴 $X_1 \perp ad$(AD、BC 为 P 内水平线)。

(2) 作出 P 在 V_1 面上的成线影 $p_1{}'$ 及点 K 的新投影 $k_1{}'$。

(3) 过 $k_1{}'$ 向 $p_1{}'$ 作垂线,垂足为 $l_1{}'$。$k_1{}'l_1{}'$ 即为点 K 到平面 P 的真实距离,如图 10.14(b) 所示。

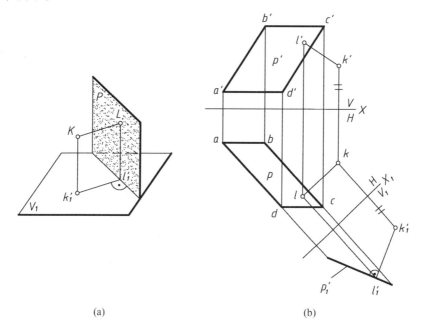

(a)　　　　　　　　　　(b)

图 10.14　求点到平面的距离

讨论:如果需要作出 KL 的投影,可按照点的变换规则把 $l_1{}'$ 返回到 V/H 体系。因 KL 是 V_1 面的平行线,所以过 k 作 $kl \parallel X_1$ 即可求出 l。再由 l、$l_1{}'$ 定出 l'。

若本题变换一下已知条件,即给出点 K 到平面 P 的距离及点 K 的一个投影 k 或 k',而要求补出 k'(或 k),应如何作图? 请读者自行分析。

【例 10.3】　已知平面 $\triangle ABC$ 及 $\triangle ABD$,求此二平面的夹角。

分析:一般位置直线 AB 为 $\triangle ABC$ 与 $\triangle ABD$ 的交线。如图 10.15(a) 所示,当 AB 垂直于某新投影面时,两平面的新投影 —— 成线影之间的夹角,即是两平面夹角的真值。为此应进行两次换面,将 AB 换成新投影面垂直线。

作图步骤:

(1) 如图 10.15(b) 所示,更换 V 面把 AB 换成 V_1 面的平行线。作新轴 $X_1 \parallel ab$,并作出 A、B、C、D 在 V_1 面上的新投影 $a_1{}'$、$b_1{}'$、$c_1{}'$、$d_1{}'$。

(2) 更换 H 面,把 AB 换成 H_1 面的垂直线。作新轴 $X_2 \perp a_1{}'b_1{}'$,并作出 A、B、C、D 在 H_1 面上的新投影 a_1、b_1、c_1、d_1。其中 a_1、b_1 重影为一点。

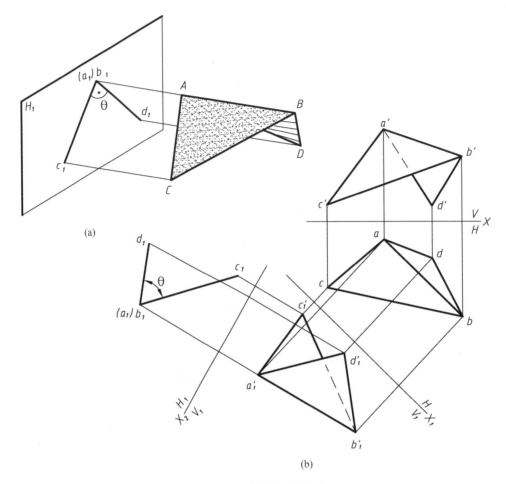

图 10.15　求两平面的夹角

成线影 $(a_1)b_1c_1$ 与 $(a_1)b_1d_1$ 之间的夹角 θ 即为 $\triangle ABC$ 与 $\triangle ABD$ 的夹角。

【例 10.4】　求交叉二直线 AB、CD 之间的距离及公垂线的投影。

分析:交叉二直线间的距离即是它们之间公垂线的实长。如图 10.16(a) 所示,若使两交叉直线之一 CD 变换成新投影面 H_1 的垂直线时,AB、CD 的公垂线 MN 必为该投影面的平行线,MN 在 H_1 面上的投影 m_1n_1 反映公垂线的实长;另一条直线 AB 虽为一般位置,但因 $MN \perp AB$,由直角投影定理有 $a_1b_1 \perp m_1n_1$,由此可定出公垂线的位置。

由于 AB、CD 均为一般位置直线,故本题需两次更换投影面。

作图步骤:

(1) 如图10.16(b) 所示。按基本作图问题2,将一般位置直线 CD 变换成新投影面垂直线。直线 AB 随同 CD 一起变换。

(2) 过重影点 $c_1(n_1$、$d_1)$ 向 a_1b_1 作垂线,垂足为 m_1。m_1n_1 即为 AB、CD 间公垂线的实长。

(3) 将 m_1 逆变换返回,可定出 $m_1{}'$、m、m'。

(4) 作 $m_1{}'n_1{}' \mathbin{/\mkern-5mu/} X_2$ 定出 $n_1{}'$,再逆变换求出 n、n'。mn、$m'n'$ 即为公垂线 MN 的投影。

　　将上述分析及作图进行类推,则可用来解答点到直线的距离、平行二直线间的距离、平行的直线与平面间的距离等度量问题;也可以在给定距离时反过来解答某些定位问题,如补投影等。

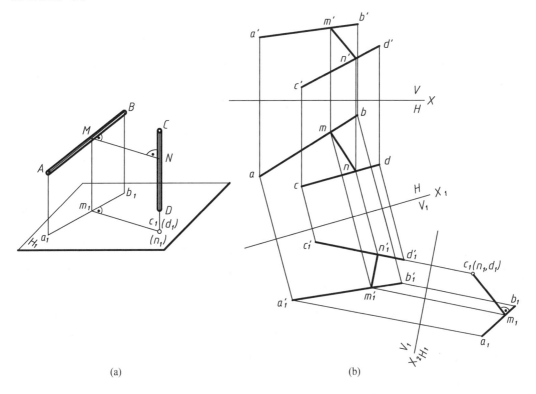

(a) 　　　　　　　　　　　　　　(b)

图 10.16　求交叉二直线间的距离及公垂线

第11章

化工制图

11.1 概 述

在化工企业的设计、制造、施工、安装、试车、运行等各阶段中,设计是主要阶段。设计阶段所提供的各种化工专业图样是其余各阶段顺利进行的技术依据。化工制图是研究、讨论化工专业图样的表达和识读方法的一门工程应用型课程,它以技术制图和机械制图为基础、结合化工专业的设计特点,通过长期的生产和设计实践逐步形成、完善和规范。因此绘制化工专业图样时应遵循技术制图、机械制图国家标准和有关的行业标准。

化工专业图样包括化工设备图和化工工艺图两部分。

11.1.1 化工设备图

化工设备图的内容包括:工程图、施工图。其中施工图包括:装配图、部件图、零件图(包括表格图)、特殊工具图、标准图或通用图、梯子平台图、管口方位图、预焊件图等。

11.1.2 化工工艺图

化工工艺图的内容包括:

(1) 流程图:其中有工艺管道及仪表流程图、总工艺流程图、物料流程图、辅助系统工艺管道及仪表流程图,以及首页图、分区索引图等。

(2) 设备布置图:其中有首页图、设备布置图、设备支架图、管口方位图。

(3) 管道图:其中有管道布置图、软管站布置图、管道轴测图、特殊管架图、设备管口方位图等。

本章简要介绍化工设备图和设备布置图,重点介绍工艺管道及仪表流程图。

11.2 化工设备图

化工设备图是表达各种化工产业过程装置和设备的结构形状和特征、特性规格和尺寸、装配连接关系、技术要求等的图样。图11.1(见插页)是化工设备的装配图,各种化工设备图的图样要素及其布置,应遵循《化工设备设计文献编制规定》HG/T 20668—2000。

11.2.1　化工设备的基本结构特点

典型的化工设备有容器、反应器、换热器和塔,尽管它们的形状大小、安装方式、工艺要求均有差异,但在结构上有以下共同点:

(1) 设备基本形体以回转体为多。

(2) 设备上的开孔和接管多。

(3) 设备各部位结构的尺寸相差悬殊。

(4) 设备上大量采用焊接结构。

(5) 广泛采用标准化、通用化、系列化的零部件。

11.2.2　化工设备的图示特点

1. 基本视图通常为两个

鉴于化工设备的基本形体多为回转体,其基本视图一般为两个。主视图常为全剖视或局部剖视,以反映设备内部结构,另一视图可按投影关系配置,或按向视图形式配置。

2. 多次旋转表达法

由于化工设备上的开孔和接管多,为了能在主视图上清楚地反映它们的结构形状和轴向位置,假想将接管等分别按不同的方向旋转到与正投影面平行的位置后再进行投射的方法称多次旋转表达法。

3. 焊缝的表示方法

化工设备图上的焊缝应按国家标准《气焊、手工电弧焊及气体保护焊焊缝坡口的基本形式与尺寸》GB 985、《埋弧焊焊缝坡口的基本形式和尺寸》GB/T 986、《技术制图焊缝符号的尺寸、比例及其简化表示法》GB/T 12212、《焊缝符号表示方法》GB 324、《金属焊接及钎焊方法在图样上的表示代号》GB 5185 等规定绘制并标注。

4. 衬层和涂层的图示方法

(1) 薄涂层(设备内表面涂镀的耐腐蚀金属材料、塑料、搪瓷、漆等) 在剖视图中用粗点画(单线) 线绘制设备表面轮廓的平行线,并标注涂镀的内容。

(2) 薄衬层(设备内衬的金属薄板、橡胶、聚氯乙烯薄膜、石棉板等) 在剖视图中用细实线(单线) 绘制设备表面轮廓的平行线,衬里为多层不同材料时还应绘制局部放大图表示其层次结构。

(3) 厚涂层(设备内表面的胶泥、混凝土等涂层) 在剖视图中绘制设备表面轮廓的平行线(单线粗实线) 和剖面线,并用局部放大图详细表达其结构尺寸。

(4) 厚衬层(设备内衬的塑料板、耐酸板、耐火砖、辉绿岩板等) 常用局部放大图详细表达其结构和尺寸。

11.2.3　化工设备中的标准化通用零部件简介

各类化工设备通常都要使用筒体、封头、法兰、支座等零部件,为便于设计、制造、维修,有关部门对这些零部件制定了标准。

标准化通用零部件的主要参数有:公称直径 DN、公称压力 PN。

1. 筒体

筒体的直径大小应遵循 GB/T 9019—2001《压力容器公称直径》。

2. 封头

化工设备的封头形状有椭圆形、球形、锥形、碟形、平盖等,最常用的是椭圆形封头。椭圆形封头的结构形状和尺寸大小应遵循 JB/T 4746《钢制压力容器用封头》。

3．法兰

法兰用于化工设备和管道的连接,分别焊接在筒体、封头和管子上。

4．人(手)孔

为便于安装、检修或清洗化工设备内部的零部件,需要在设备上开设人孔或手孔,其中人孔有圆形和长圆形两种。

5．视镜

视镜是用于观察设备内部反应情况的设备,有凸缘视镜和带颈视镜两种。

6．补强圈

补强圈用于弥补设备因开孔过大而造成的强度损失。

7．支座

支座用于支撑和固定设备,一般分为立式设备支座、卧式设备支座和球形容器支座。

8．搅拌器

搅拌器用于增强物料之间的传热、传质效果。钢制压力容器用搅拌器的标准为 HG/T 3796—2005。

9．轴封装置

反应釜的轴封装置有机械密封和填料箱密封两大类,其中填料箱密封的标准为 HG 21537—1992,机械密封的标准为 HG/T 21517—1995。

11.2.4　化工设备装配图的阅读

1．读图基本要求

(1) 了解设备的性能、作用和工作原理;
(2) 了解零部件之间的装配连接关系和装拆顺序;
(3) 了解主要零部件的主要结构形状和作用,进而了解整台设备的结构;
(4) 了解设备管口及其方位和制造、检验、安装等方面的技术数据及要求;
(5) 了解尺寸与焊封代号,零部件序号和管口符号;
(6) 了解填写各种表、栏。

2．读图步骤

了解设备名称、规格、材料、重量、零部件名称、数量和它在设备中的位置、设备设计、施工要求、视图表达方法等。

从主视图入手,结合其他视图,详细了解设备的结构形态和尺寸大小,各零部件的主要结构和尺寸大小,各接管的大小及方位,零部件之间的装配关系,设备安装形式和尺寸等。结合阅读各种表、栏,了解设备的工作原理。

了解设备的设计,制造,检验和验收的技术数据和要求。通过以上详细分析,全面了解设备各方面的情况。

11.3　工艺管道及仪表流程图

11.3.1　概　　述

1．工艺管道及仪表流程图的作用

工艺管道及仪表流程图是化工工艺设计的主要内容,也是设备布置和管道布置等设计的依据,还可做为施工、安装、操作运行及检修时的参考。

2．工艺管道和仪表流程图的内容

不同设计阶段的工艺管道和仪表流程图的表达内容和深度也不同,图 11.2 是施工设计阶段的工艺管道及仪表流程图,其内容有:

图11.2　工艺管道及仪表流程图

（1）图形：工艺流程所需的全部设备机器、管道、阀门及管件、仪表控制点符号；

（2）标注：设备位号及名称、管道号及公称直径、管道等级、必要的尺寸等。

（3）标题栏。

11.3.2 工艺管道及仪表流程图的图示方法

1.一般规定

（1）规范：工艺管道及仪表流程图，应遵循《技术制图》《机械制图》国家标准，还应遵循《化工工艺设计施工图内容和深度统一规定》（HG 20519）和自控专业规定（HG/T 20505，HG/T 20637.2）。

（2）比例：工艺管道及仪表流程图是一种示意性展开图，即按照工艺流程顺序将设备和工艺流程线自左向右地展开在同一平面上。该图样不按比例绘制，设备（机器）图例的大小和图例间的高差可适当缩小或放大。图样标题栏中不标注比例。

（3）图幅：工艺管道及仪表流程图通常以工艺装置的主项（工段或工序）为单元，或以装置（车间）为单位绘制，通常采用 A1（横幅、数量不限）图样，流程简单时可用 A2 图纸。图纸不宜加长加宽。

（4）首页图：用以给出工艺管道及仪表流程图中的符号、代号和编号等说明，如图 11.3 所示。

图 11.3　设备的标注内容

2.设备和机器的图示方法

（1）设备和机器的绘制

① 设备和机器采用细实线，并按 HG 20519—1992 规定的图例绘制，标准中未规定的设备机器的图形可根据其实际外形和内部结构特征绘制。常用设备和机器的图例参阅表 11.1。

② 设备和机器上与配管有关或外界有关（如排液口、排气口、放空口、仪表接管口等）的接管口必须全部画出。管口线一般用（单）细实线或与所连接管道相同的线宽绘制。允许个别管道用双细实线绘制。亦可画出设备和机器上的全部接管口。设备的管法兰可不画。

③ 设备和机器的支撑，如支座，底（裙）座、基础平台等在图中不表示。

表 11.1　常用设备图例

类别	代号	图　　　　　　　例
塔	T	筛板塔　泡罩塔　浮阀塔　喷淋塔　板式塔　填料塔
反应器	R	固定床反应器　列管式反应器　搅拌釜反应器　流化床反应器
换热器	E	列管式　蛇管式　U形管式
容器	V	立式槽　卧式槽　网除沫分离器　旋风分离器

④ 设备和机器的隔热、伴热等需在设备和机器图例的相应部位画出一段隔热、伴热等的图例,必要时再注明隔热、伴热等类型和介质代号(见图 11.4)。

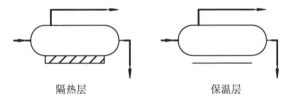

隔热层　　　　　　　　　保温层

图 11.4　设备隔热、伴热的图示方法

⑤ 设备和机器图例的相对位置安排要便于管道连接和标注,并尽可能符合设备和机器安装高低的实际情况。图面排列应整齐、匀称,避免管线过量往返。

⑥ 同一流程中包括两个以上相同系统时,可以绘制一个系统的流程图,其余系统用细双点画线的方框表示,框内注明系统名及其编号。流程较复杂时,可绘制一张单独的局部系统流程图。

(2) 设备和机器的标注内容如图 11.5、图 11.6 所示,其中的设备分类代号参阅表11.2。

T0205A ——— 设备位号

精馏塔

设备名称

设备位号线(粗实线)

图 11.5　设备的标注内容

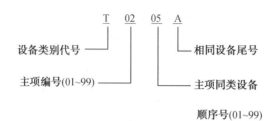

图 11.6　设备位号的内容

表 11.2　设备类别代号

设备类别	塔	换热器	容器(槽、罐)	泵	压缩机	工业炉	起重运输设备	其他设备
设备代号	T	E	R	P	C	F	L	X

　　标注方法第 1 标注,在相应设备图例的正上方或下方,并排列整齐。第 2 标注,在相应设备图例内或边上(见图 11.7)。

垂直布置的设备可由上而下按顺序标注

图 11.7　设备位号标注示例

3. 管道的图示方法

(1) 管道的绘制。

① 一般以单线并采用规定的线型绘制。

② 表示管道的图线尽量水平或垂直,并尽量避免管道线穿过设备以及与管道之间交叉。

③ 管道上的取样口、排放口、液封等均应绘制。常用管道线的画法见表 11.3。

表 11.3　部分管道线图例

名称	图例	备注	名称	图例	备注
主要工艺物料管道		粗实线	仪表管道		细实线
其他物料管道		中实线	仪表管道		电动信号线、细虚线

续表 11.3

名称	图例	备注	名称	图例	备注
电伴热管道		粗实线和细点画线	仪表管道		气动信号线、细虚线
伴热(冷)管道		粗实线和细虚线	管道连接		管道连接
隔热器		粗实线和细实线	管道交叉		管道交叉
夹套管		粗实线和细实线	柔性管		柔性管、细实线

标注中管道编号的内容及编写顺序如图 11.8 所示。其中物料代号应按物料的名称和状态取其英文名词的字头组成。常用 2 ~ 3 个大写英文字母表示。部分常用物料代号参阅表 11.4,管道压力等级代号参阅表 11.5,管道材质类别代号参阅表 11.6,管道隔热(隔声)代号参阅表 11.7。

图 11.8　物料流向和管道编号的标注

表 11.4　常用物料代号

物料代号	物料名称	物料代号	物料名称	物料代号	物料名称
PA	工艺气体	PG	工艺气体	PL	工艺液体
PS	工艺固体	PW	工艺水	SG	合成气
AR	空气	CA	压缩空气	IA	仪表空气
PGL	气液两相物料	PGS	气固两相物料	PLS	液固两相物料
HS	高压蒸汽	HUS	高压过热蒸汽	MS	中压蒸汽
MUS	中压过热蒸汽	LS	低压蒸汽	LUS	低压过热蒸汽
TS	伴热蒸汽	SC	蒸汽冷凝水	BW	锅炉给水

续表 11.4

物料代号	物料名称	物料代号	物料名称	物料代号	物料名称
CWR	循环冷却水回水	CWS	循环冷却水上水	HWR	热水回水
HWS	热水上水	SW	软水	FW	消防水
DW	饮用水、生活用水	RW	原水、新鲜水	WW	生产废水
RWS	冷冻盐水上水	RWR	冷冻盐水回水	FSL	熔盐
NG	天然气	FRL	氟利昂液体	FRG	氟利昂气体

表 11.5　管道压力等级代号(国内标准)

代号	L	M	N	P	Q	R	S	T	U	V	W
压力/MPa	1.0	1.6	2.5	4.0	6.4	10.0	16.0	20.0	22.0	25.0	32.0

表 11.6　管道材质代号

材质	铸铁	碳钢	普通低合金钢	合金钢	不锈钢	有色金属	非金属	衬里及内防腐
代号	A	B	C	D	E	F	G	H

表 11.7　管道隔热(隔声)代号

代号	功能	备注	代号	功能	备注
H	保温	采用保温材料	S	蒸汽伴热	采用蒸汽伴管和保温材料
C	保冷	采用保冷材料	W	热水伴热	采用热水伴管和保温材料
P	人身防护	采用保温材料	O	热油伴热	采用热油伴管和保温材料
D	防结露	采用保冷材料	J	夹套伴热	采用夹套管和保温材料
E	电伴热	采用电热带和保温材料	N	隔声	采用隔声材料

4. 阀、管件的图示方法

(1)阀、管件的绘制

① 应采用细实线、并按规定的图例绘制;

② 管道之间的一般连接件(如弯头、法兰、三通等)不用绘制,但安装、检修等原因所需的法兰、螺纹连接等必须绘制出;

③ 阀的图例一般长 6 mm、宽 3 mm,或长 8 mm、宽 4 mm。部分常用阀、管件的图例见表 11.8。

(2)阀、管件的标注

① 异径管应标注大端公称直径乘以小端公称直径;

② 当阀门、管件的使用有位置、状态要求时,应以文字、数字、尺寸或简图加以说明。

表 11.8　部分阀、管件的图例

名称	图例	名称	图例	名称	图例
截止阀		减压阀		文氏管	
闸阀		碟阀		洗眼器	
节流阀		疏水阀		管端法兰	
球阀		底阀		弯头	
旋塞		阻火器		三通	
隔膜阀		视镜		四通	
角式球阀		异径管	同心 偏心底平 偏心顶平	放空管	

5. 仪表、控制点的图示方法

在工艺管道及仪表流程图中,必须用细实线绘制出与工艺有关的全部检测仪表、调节控制系统、分析取样点、取样阀组,并加以标注。

(1) 仪表、控制点的图形符号:仪表、控制点的图形符号应采用细实线绘制,其安装位置的图形符号见表 11.9。

表 11.9　表示仪表安装位置的图形符号

	单台常规仪表	集中分散控制仪表	计算机功能	可编程逻辑控制
现场安装				
控制室安装				

续表 11.9

	单台常规仪表	集中分散控制仪表	计算机功能	可编程逻辑控制
现场盘面安装	⊖	⊖(in square)	⊖(octagon)	◇(in square)

（2）仪表、控制点的标注：仪表控制点应标注仪表位号。仪表位号有仪表功能标志和仪表回路编号两部分组成，前者填写在仪表图形符号内的上半部，后者填写在仪表图形符号内的下半部。仪表位号按不同的被测变量分类。

① 仪表的功能标志由一个首位字母及 1～3 个后继字母组成，首位字母表示被测变量或者引发变量，后继字母表示读出功能＋输出功能＋读出功能。首位字母和后继字母后都可以附加一个修饰字母，形成一个新的变量。部分常用的仪表功能标志中的字母的含义见表 11.10。

表 11.10　部分仪表功能字母

	首位字母		后继字母		
	被测变量或引发变量	修饰词	读出功能	输出功能	修饰词
A	分析		报警		
C	电导率			控制	
D	密度	差			
F	流量	比率（比值）			
G	毒性或可燃气体		视镜、观察		
H	手动				高
K	时间、时间程序	变化速率		操作器	
I	电流		指示		
L	物位		灯		低
S	速度、频率	安全		开关、连锁	
T	温度			传送（变送）	
W	重量、力		套管		

② 仪表回路编号有主项（或工序）编号（一般用一位或两位数字），同一主项内同类仪表的顺序号（一般用两位也用三位数字）。

检测仪表、取样、排放的表达方法见图 11.9。

图 11.9　检测仪表、取样、排放图示法示例

11.3.5　工艺管道及仪表流程图的作图步骤

（1）根据需要先用细实线绘制地坪、楼板或操作台台面等的基准线。

（2）按照流程顺序从左到右用细实线绘制设备（机器）的图例。

（3）用粗实线绘制出主要工艺物料管道线，并配以箭头表示物料流向。同时以细实线画出主要工艺物料管道线上的阀、管件、检测仪表、调节控制系统、分析取样点等的符号、代号、图例。

（4）用中实线绘制出辅助物料管道线，同样配以箭头表示物料流向。同时以细实线画出辅助物料管道上的阀、管件、检测仪表、调节控制系统、分析取样点等的符号、代号、图例。

（5）分别对设备、管道、检测仪表、调节控制系统等进行标注。

（6）填写标题栏。

（7）把图样中涉及的规定（图例、符号、代号、编号等）以图标形式绘制成首页图。

11.4　设备布置图

11.4.1　概　述

工艺流程设计中确定的全部设备必须在车间（装置）或工段（工序）内合理布置。设备布置设计应提供的图样有：设备布置图、首页图、设备安装详图、管口方位图、与设备安装有关的支架图等。

表示一个主项（装置或车间）或一个分区（工段或工序）内的生产设备、辅助设备在厂房建筑内位安装布置情况的图样称为设备布置图，如图 11.10 所示。

图11.10 设备布置图

设备布置图的内容通常有:按正投影原理绘制的厂房建筑物的基本结构和设备在厂房内外布置情况的一组视图,与设备布置有关的建筑定位轴线的编号、尺寸、设备位号及其名称,表示安装方位基准的方向标、标题栏。

11.4.2　设备布置图的图示方法

1.一般规定

(1) 图幅:以主项为单位绘制,一般采用 A1 幅画,小主项可采用 A2 幅面,图纸不宜加宽或加长。

(2) 比例:通常采用1∶100、1∶200 或 1∶50。大装置分段绘制时,各段必须采用同一比例。

(3) 图名:标题栏中的图名一般写两行,上行写"XXXX 设备布置图",下行写"ELXXX. XX 平面"或"X – X 剖面图"。

2.视图的配置

设备布置图的视图配置与建构筑物、设备表达方法有关,视图通常包括:

(1) 平面图:用以表达某层厂房建筑上的设备布置情况、建构筑物的结构形状和相对位置。

设备布置平面图应按楼层从底层起依次向上绘制。同一张纸上集中绘制几层平面图时,各平面图在图纸上的布置应自下而上或从左到右按层次顺序排列,并在各平面图下方注明相应标高。大操作平台也可分层绘制,操作平台下的设备用细虚线绘制。

当平面图表达不清设备布置情况时,应绘制立面图。剖面图或局部剖面图等视图。

(2) 立面图:用以表达厂房建筑物各个方向(东、南、西、北)的外形,如建筑物的高度,门窗形式、大小、高度、位置,屋面形式,墙面做法等,以及设备与建筑物的位置关系。

(3) 剖面图或局部剖面图:剖面图或局部剖面图用以表达设备沿高度方向的布置情况。

剖面图的下方应注明相应的剖面名称。剖面图可单独绘制,也可与平面图绘制在同一张图纸上。当绘制在同一张图纸上时,应按剖切顺序从左到右、由下而上排列。

3.视图表达方法

(1) 建构筑物绘制方法

① 建构筑物的承重墙、柱等结构的定位轴线用细点画线绘制。

② 与设备布置有关的厂房机器内部分割、生活室、专业用房(如配电室、控制室),以及建筑物均采用细实线,按比例、并按《房屋建筑制图统一标准》、《化工工艺设计施工图内容和深度统一规定》规定的图例绘制。

(2) 设备的绘制

① 用细点画线绘制设备的中心线。用粗实线、按比例绘制出设备的可见外形特征轮廓、接管口、附件(如设备的金属支架、电机机器传动装置等)。

② 非定制型设备不另绘管口方位图时,应采用中实线画出足以反映设备安装方位特征的管口。

③ 穿越楼板的设备在相应各层平面图上均应画出。

④ 多台相同定型设备在位号、管口、支撑方式一致时,可只画一台。

⑤ 与厂房部连接的室外设备机器支架等,一般只在底层平面图上予以表示。

4.设备布置图的标注

设备布置图中的厂房建构筑物和设备均应如图 11.10 所示进行标注(其中尺寸线的终端应采用斜线)。

(1)厂房建筑及其构件的标注内容有:

① 建筑定位轴线的编号,具体编写方式按建筑施工图的有关规定进行。

② 厂房建筑的总长、总宽,建筑定位轴线之间的距离(单位都是 mm)。

③ 为安装设备预留的孔、洞、沟、槽、基础等的定位尺寸。

④ 底面、平台、楼板、与安装设备有关的建筑结构件的标高。

(2)设备的标注内容有:

① 平面定位尺寸以建筑定位轴线或以已经定位的设备的中心线为基准,标注出它与设备中心线、设备支座中心线或动设备的特征管口中心线之间的距离。

② 高度定位尺寸卧式设备标注中心线的标高 ELXXX.XXX(与标注建构筑件标高的方法一致),立式设备标注基础、支架等支撑点的标高 POS ELXXX.XXX,塔设备、管架则标注其顶点的标高 TOS ELXXX.XXX;

③ 位号在各设备图形的近侧或内部均应标注位号和名称,所标注的位号和名称应与工艺管道及仪表流程图中的标注一致,设备名称也可不标注;

(3)安装方位应在图纸右上角绘制方位标,以明确设备安装方向的基准。方位标的绘制要求如图 11.11 所示。

图 11.11   方位标的画法

5.设备一览表

将设备布置图中的设备的位号、名称、技术规格、图号(或标准号)等在标题栏上方列表说明,也可单独制表附在设计文件中。

11.4.3   设备布置图的绘制

1.绘图前的准备

(1)了解有关图纸和资料:通过工艺流程图、厂房建筑图、化工设备工程图等资料,充分了解工艺过程的特点、设备种类和数量、建筑基本结构等。

(2)考虑设备布置合理性:设备布置设计中应认真考虑,满足生产工艺要求,符合经济原则,符合安全生产要求,便于设备安装和检修,保证良好的操作条件等。

2.绘图步骤

(1)确定视图配置。

(2)确定作图比例和图纸幅面。

(3)从底层平面向上逐个绘制平面图:

① 用细点画线绘制建筑定位轴线;

② 用细实线绘制与设备布置有关的厂房建筑基本结构(门、窗、柱、楼梯等);

③用细点画线绘制各设备的中心线；

④用粗实线绘制设备、支架、基本操作平台等。

（4）绘制剖面图或其他视图。绘制步骤与平面图大致相同。

（5）标注内容包括：安装方位标，建筑定位轴线的编号，建构筑物和设备的定位尺寸及其标高，设备位号等。

（6）编制设备一览表，注写有关说明，填写标题栏。

（7）检查、校正后完成图样。

附　　录

普通螺纹(摘自 GB/T 193—2003、GB/T 196—2003)

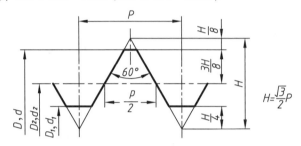

附表1　普通螺纹直径与螺距系列、基本尺寸

mm

| 公称直径 D、d | | 螺距 P | | 粗牙小径 D_1、d_1 | 公称直径 D、d | | 螺距 P | | 粗牙小径 D_1、d_1 |
第一系列	第二系列	粗牙	细牙		第一系列	第二系列	粗牙	细牙	
3		0.5	0.35	2.459		22	2.5	2,1.5,1,(0.75),(0.5)	19.294
	3.5	(0.6)		2.850	24		3	2,1.5,1,(0.75)	20.752
4		0.7	0.5	3.242		27	3	2,1.5,1,(0.75)	23.752
	4.5	(0.75)		3.688	30		3.5	(3),2,1.5,1,(0.75)	26.211
5		0.8		4.134		33	3.5	(3),2,1.5,(1),(0.75)	29.211
6		1	0.75,(0.5)	4.917	36		4	3,2,1.5,(1)	31.670
8		1.25	1,0.75,(0.5)	6.647		39	4		34.670
10		1.5	1.25,1,0.75,(0.5)	8.376	42		4.5	(4),3,2,1.5,(1)	37.129
12		1.75	1.5,1.25,1,(0.75),(0.5)	10.106		45	4.5		40.129
	14	2	1.5,(1.25),1,(0.75),(0.5)	11.835	48		5		42.587
16		2	1.5,1,(0.75),(0.5)	13.835		52	5		46.587
	18	2.5	2,1.5,1,(0.75),(0.5)	15.294	56		5.5	4,3,2,1.5,(1)	50.046
20		2.5		17.294					

注:[1] 优先选用第一系列,括号内尺寸尽可能不用。第三系列未列入。

[2]中径 D_2、d_2 未列入。

非螺纹密封的圆柱管螺纹的基本尺寸（GB/T 7307—2001）

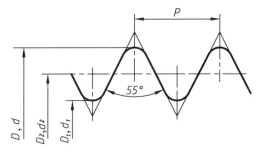

附表 2　非螺纹密封的圆柱管螺纹的基本尺寸　　　　　　　　mm

尺寸代号	每 25.4 mm 内的牙数 n	螺距 p	基本直径	
			大径 D、d	小径 D_1、d_1
1/8	28	0.907	9.728	8.566
1/4	19	1.337	13.157	11.445
3/8	19	1.337	16.662	14.950
1/2	14	1.814	20.955	18.631
5/8	14	1.814	22.911	20.587
3/4	14	1.814	26.441	24.117
7/8	14	1.814	30.201	27.877
1	11	2.309	33.249	30.291
$1\frac{1}{8}$	11	2.309	37.897	34.939
$1\frac{1}{4}$	11	2.309	41.910	38.952
$1\frac{1}{2}$	11	2.309	47.803	44.845
$1\frac{3}{4}$	11	2.309	53.746	50.788
2	11	2.309	59.614	56.656
$2\frac{1}{4}$	11	2.309	65.710	62.752
$2\frac{1}{2}$	11	2.309	75.184	72.226
$2\frac{3}{4}$	11	2.309	81.534	78.576
3	11	2.309	87.884	84.926

梯形螺纹的基本尺寸（GB/T 5796.3—2005）

附表3　梯形螺纹的基本尺寸

mm

公称直径 d		螺距	中径	大径	小径		公称直径 d		螺距	中径	大径	小径	
第一系列	第二系列	P	$d_2 = D_2$	D_4	d_3	D_1	第一系列	第二系列	P	$d_2 = D_2$	D_4	d_3	D_1
8		1.5	7.25	8.30	6.20	6.50			3	24.50	26.50	22.50	23.009
	9	1.5	8.25	9.30	7.20	7.50		26	5	23.50	26.50	20.50	21.00
		2	8.00	9.50	6.50	7.00			8	22.00	27.00	17.00	18.00
10		1.5	9.25	10.30	8.20	8.50			3	26.50	28.50	24.50	25.00
		2	9.00	10.50	7.50	8.00	28		5	25.50	28.50	22.50	23.00
	11	2	10.00	11.50	8.50	9.00			8	24.00	29.00	19.00	20.00
		3	9.50	11.50	7.50	8.00			3	28.50	30.50	26.50	29.00
12		2	11.00	12.50	9.50	10.00		30	6	27.00	31.00	23.00	24.00
		3	10.50	12.50	8.50	9.00			10	25.00	31.00	19.00	20.00
	14	2	13.00	14.50	11.50	12.00			3	30.50	32.50	28.50	29.00
		3	12.50	14.50	10.50	11.00	32		6	29.00	33.00	25.00	26.00
16		2	15.00	16.50	13.50	14.00			10	27.00	33.00	21.00	22.00
		4	14.00	16.50	11.50	12.00			3	32.50	34.50	30.50	31.00
	18	2	17.00	18.50	15.50	16.00		34	6	31.00	35.00	27.00	28.00
		4	16.00	18.50	13.50	14.00			10	29.00	35.00	23.00	24.00
20		2	19.00	20.50	17.50	18.00			3	34.50	36.50	32.50	33.00
		4	18.00	20.50	15.50	16.00	36		6	33.00	37.00	29.00	30.00
		3	20.50	22.50	18.50	19.00			10	31.00	37.00	25.00	26.00
	22	5	19.50	22.50	16.50	17.00			3	36.50	38.50	34.50	35.00
		8	18.00	23.00	13.00	14.00		38	7	34.50	39.00	30.00	31.00
		3	22.50	24.50	20.50	21.00			10	33.00	39.00	27.00	28.00
24		5	21.50	24.50	18.50	19.00	40		3	38.50	40.50	36.50	37.00
									7	36.50	41.00	32.00	33.00
		8	20.00	25.00	15.00	16.00			10	35.00	41.00	29.00	30.00

注：D 为内螺纹，d 为外螺纹。

螺栓

六角头螺栓-C 级（GB/T 5780—2000）、六角头螺栓-A 和 B 级（GB/T 5782—2000）

标记示例

螺纹规格 d = M12、公称长度 l = 80、性能等级为 8.8 级、表面氧化、A 级的六角头螺栓：

螺栓 GB/T 5782　M12×80

附表4　螺栓

mm

螺纹规格 d			M3	M4	M5	M6	M8	M10	M12	M16	M20	M24	M30	M36	M42
b 参考	l≤125		12	14	16	18	22	26	30	38	46	54	66	—	—
	125<l≤200		18	20	22	24	28	32	36	44	52	60	72	84	96
	l>200		31	33	35	37	41	45	49	57	65	73	85	97	109
c			0.4	0.4	0.5	0.5	0.6	0.6	0.6	0.8	0.8	0.8	0.8	0.8	1
d_w	产品等级	A	4.57	5.88	6.88	8.88	11.63	14.63	16.63	22.49	28.19	33.61	—	—	—
		B													
		C	4.45	5.74	6.74	8.74	11.47	14.47	16.47	22	27.7	33.25	42.75	51.11	59.95
e	产品等级	A	6.01	7.66	8.79	11.05	14.38	17.77	20.03	26.75	33.53	39.98	—	—	—
		B													
		C	5.88	7.50	8.63	10.89	14.20	17.59	19.85	26.17	32.95	39.55	50.85	60.79	72.02
k 公称			2	2.8	3.5	4	5.3	6.4	7.5	10	12.5	15	18.7	22.5	26
r			0.1	0.2	0.2	0.25	0.4	0.4	0.6	0.6	0.8	0.8	1	1	1.2
s 公称			5.5	7	8	10	13	16	18	24	30	36	46	55	65
l（商品规格范围）			20～30	25～40	25～50	30～60	40～80	45～100	50～120	65～160	80～200	90～240	110～300	140～360	160～440
l 系列			12,16,20,25,30,35,40,45,50,55,60,65,70,80,90,100,110,120,130,140,150,160,180 200,220,240,260,280,300,320,340,360,380,400,420,440,460,480,500												

注：[1] A 级用于 d≤24 和 l≤10d 或≤150 的螺栓；B 级用于 d>24 和 l>10d 或>150 的螺栓。

[2]螺纹规格 d 范围：GB/T 5780 为 M5～M64；GB/T 5782 为 M1.6～M64。

[3]公称长度范围：GB/T 5780 为 25～500；GB/T 5782 为 12～500。

双头螺柱

双头螺柱 $-b_m = 1d$（GB/T 897—1988）

双头螺柱 $-b_m = 1.25d$（GB/T 898—1988）

双头螺柱 $-b_m = 1.5d$（GB/T 899—1988）

双头螺柱 $-b_m = 2d$（GB/T 900—1988）

标记示例

两端均为粗牙普通螺纹、$d = 10$、$l = 50$、性能等级为 4.8 级、B 型、$b_m = 1d$ 双头螺柱：螺柱 GB/T897 M10×50

旋入机体一端为粗牙普通螺纹、旋螺母一端为螺距 1 的细牙普通螺纹、$d = 10$、$l = 50$、性能等级为 4.8 级、A 型、$b_m = 1d$ 双头螺柱：螺柱 GB/T 897 AM10-M10×1×50

附表5　双头螺柱 mm

螺纹规格		M5	M6	M8	M10	M12	M16	M20	M24	M30	M36	M42
b_m （公称）	GB/T897	5	6	8	10	12	16	20	24	30	36	42
	GB/T898	6	8	10	12	15	20	25	30	38	45	52
	GB/T899	8	10	12	15	18	24	30	36	45	54	65
	GB/T900	10	12	16	20	24	32	40	48	60	72	84
$d_s(\max)$		5	6	8	10	12	16	20	24	30	36	42
$X(\max)$		2.5P										
$\dfrac{l}{b}$		$\dfrac{16\sim22}{10}$	$\dfrac{20\sim22}{10}$	$\dfrac{20\sim22}{12}$	$\dfrac{25\sim28}{14}$	$\dfrac{25\sim30}{16}$	$\dfrac{30\sim38}{20}$	$\dfrac{35\sim40}{25}$	$\dfrac{45\sim50}{30}$	$\dfrac{60\sim65}{40}$	$\dfrac{65\sim75}{45}$	$\dfrac{65\sim80}{50}$
		$\dfrac{25\sim50}{16}$	$\dfrac{25\sim30}{14}$	$\dfrac{25\sim30}{16}$	$\dfrac{30\sim38}{16}$	$\dfrac{32\sim40}{20}$	$\dfrac{40\sim55}{30}$	$\dfrac{45\sim65}{35}$	$\dfrac{55\sim75}{45}$	$\dfrac{70\sim90}{50}$	$\dfrac{80\sim110}{60}$	$\dfrac{85\sim110}{70}$
			$\dfrac{32\sim75}{18}$	$\dfrac{32\sim90}{22}$	$\dfrac{40\sim120}{26}$	$\dfrac{45\sim120}{30}$	$\dfrac{60\sim120}{38}$	$\dfrac{70\sim120}{46}$	$\dfrac{80\sim120}{54}$	$\dfrac{95\sim120}{60}$	$\dfrac{120}{78}$	$\dfrac{120}{90}$
					$\dfrac{130}{32}$	$\dfrac{130\sim180}{36}$	$\dfrac{130\sim200}{44}$	$\dfrac{130\sim200}{52}$	$\dfrac{130\sim200}{60}$	$\dfrac{130\sim200}{72}$	$\dfrac{130\sim200}{84}$	$\dfrac{130\sim200}{96}$
										$\dfrac{210\sim250}{85}$	$\dfrac{210\sim300}{91}$	$\dfrac{210\sim300}{109}$
l系列		16,(18),20,(22),25,(28),30,(32),35,(38),40,45,50,(55),60,(65),70,(75),80,(85),90,(95),100, 110,120,130,140,150,160,170,180,190,200,210,220,230,240,250,260,280,300										

注：P 是粗牙螺纹的螺距。

螺钉

（1）开槽圆柱头螺钉（摘自 GB/T 65—2000）

标记示例

螺纹规格 $d=$ M5、公称长度 $l=20$、性能等级为 4.8 级，不经表面处理的 A 级开槽圆柱头螺钉：

螺钉 GB/T 65 M5×20

附表 6　开槽圆柱头螺钉　　　　　　　　　　　　　　　　　　mm

螺纹规格 d	M4	M5	M6	M8	M10
P（螺距）	0.7	0.8	1	1.25	1.5
b	38	38	38	38	38
d_k	7	8.5	10	13	16
k	2.6	3.3	3.9	5	6
n	1.2	1.2	1.6	2	2.5
r	0.2	0.2	0.25	0.4	0.4
t	1.1	1.3	1.6	2	2.4
公称长度 l	5~40	6~50	8~60	10~80	12~80
l 系列	5,6,8,10,12,(14),16,20,25,30,35,40,45,50,(55),60,(65),70,(75),80				

注：[1] 公称长度 $l \leqslant 40$ 的螺钉，制出全螺纹。

　　[2] 括号内的规格尽可能不采用。

　　[3] 螺纹规格 $d=$ M1.6~M10；公称长度 $l=2$~80。

（2）开槽盘头螺钉（摘自 GB/T 67—2000）

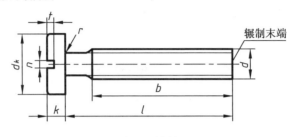

标记示例

螺纹规格 d＝M5、公称长度 l＝20、性能等级为 4.8 级，不经表面处理的 A 级开槽盘头螺钉：

螺钉 GB/T 67 M5×20

附表 7　开槽盘头螺钉

mm

螺纹规格 d	M1.6	M2	M2.5	M3	M4	M5	M6	M8	M10
P（螺距）	0.35	0.4	0.45	0.5	0.7	0.8	1	1.25	1.5
b	25	25	25	25	38	38	38	38	38
d_k	3.2	4	5	5.6	8	9.5	12	16	20
k	1	1.3	1.5	1.8	2.4	3	3.6	4.8	6
n	0.4	0.5	0.6	0.8	1.2	1.2	1.6	2	2.5
r	0.1	0.1	0.1	0.1	0.2	0.2	0.25	0.4	0.4
t	0.35	0.5	0.6	0.7	1	1.2	1.4	1.9	2.4
公称长度 l	2～16	2.5～20	3～25	4～30	5～40	6～50	8～60	10～80	12～80
l 系列	2,2.5,3,4,5,6,8,10,12,（14）,16,20,25,30,35,40,45,50,（55）,60,（65）,70,（75）,80								

注：[1] 括号内的规格尽可能不采用。

　　[2] M1.6～M3 的螺钉、公称长度 l≤30 的，制出全螺纹；M4～M10 的螺钉、公称长度 l≤40 的，制出全螺纹。

（3）开槽沉头螺钉（摘自 GB/T 68—2000）

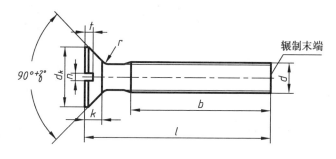

标记示例

螺纹规格 d＝M5、公称长度 l＝20、性能等级为 4.8 级，不经表面处理的 A 级开槽沉头螺钉：

螺钉 GB/T 68 M5×20

附表8　开槽沉头螺钉

mm

螺纹规格 d	M1.6	M2	M2.5	M3	M4	M5	M6	M8	M10
P（螺距）	0.35	0.4	0.45	0.5	0.7	0.8	1	1.25	1.5
b	25	25	25	25	38	38	38	38	38
d_k	3.6	4.4	5.5	6.3	9.4	10.4	12.6	17.3	20
k	1	1.2	1.5	1.65	2.7	2.7	3.3	4.65	5
n	0.4	0.5	0.6	0.8	1.2	1.2	1.6	2	2.5
r	0.4	0.5	0.6	0.8	1	1.3	1.5	2	2.5
t	0.5	0.6	0.75	0.85	1.3	1.4	1.6	2.3	2.6
公称长度 l	2.5～16	3～20	4～25	5～30	6～40	8～50	8～60	10～80	12～80
l系列	2.5,3,4,5,6,8,10,12,(14),16,20,25,30,35,40,45,50,(55),60,(65),70,(75),80								

注：[1] 括号内的规格尽可能不采用。

　　[2]M1.6～M3 的螺钉、公称长度 $l \leqslant 30$ 的，制出全螺纹；M4～M10 的螺钉、公称长度 $l \leqslant 45$ 的，制出全螺纹。

（4）紧定螺钉

开槽锥端紧定螺钉	开槽平端紧定螺钉	开槽长圆柱端紧定螺钉
（GB/T 71—2000）	（GB/T 73—2000）	（GB/T 75—2000）

标记示例

螺纹规格 $d=$ M5、公称长度 $l=$ 12、性能等级为 14H 级、表面氧化的开槽长圆柱端紧定螺钉：

螺钉 GB/T 75 M5×12

附表9　紧定螺钉　　　　　　　　　　　　　　　　　　　　　　　　　mm

螺纹规格 d		M1.6	M2	M2.5	M3	M4	M5	M6	M8	M10	M12
P(螺距)		0.35	0.4	0.45	0.5	0.7	0.8	1	1.25	1.5	1.75
n		0.25	0.25	0.4	0.4	0.6	0.8	1	1.2	1.6	2
t		0.74	0.84	0.95	1.05	1.42	1.63	2	2.5	3	3.6
d_t		0.16	0.2	0.25	0.3	0.4	0.5	1.5	2	2.5	3
d_p		0.8	1	1.5	2	2.5	3.5	4	5.5	7	8.5
z		1.05	1.25	1.5	1.75	2.25	2.75	3.25	4.3	5.3	6.3
l	GB/T 71-2000	2～8	3～10	3～12	4～16	6～20	8～25	8～30	10～40	12～50	14～60
	GB/T 73-2000	2～8	2～10	2.5～12	3～16	4～20	5～25	6～30	8～40	10～50	12～60
	GB/T 75-2000	2.5～8	3～10	4～12	5～16	6～20	8～25	10～30	10～40	12～50	14～60
l 系列		2,2.5,3,4,5,6,8,10,12,(14),16,20,25,30,35,40,45,50,(55),60									

注：[1] l 为公称长度。

[2] 括号内的规格尽可能不采用。

螺母

六角螺母—C 级　　　Ⅰ型六角螺母—A 级和 B 级　　六角薄螺母—A 级和 B 级—倒角
（GB/T 41—2000）　　（GB/T 6170—2000）　　（GB/T 6172.1—2000）

标记示例

螺纹规格 D=M12、性能等级为 5 级、不经表面处理、C 级的六角螺母：

螺母　GB/T 41　M12

螺纹规格 D=M12、性能等级为 8 级、不经表面处理、A 级的 1 型六角螺母：

螺母　GB/T 6170　M12

附表 10　螺母

mm

螺纹规格 D		M3	M4	M5	M6	M8	M10	M12	M16	M20	M24	M30	M36	M42
e	GB/T 41			8.63	10.89	14.20	17.59	19.85	26.17	32.95	39.55	50.85	60.79	72.02
	GB/T 6170	6.01	7.66	8.79	11.05	14.38	17.77	20.03	26.75	32.95	39.55	50.85	60.79	72.02
	GB/T 6172.1	6.01	7.66	8.79	11.05	14.38	17.77	20.03	26.75	32.95	39.55	50.85	60.79	72.02
s	GB/T 41			8	10	13	16	18	24	30	36	46	55	65
	GB/T 6170	5.5	7	8	10	13	16	18	24	30	36	46	55	65
	GB/T 6172.1	5.5	7	8	10	13	16	18	24	30	36	46	55	65
m	GB/T 41			5.6	6.1	7.9	9.5	12.2	15.9	18.7	22.3	26.4	31.5	34.9
	GB/T 6170	2.4	3.2	4.7	5.2	6.8	8.4	10.8	14.8	18	21.5	25.6	31	34
	GB/T 6172.1	1.8	2.2	2.7	3.2	4	5	6	8	10	12	15	18	21

注：A 级用于 $D \leqslant 16$；B 级用于 $D > 16$。

平垫圈

小垫圈—A 级
（GB/T 848—2002）

平垫圈—A 级
（GB/T 97.1—2002）

平垫圈 倒角型—A 级
（GB/T 97.2—2002）

标记示例

标准系列、规格 8、性能等级为 140HV 级、不经表面处理的平垫圈：

垫圈　GB/T 97.1 8

附表 11　平垫圈

mm

公称尺寸 （螺纹规格 d）		1.6	2	2.5	3	4	5	6	8	10	12	14	16	20	24	30	36
d_1	GB/T 848	1.7	2.2	2.7	3.2	4.3	5.3	6.4	8.4	10.5	13	15	17	21	25	31	37
	GB/T 97.1	1.7	2.2	2.7	3.2	4.3	5.3	6.4	8.4	10.5	13	15	17	21	25	31	37
	GB/T 97.2						5.3	6.4	8.4	10.5	13	15	17	21	25	31	37
d_2	GB/T 848	3.5	4.5	5	6	8	9	11	15	18	20	24	28	34	39	50	60
	GB/T 97.1	4	5	6	7	9	10	12	16	20	24	28	30	37	44	56	66
	GB/T 97.2						10	12	16	20	24	28	30	37	44	56	66
h	GB/T 848	0.3	0.3	0.5	0.5	0.5	1	1.6	1.6	1.6	2	2.5	2.5	3	4	4	5
	GB/T 97.1	0.3	0.3	0.5	0.5	0.8	1	1.6	1.6	2	2.5	2.5	3	3	4	4	5
	GB/T 97.2						1	1.6	1.6	2	2.5	2.5	3	3	4	4	5

弹簧垫圈

标准型弹簧垫圈
（GB/T 93—1987）

轻型弹簧垫圈
（GB/T 859—1987）

标记示例

规格 16、材料为 65Mn、表面氧化的标准型弹簧垫圈：

垫圈　GB/T 93　16

附表 12　弹簧垫圈
mm

规格（螺纹大径）		3	4	5	6	8	10	12	(14)	16	(18)	20	(22)	24	(27)	30
d		3.1	4.1	5.1	6.1	8.1	10.2	12.2	14.2	16.2	18.2	20.2	22.5	24.5	27.5	30.5
H	GB/T 93	1.6	2.2	2.6	3.2	4.2	5.2	6.2	7.2	8.2	9	10	11	12	13.6	15
	GB/T 859	1.2	1.6	2.2	2.6	3.2	4	5	6	6.4	7.2	8	9	10	11	12
S(b)	GB/T 93	0.8	1.1	1.3	1.6	2.1	2.6	3.1	3.6	4.1	4.5	5	5.5	6	6.8	7.5
S	GB/T 859	0.6	0.8	1.1	1.3	1.6	2	2.5	3	3.2	3.6	4	4.5	5	5.5	6
$m \leqslant$	GB/T 93	0.4	0.55	0.65	0.8	1.05	1.3	1.55	1.8	2.05	2.25	2.5	2.75	3	3.4	3.75
	GB/T 859	0.3	0.4	0.55	0.65	0.8	1	1.25	1.5	1.6	1.8	2	2.25	2.5	2.75	3
b	GB/T 859	1	1.2	1.5	2	2.5	3	3.5	4	4.5	5	5.5	6	7	8	9

注：[1]括号内的规格尽可能不采用。

　　[2] m 应大于零。

平键和键槽的断面尺寸（GB/T 1095—2003）

附表 13　平键和键槽的断面尺寸

mm

轴	键	键槽											
		宽度 b					深度				半径 r	
公称直径 d	键尺寸 b×h	基本尺寸 b	极限偏差				轴 t_1		毂 t_2			
			松联接		正常联接		紧密联接	基本尺寸	极限偏差	基本尺寸	偏差	min	max
			轴 H9	毂 D10	轴 N9	毂 JS9	轴和毂 P9						
自6~8	2×2	2	+0.025 0	+0.060 +0.020	−0.004 −0.029	±0.0125	−0.006 −0.031	1.2	+0.1 0	1	+0.1 0	0.08	0.16
>8~10	3×3	3						1.8		1.4			
>10~12	4×4	4	+0.030 0	+0.078 +0.030	0 −0.030	±0.015	−0.012 −0.042	2.5		1.8		0.16	0.25
>12~17	5×5	5						3.0		2.3			
>17~22	6×6	6						3.5		2.8			
>22~30	8×7	8	+0.036 0	+0.098 +0.040	0 −0.036	±0.018	−0.015 −0.051	4.0	+0.2 0	3.3	+0.2 0	0.25	0.40
>30~38	10×8	10						5.0		3.3			
>38~44	12×8	12	+0.043 0	+0.120 +0.050	0 −0.043	±0.0215	−0.018 −0.061	5.0		3.3			
>44~50	14×9	14						5.5		3.8			
>50~58	16×10	16						6.0		4.3			
>58~65	18×11	18						7.0		4.4			
>65~75	20×12	20	+0.052 0	+0.149 +0.065	0 −0.052	±0.026	−0.022 −0.074	7.5		4.9		0.40	0.60
>75~85	22×14	22						9.0		5.4			
>85~95	25×14	25						9.0		5.4			
>95~110	28×16	28						10.0		6.4			

普通平键的型式尺寸（GB/T 1096—2003）

标记示例

宽度 $b=18$ mm，高度 $h=11$ mm，长度 $L=100$ mm 的 A 型普通平键：GT/T 1096 键 18×11×100

宽度 $b=18$ mm，高度 $h=11$ mm，长度 $L=100$ mm 的 B 型普通平键：GT/T 1096 键 B18×11×100

宽度 $b=18$ mm，高度 $h=11$ mm，长度 $L=100$ mm 的 C 型普通平键：GT/T 1096 键 C18×11×100

附表 14　普通平键的型式尺寸

mm

宽度 b	基本尺寸		2	3	4	5	6	8	10	12	14	16	18	20	22
	极限偏差(h8)		0 −0.014		0 −0.018			0 −0.022		0 −0.027				0 −0.033	
高度 h	基本尺寸		2	3	4	5	6	7	8	8	9	10	11	12	14
	极限偏差	矩形(h11)	—		—			0 −0.090				0 −0.110			
		方形(h8)	0 −0.014		0 −0.018			—				—			
倒角或倒圆 s			0.16~0.25			0.25~0.40			0.40~0.60				0.60~0.80		

长度 L														
基本尺寸	极限偏差(h14)													
6	0 −0.36			—	—	—	—	—	—	—	—	—	—	—
8					—	—	—	—	—	—	—	—	—	—
10														
12	0 −0.43					—	—	—	—	—	—	—	—	—
14							—	—	—	—	—	—	—	—
16								—	—	—	—	—	—	—
18			标						—	—	—	—	—	—
20										—	—	—	—	—
22	0 −0.52		—		准						—	—	—	—
25			—									—	—	—
28					长								—	—
32														—
36	0 −0.62				度									
40														
45					范									
50														
56			—		围									
63	0 −0.74		—	—	—									
70			—	—	—									
80			—	—	—	—								

半圆键和键槽的断面尺寸（GB/T 1098—2003）

附表 15　半圆键和键槽的断面尺寸 　　　　　　　　　　　　　　　　　　　　mm

轴径 d		键	键槽								
			宽度 b				深度				
				极限偏差						半径 r	
				正常联接		紧密联接	轴 t_1		毂 t_2		
键传递扭矩	键定位用	键尺寸 b×h×D	基本尺寸	轴 N9	毂 JS9	轴和毂 P9	公称尺寸	极限偏差	公称尺寸	极限偏差	min	max
自 3~4	自 3~4	1.0×1.4×4	1.0				1.0		0.6			
>4~5	>4~6	1.5×2.6×7	1.5				2.0	+0.10	0.8			
>5~6	>6~8	2.0×2.6×7	2.0	−0.004 −0.029	±0.012	−0.006 −0.031	1.8		1.0		0.08	0.16
>6~7	>8~10	2.0×3.7×10	2.0				2.9		1.0			
>7~8	>10~12	2.5×3.7×10	2.5				2.7		1.2	+0.10		
>8~10	>12~15	3.0×5.0×13	3.0				3.8		1.4			
>10~12	>15~18	3.0×6.5×16	3.0				5.3		1.4			
>12~14	>18~20	4.0×6.5×16	4.0				5.0	+0.20	1.8			
>14~16	>20~22	4.0×7.5×19	4.0				6.0		1.8			
>16~18	>22~25	5.0×6.5×16	5.0	0 −0.030	±0.015	−0.012 −0.042	4.5		2.3		0.16	0.25
>18~20	>25~28	5.0×7.5×19	5.0				5.5		2.3			
>20~22	>28~32	5.0×9.0×22	5.0				7.0		2.3			
>22~25	>32~36	6.0×9.0×22	6.0				6.5		2.8			
>25~28	>36~40	6.0×10.0×25	6.0				7.5	+0.30	2.8	+0.20		
>28~32	40	8.0×11.0×28	8.0	0 −0.036	±0.018	−0.015 −0.051	8.0		3.3		0.25	0.40
>32~38	—	10.0×13.0×32	10.0				10.0		3.3			

普通型半圆键（GB/T 1099.1—2003）

标记示例

宽度 $b = 6$ mm、高度 $h = 10$ mm、直径 $D = 25$ mm 普通半圆键的标记：

GB/T 1099.1　键 6×10×25

附表16　普通型半圆键　　　　　　　　　　　　　　　　　　mm

键尺寸	宽度 b		高度 h		直径 D		$L \approx$	s	
$b \times h \times D$	基本尺寸	极限偏差（h9）	基本尺寸	极限偏差（h11）	基本尺寸	极限偏差（h12）		min	max
1×1.4×4	1.0	0 −0.025	1.4	0 −0.060	4	0 −0.120	3.9	0.16	0.25
1.5×2.6×7	1.5		2.6		7		6.8		
2×2.6×7	2.0		2.6		7	0 −0.150	6.8		
2×3.7×10	2.0		3.7		10		9.7		
2.5×3.7×10	2.5		3.7	0 −0.075	10		9.7		
3×5×13	3.0		5.0		13		12.7		
3×6.5×16	3.0		6.5		16	0 −0.180	15.7		
4×6.5×16	4.0		6.5		16		15.7		
4×7.5×19	4.0	0 −0.030	7.5		19	0 −0.210	18.6		
5×6.5×16	5.0		6.5	0 −0.090	16	0 −0.180	15.7	0.25	0.40
5×7.5×19	5.0		7.5		19		18.6		
5×9×22	5.0		9.0		22		21.6		
6×9×22	6.0		9.0		22	0 −0.210	21.6		
6×10×25	6.0		10.0		25		24.5		
8×11×28	8.0	0 −0.036	11.0	0 −0.110	28		27.4	0.40	0.60
10×13×32	10.0		13.0		32	0 −0.250	31.4		

圆柱销（GB/T 119.1—2000）——不淬硬钢和奥氏体不锈钢

标记示例

公称直径 $d=6$、公差为 m6、公称长度 $l=30$、材料为钢、不经淬火、不经表面处理的圆柱销：

销 GB/T 119.1　6m6×30

附表 17　圆柱销 mm

公称直径 d (m6/h8)	0.6	0.8	1	1.2	1.5	2	2.5	3	4	5
c≈	0.12	0.16	0.20	0.25	0.30	0.35	0.40	0.50	0.63	0.80
l (商品规格范围公称长度)	2~6	2~8	4~10	4~12	4~16	6~20	6~24	8~30	8~40	10~50
公称直径 d (m6/h8)	6	8	10	12	16	20	25	30	40	50
c≈	1.2	1.6	2.0	2.5	3.0	3.5	4.0	5.0	6.3	8.0
l (商品规格范围公称长度)	12~60	14~80	18~95	22~140	26~180	35~200	50~200	60~200	80~200	95~200
l 系列	2,3,4,5,6,8,10,12,14,16,18,20,22,24,26,28,30,32,35,40,45,50,55,60,65,70,75,80,85,90,95,100,120,140,160,180,200									

注:[1]材料用钢时硬度要求为 125~245 HV30,用奥氏体不锈钢 A1（GB/T 3098.6）时硬度要求 210~280 HV30。

[2]公差 m6:$Ra \leqslant 0.8$ μm;公差 h8: $Ra \leqslant 1.6$ μm。

圆锥销（GB/T 117—2000）

A 型（磨削）　　　　　　　　　B 型（切削或冷镦）

$$r_1 \approx d$$
$$r_2 \approx \frac{a}{2} + d + \frac{(0.021)^2}{8a}$$

标记示例

公称直径 $d=10$、长度 $l=60$、材料为 35 钢、热处理硬度 28～38HRC、表面氧化处理的 A 型圆锥销：

销　GB/T 117　10×60

附表 18　圆锥销　　　　　　mm

d(公称)	0.6	0.8	1	1.2	1.5	2	2.5	3	4	5
$a\approx$	0.08	0.1	0.12	0.16	0.2	0.25	0.3	0.4	0.5	0.63
l(商品规格范围公称长度)	4～8	5～12	6～16	6～20	8～24	10～35	10～35	12～45	14～55	18～60
d(公称)	6	8	10	12	16	20	25	30	40	50
$a\approx$	0.8	1	1.2	1.6	2	2.5	3	4	5	6.3
l(商品规格范围公称长度)	22～90	22～120	26～160	32～180	40～200	45～200	50～200	55～200	60～200	65～200
l 系列	2,3,4,5,6,8,10,12,14,16,18,20,22,24,26,28,30,32,35,40,45,50,55,60,65,70,75,80,85,90,95,100,120,140,160,180,200									

开口销（GB/T 91—2000）

允许制造的形式

$a_{min} = \frac{1}{2} a_{max}$

标记示例

公称直径 $d=5$、长度 $l=50$、材料为低碳钢、不经表面处理的开口销：

销　GB/T 91　5×50

附表 19　开口销　　　　　　　　　　　　　　　　　　mm

	公称规格	0.6	0.8	1	1.2	1.6	2	2.5	3.2	4	5	6.3	8	10	13
d	max	0.5	0.7	0.9	1.0	1.4	1.8	2.3	2.9	3.7	4.6	5.9	7.5	9.5	12.4
	min	0.4	0.6	0.8	0.9	1.3	1.7	2.1	2.7	3.5	4.4	5.7	7.3	9.3	12.1
C	max	1	1.4	1.8	2	2.8	3.6	4.6	5.8	7.4	9.2	11.8	15	19	24.8
	min	0.9	1.2	1.6	1.7	2.4	3.2	4	5.1	6.5	8	10.3	13.1	16.6	21.7
$b\approx$		2	2.4	3	3	3.2	4	5	6.4	8	10	12.6	16	20	26
a_{max}		1.6	1.6	1.6	2.5	2.5	2.5	2.5	3.2	4	4	4	4	6.3	6.3
l（商品规格范围公称长度）		4～12	5～16	6～20	8～26	8～32	10～40	12～50	14～65	18～80	22～100	30～120	40～160	45～200	70～200
l系列		4,5,6,8,10,12,14,16,18,20,22,24,26,28,30,32,36,40,45,50,55,60,65,70,75,80,85,90,95,100,120,140,160,180,200													

注:公称规格等于开口销孔直径。对销孔直径推荐的公差为：

公称规格≤1.2：H13；

公称规格>1.2：H14。

参考文献

[1] 全国技术产品文件标准化技术委员会·机械制图卷[M].北京:中国标准出版社,2008.

[2] 裘建军,王熙宁.画法几何及机械制图[M].哈尔滨:黑龙江教育出版社,2009.

[3] 李利群.工程制图基础[M].哈尔滨:黑龙江教育出版社,2009.

[4] 大连理工大学工程图学教研室.机械制图[M].北京:高等教育出版社,2007.

[5] 焦永和,张京英,徐昌贵.工程制图[M].北京:高等教育出版社,2008.

[6] 关晓冬,鲁建慧.工程制图技术基础[M].哈尔滨:哈尔滨工业大学出版社,2011.